建筑工程施工组织与管理

檀建成　刘东娜　杨　平　编著

清华大学出版社

北　京

内 容 简 介

本书根据高等学校教育人才培养目标、土建行业最新发展情况、国家新规范和新法规编写而成。本书共分 8 章，全面介绍了建筑工程施工组织与管理的理论和方法，并列举了实际案例，主要内容包括建筑施工组织概述、流水施工原理、网络计划技术、施工进度控制、施工组织总设计、单位工程施工组织设计、施工项目管理和施工组织设计实例。每章都配有一定数量的思考与练习题。

本书可以作为高等学校土建类专业及工程管理专业的教材，也可以作为工程施工管理人员及土建类执业资格考试人员的参考用书。

图书在版编目(CIP)数据

建筑工程施工组织与管理/檀建成，刘东娜，杨平编著. —北京：清华大学出版社，2022.8
ISBN 978-7-302-61627-6

Ⅰ. ①建…　Ⅱ. ①檀…　②刘…　③杨…　Ⅲ. ①建筑工程—施工组织　②建筑工程—施工管理
Ⅳ. ①TU7

中国版本图书馆 CIP 数据核字(2022)第 147320 号

责任编辑：陈冬梅
封面设计：刘孝琼
责任校对：吕丽娟
责任印制：刘海龙

出版发行：清华大学出版社
　　　　　网　　　址：http://www.tup.com.cn, http://www.wqbook.com
　　　　　地　　　址：北京清华大学学研大厦 A 座　　　邮　　　编：100084
　　　　　社 总 机：010-83470000　　　　　　　　　邮　　　购：010-62786544
　　　　　投稿与读者服务：010-62776969, c-service@tup.tsinghua.edu.cn
　　　　　质量反馈：010-62772015, zhiliang@tup.tsinghua.edu.cn
　　　　　课件下载：http://www.tup.com.cn, 010-62791865

印 装 者：三河市龙大印装有限公司
经　　　销：全国新华书店
开　　　本：185mm×260mm　　　印　　张：17.5　　　字　　　数：420 千字
版　　　次：2022 年 10 月第 1 版　　　　　　　　印　　　次：2022 年 10 月第 1 次印刷
印　　　数：1～1500
定　　　价：56.00 元

产品编号：091642-01

前　　言

　　建筑工程施工组织与管理是土木工程和工程管理专业的一门主要专业课。本课程的主要任务是研究如何将投入项目施工中的各种资源(包括人力、材料、机械、施工方法及资金等)合理地组织起来，使项目施工能有条不紊地进行，从而实现项目既定的质量、成本和工期目标，取得良好的经济效益。通过对本课程进行系统的学习，学生将掌握综合运用知识解决实际问题的能力，为将来从事施工管理工作打下良好的基础。

　　本书从建筑工程施工组织和管理两方面进行阐述，以建筑施工组织设计为主线，强调实践性、实用性，注重对高级技能型应用人才的培养。

　　本书共分 8 章，第 1 章介绍基本建设的概念和内容、施工组织的相关内容及原则；第 2 章介绍组织施工的方式，流水施工的概念、分类和表达方式；第 3 章介绍网络计划的基本概念、网络图的绘制方法、网络计划的编制、双代号和单代号网络计划时间参数的计算方法、网络计划的优化及网络计划与流水原理进度计划的比较；第 4 章介绍施工进度计划监测与调整的系统过程、实际进度与计划进度的比较方法、施工进度控制的措施、施工进度控制的调整方法和施工进度控制案例；第 5 章介绍施工组织总设计编制的依据、原则、主要内容、具体方法等；第 6 章介绍单位工程施工组织设计编制的原则、依据和程序；第 7 章介绍施工现场管理、施工技术管理、资源管理，以及安全生产、文明施工、现场环境保护、季节性施工和建设工程文件资料的管理；第 8 章介绍某现浇框架混凝土结构施工组织设计、某大体积混凝土施工作业指导书及某房地产工程施工组织设计的相关案例。

　　本书具有以下特点。

　　(1) 所写内容尽可能按照建筑行业的新技术、新理念和新规范展开。

　　(2) 每章前有"本章导读""学习目标"小板块，每章后附有"思考与练习"，与工程案例密切结合，理论联系实际，使学生学以致用。

　　(3) 基本涉及建筑施工组织与管理的各方面内容，为学生拓宽知识面及就业领域奠定了一定的基础。

　　本书系统地介绍了施工组织设计的有关概念、编制的内容和方法，重点介绍了流水施工原理和网络计划技术在施工组织中的应用，并结合理论给出相应的实例分析，理论与实践相结合，内容通俗易懂，方便读者学习。本书在编写过程中，将目前项目施工中较为关注的施工安全生产、文明施工及环境保护等组织管理问题的相关内容单独列为一章，这是本书的一个特色。同时，本书的编写内容还与当前的执业资格考试内容相结合，方便相关工程技术人员备考，这是本书的另一个特色。

　　本书由唐山劳动技师学院檀建成老师、哈尔滨铁道职业技术学院刘东娜老师和唐山市建设工程质量监督检测站杨平老师共同编写，其中第 1 章、第 2 章、第 3 章、第 4 章、第 8 章由檀建成老师编写，第 5 章、第 6 章由刘东娜老师编写，第 7 章由杨平老师编写。

　　本书在编写过程中，参考了相关专家和学者的著作，在此表示感谢！由于经验不足，理论水平有限，书中难免有缺点、错误和不足之处，诚挚地希望读者提出宝贵意见，并给予批评指正。

编　者

目 录

第1章 建筑施工组织概述

本章导读

本章主要介绍基本建设的概念和内容，阐述基本建设程序及其相互间的关系；根据建筑产品及其生产的特点，讲述施工组织的复杂性和编制施工组织设计的必要性；介绍施工组织的概念、分类及作用；阐述组织施工的基本原则、施工准备工作及原始资料的调查分析。

学习目标

- ◆ 了解基本建设的含义及其构成。
- ◆ 掌握基本建设程序的主要阶段(环节)。
- ◆ 了解建筑产品及其生产特点与施工组织的关系。
- ◆ 明确施工组织设计的基本任务、作用、分类及编制原则。
- ◆ 熟悉组织施工的原则及施工准备工作内容。

1.1 建筑工程施工组织与管理概述

1.1.1 课程的研究对象和目的

对一个建筑物进行施工时，可以有不同的施工顺序；每一个施工过程都可以有不同的施工方法；可以用不同的方法进行各种施工准备工作；各种材料可以有不同的采购地点、运输方式等。这些问题不论在技术方面还是组织方面，通常都有许多可行的方案供施工人员选择，但不同的方案，其经济效果是不一样的。从中选择最合理的施工方案，是施工人员在施工前必须解决的重要问题。对上述问题进行综合考虑，选出合理的施工方案，编制出指导施工的技术经济文件，即建筑工程施工组织。本课程的研究对象是编制建筑工程的施工组织设计。

1.1.2 课程的主要任务

建筑工程施工组织设计的根本任务，是根据建筑工程施工图和设计要求，在人力、资金、材料、机具、施工方法和施工作业环境等主要因素上进行合理的安排，在一定的时间和空间上实现有组织、有计划、有秩序的施工，以期在整个工程的施工过程中达到较为理想的效果，即在时间上能保证速度快、工期短；在质量上能做到精度高、效果好；在经济上能达到消耗少、成本低、利润高等目的。本课程是建筑相关专业的专业课，其主要任务是研究建筑工程施工组织的一般规律和利用现代科学的计划管理方法，组织建筑工程施工的具体方法。

1.1.3　课程的特点和学习方法

1. 课程的特点

1) 实践性强

学习本课程需要丰富的施工现场知识、经验，要求学生应主动地、有意识地到工程施工现场获取知识和经验。

2) 单元并列

本书各章可以自成单元，各章之间单元并列，且具有相对的独立性，这主要是由于本课程是直接服务于工程实践的专业课。

3) 名词众多

本课程在讲述中涉及许多名词概念、专业术语，需要有意识地区分、归纳、记忆，避免混淆和引起误解。

4) 关联性强

掌握建筑构造、施工技术、预算等相关课程是学好建筑工程施工组织设计的前提条件。

5) 习题量大

只有通过大量的习题演练，才能熟练地掌握流水施工参数的计算、网络计划的绘制和优化等重要内容。

2. 学习方法

多看：参观正在施工的建筑，在实践中学习理论。

多练：通过大量的练习，熟练掌握相关计算。

多记：不仅要记忆本课程的知识点，而且要记忆相关课程的知识点。

多问：对工程的组织设计过程多问"为什么"。

1.2　施工组织的相关概念

本节介绍施工组织的相关概念，主要包括基本建设的含义、分类及组成，建筑产品及生产的特点，施工组织设计的相关概念及分类，其中要求重点掌握基本建设程序的主要环节及施工组织设计的基本任务、作用、分类及编制原则。

1.2.1　基本建设的含义、分类和程序及建设项目的组成

1. 基本建设的含义及分类

1) 基本建设的含义

基本建设是国民经济各部门、各单位新增固定资产的一项综合性的经济活动，它通过新建、扩建、改建和恢复工程等投资活动来完成。

基本建设是国民经济的组成部分。国民经济各部门都有基本建设经济活动，它包括：建设项目的投资决策，建设布局，技术决策，环保、工艺流程的确定，设备选型，生产准备，以及对工程建设项目的规划、勘察、设计和施工等活动。

有计划、有步骤地进行基本建设，对于扩大社会再生产、提高人民物质文化生活水平和加强国防实力具有重要意义。基本建设的具体作用表现在：为国民经济各部门提供生产能力；影响和改变各产业部门内部、各部门之间的构成和比例关系；使全国生产力的配置更趋合理；用先进的技术改造国民经济；为社会提供住宅、文化设施、市政设施等；为解决社会重大问题提供物质基础。

2) 基本建设的分类

从全社会的角度来看，基本建设是由多个建设项目组成的。基本建设项目一般是指在一个总体设计或初步设计范围内，由一个或几个有内在联系的单位工程组成，在经济上实行统一核算，行政上有独立的组织形式，实行统一管理的建设单位。凡属于总体进行建设的主体工程和附属配套工程、供水供电工程等，均应作为一个工程建设项目，不能将其按地区或施工承包单位划分成若干工程建设项目。此外，也不能将不属于一个总体设计范围内的工程，按各种方式归算为一个工程建设项目。

建设项目可以按不同的标准分类。

(1) 按建设性质分类，基本建设项目可分为新建项目、扩建项目、改建项目、迁建项目和恢复(重建)项目。

- ◆ 新建项目：是指根据国民经济和社会发展的近远期规划，按照规定的程序立项，从无到有的建设项目。现有企业、事业和行政单位一般没有新建项目，只有当新增加的固定资产价值超过原有全部固定资产价值(原值)3 倍以上时，才可算新建项目。

- ◆ 扩建项目：是指企业为扩大生产能力或新增效益而增建的生产车间或工程项目，以及事业和行政单位增建业务用房等。

- ◆ 改建项目：是指为了提高生产效率，改变产品方向，提高产品质量以及综合利用原材料等而对原有固定资产或工艺流程进行技术改造的工程项目。

- ◆ 迁建项目：是指现有企事业单位为改变生产布局，考虑自身的发展前景或出于环境保护等其他特殊要求，搬迁到其他地点进行建设的项目。

- ◆ 恢复(重建)项目：是指原固定资产因自然灾害或人为灾害等原因已全部或部分报废，又在原地投资重新建设的项目。

基本建设项目按其性质分为上述五类，一个基本建设项目只能有一种性质，在项目按总体设计全部建成之前，其建设性质是始终不变的。

(2) 按投资作用分类，基本建设项目可分为生产性建设项目和非生产性建设项目。

◆ 生产性建设项目：是指直接用于物质生产或直接为物质生产服务的建设项目，包括工业建设、农业建设、基础设施建设、商业建设等。

◆ 非生产性建设项目：是指用于满足人民物质和文化、福利需要的建设和非物质生产部门的建设，包括办公用房、居住建筑、公共建筑、其他建设等。

(3) 按建设项目建设总规模和投资的多少分类，基本建设项目可划分为大型、中型、小型三类。对工业项目来说，基本建设项目按项目的设计生产能力规模或总投资额划分。其划分项目等级的原则为：按批准的可行性研究报告(或初步设计)所确定的总设计能力或投资总额的大小，依据国家颁布的《基本建设项目大中小型划分标准》进行分类。即生产单一产品的项目，一般以产品的设计生产能力划分；生产多种产品的项目，一般按照其主要产品的设计生产能力划分；产品分类较多，不易分清主次，难以按产品的设计能力划分时，按其投资额划分。

按生产能力划分的建设项目，以国家对各行各业的具体规定作为标准；按投资额划分的基本建设项目，能源、交通、原材料部门投资额达到 5000 万元以上的为大中型建设项目，其他部门和非工业建设项目投资额达到 3000 万元以上的为大中型建设项目。

对于非工业项目，基本建设项目按项目的经济效益或总投资额划分。

(4) 按行业性质和特点划分，根据工程建设的经济效益、社会效益和市场需求等基本特性，可以将基本建设项目划分为竞争性项目、基础性项目和公益性项目三种。

◆ 竞争性项目：主要是指投资效益比较高、竞争比较强的一般建设项目。

◆ 基础性项目：主要是指具有自然垄断性、建设周期长、投资额大而收益低的基础设施和需要政府重点扶持的一部分基础工业项目，以及直接增强国力的符合经济规模的支柱产业项目。

◆ 公益性项目：主要包括科技、文教、卫生、体育和环保等设施，公、检、法等政权机关以及政府机关、社会团体办公设施和国防建设等。

2. 基本建设程序

基本建设程序是基本建设项目从策划、选择、评估、决策、设计、施工、竣工验收到投入生产或交付使用的整个建设过程中，各项工作必须遵循的先后工作次序。基本建设程序是对从大量实践工作中总结出来的工程建设过程中客观规律的反映，是工程项目科学决策和顺利进行的重要保证。按照我国现行规定，一般大中型工程项目的建设程序可以分为以下几个阶段，如图 1-1 所示。

1) 项目建议书阶段

项目建议书是由业主单位提出的要求建设某一项目的建议性文件，是对工程项目建设的轮廓设想。项目建议书的主要作用是推荐一个项目，论述其建设的必要性、建设条件的可行性和获利的可能性。项目建议书根据国民经济中长期发展规划和产业政策，由审批部门审批，并据此开展可行性研究工作。

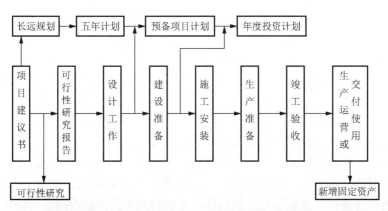

图 1-1　大中型及限额以上基本建设项目程序简图

项目建议书的内容视项目的不同而有繁有简，但一般应包括以下几方面内容。

(1) 建设项目提出的必要性和依据。

(2) 产品方案、拟建规模和建设地点的初步设想。

(3) 资源情况、建设条件、协作关系等的初步分析。

(4) 投资估算和资金筹措设想。

(5) 经济效益和社会效益初步估计。

项目建议书按要求编制完成后，应根据建设规模分别报送有关部门审批。项目建议书经审批后，就可以进行详细的可行性研究工作了，但这并不表示项目非上不可，项目建议书并不是项目的最终决策。

2) 可行性研究阶段

可行性研究的主要作用是对项目在技术上是否可行和在经济上是否合理进行科学的分析和论证，在评估论证的基础上，由审批部门对项目进行审批。经批准的可行性研究报告是进行初步设计的依据。可行性研究报告的主要内容因项目性质不同而有所不同，但一般应包括以下几个方面。

(1) 项目的背景和依据。

(2) 需求预测及拟建规模、产品方案、市场预测和确定依据。

(3) 技术工艺、主要设备和建设标准。

(4) 资源、原料、动力、运输、供水及公用设施情况。

(5) 建厂条件、建设地点、厂区布置方案、占地面积。

(6) 项目设计方案及协作配套条件。

(7) 环境保护、规划、抗震、防洪等方面的要求及相应措施。

(8) 建设工期和实施进度。

(9) 生产组织、劳动定员和人员培训。

(10) 投资估算和资金筹措方案。

(11) 财务评价和国民经济评价。

(12) 经济评价和社会效益分析。

可行性研究经批准，建设项目才算正式"立项"。

3) 设计阶段

设计是对拟建工程的实施在技术上和经济上所进行的全面而详细的安排，即建设单位委托设计单位，按照可行性研究报告的有关要求，按建设单位提出的技术、功能、质量等要求对拟建工程进行图纸方面的详细说明。它是基本建设计划的具体化，同时也是组织施工的依据。按我国现行规定，对重大工程项目要进行三段设计：初步设计、技术设计和施工图设计。中小型项目可按两段设计进行：初步设计和施工图设计。有的工程技术较复杂时，可把初步设计的内容适当地加深到扩大初步设计。

(1) 初步设计是根据批准的可行性研究报告和比较准确的设计基础资料所做的具体实施方案，目的是为了阐明在指定的地点、时间和投资控制数额内，拟建工程在技术上的可能性和经济上的合理性，并通过对工程项目所做出的基本技术经济规定，编制项目总概算。

(2) 技术设计是根据初步设计和更详细的调查研究资料，进一步解决初步设计中的重大技术问题，如工艺流程、建筑结构、设备选型及数量确定等，并修正总概算。

(3) 施工图设计是根据批准的扩大初步设计或技术设计的要求，结合现场实际情况，完整地表现建筑物外形、内部空间分割、结构体系、构造状况，以及建筑群的组成和周围环境的配合。它还包括各种运输、通信、管道系统、建筑设备的设计。在工艺方面，应具体确定各种设备的型号、规格及各种非标准设备的制造加工过程。在施工图设计阶段，应编制施工图预算。

4) 建设准备阶段

项目在开工前要切实做好各项准备工作，其主要内容包括以下几方面。

(1) 征地、拆迁和场地平整。

(2) 完成施工用水、电、路等畅通工作。

(3) 组织设备、材料订货。

(4) 准备必要的施工图纸。

(5) 组织施工招标，择优选定施工单位。

5) 施工安装阶段

工程项目经批准后开工建设，项目即进入了施工阶段。项目新开工时间，是指工程建设项目设计文件中规定的任何一项永久性工程第一次正式破土开槽开始施工的日期。

施工安装活动应按照工程设计要求、施工合同条款及施工组织设计，在保证工程质量、工期、成本及安全、环保等目标的前提下进行，达到竣工验收标准后，由施工单位移交给建设单位。

6) 生产准备阶段

对于生产性工程建设项目而言，生产准备是项目投产前由建设单位进行的一项重要工作。它是衔接建设和生产的桥梁，是项目建设转入生产经营的必要条件。

生产准备工作根据项目或企业的不同，其要求也各不相同，一般应包括以下内容。

(1) 招收和培训生产人员。

(2) 组织准备。

(3) 技术准备。

(4) 物资准备。

7) 竣工验收阶段

当工程项目按设计文件的规定内容和施工图纸的要求建设完成后，便可以组织验收。竣工验收是工程建设过程中的最后一环，是投资成果转入生产或使用的标志，也是全面考核基本建设成果、检验设计和工程质量的重要步骤。

工程项目竣工验收、交付使用，应达到下列标准。

(1) 生产性项目和辅助公用设施已按设计要求建完，能满足要求。

(2) 主要工艺设备已安装配套，经联动负荷试车合格，形成生产能力，能够生产出设计文件规定的产品。

(3) 职工宿舍和其他必要的生产福利设施，能适应投产初期的需要。

(4) 生产准备工作能适应投产初期的需要。

(5) 环境保护设施、劳动安全卫生设施、消防设施已按设计要求与主体工程同时建成使用。

3. 建设项目的组成

根据国家《建筑工程施工质量验收统一标准》(GB 50300—2013)的规定，工程建设项目可分为单位工程、分部工程、分项工程和检验批。

1) 单位工程

具备独立施工条件并能形成独立使用功能的建筑物及构筑物为一个单位工程。工业建设项目(如各个独立的生产车间、实验大楼等)、民用建筑(如学校的教学楼、食堂、图书馆等)都可以称为一个单位工程。单位工程是工程建设项目的组成部分，一个工程建设项目有时可以只包括一个单位工程，也可以同时包括许多单位工程。从施工的角度看，单位工程就是一个独立的交工系统，在工程建设项目总体施工部署和管理目标的指导下，形成自身的项目管理方案和目标，按其投资和质量的要求，如期建成并交付生产和使用。对于建设规模较大的单位工程，还可以将其能形成独立使用功能的部分划分为若干子单位工程。

由于单位工程的施工条件具有相对的独立性，因此一般要单独组织施工和竣工验收。单位工程体现了工程建设项目的主要建设内容，是新增生产能力或工程效益的基础。

2) 分部工程

分部工程是按单位工程的专业性质、建筑部位划分的，是单位工程的进一步分解。一般工业与民用建筑可划分为地基与基础工程、主体结构工程、装饰装修工程、屋面工程，其相应的建筑设备安装工程由给水、排水及采暖工程，建筑电气工程，通风与空调工程，电梯安装工程等组成。

当分部工程较大或较复杂时，可按材料种类、施工特点、施工程序、专业系统及类别等划分为若干子分部工程。例如，主体结构又可分为混凝土结构、砌体结构、钢结构、木结构等子分部工程。

3) 分项工程

分项工程是分部工程的组成部分，一般是按主要工种、材料、施工工艺、设备类别等进行划分。例如，模板工程、钢筋工程、混凝土工程、砖砌体工程等。分项工程是建筑施工生产活动的基础，也是计量工程用工用料和机械台班消耗的基本单元。分项工程既具有作业活动的独立性，又具有相互联系、相互制约的整体性。

4) 检验批

分项工程可由一个或若干个检验批组成，检验批可根据施工及质量控制和专业验收需要按楼层、施工段、变形缝等进行划分。

1.2.2 建筑产品的特点及建筑产品生产的特点

建筑产品是建筑施工的最终成果，其形式多种多样，但归纳起来有体形庞大、整体难分、不能移动等特点，这些特点决定了建筑产品生产与一般的工业产品生产不同。只有对建筑产品及其生产的特点进行研究，才能更好地组织建筑产品的生产，保证产品的质量。

1. 建筑产品的特点

与一般工业产品相比，建筑产品具有自己的特点。

1) 建筑产品的固定性

建筑产品是按照使用要求在固定地点兴建的，其基础与作为地基的土地直接联系，因而建筑产品在建造过程中和建成后是不能移动的，建筑产品建在哪里就在哪里发挥作用。在某些情况下，一些建筑产品本身就是土地不可分割的一部分，如油气田、桥梁、地铁、水库等。固定性是建筑产品与一般工业产品的最大区别。

2) 建筑产品的多样性

建筑产品一般是由设计和施工部门根据建设单位(业主)的委托，按特定的要求进行设计和施工的。由于对建筑产品的功能要求多种多样，因而对每一建筑产品的结构、造型、空间分割、设备配置、内外装饰都有具体要求。即使功能要求相同、建筑类型相同，但由于地形、地质等自然条件不同以及交通运输、材料供应等社会条件不同，在建造时施工组织、施工方法上也存在差异。建筑产品的这种多样性特点决定了建筑产品不能像一般工业产品那样进行批量生产。

3) 建筑产品体积庞大

建筑产品是生产与生活的场所，要在其内部布置各种生产与生活必需的设备与用具，因而与其他工业产品相比，建筑产品体形庞大，占有广阔的空间，排他性很强。因其体积庞大，建筑产品对城市的形态影响很大，城市必须控制建筑区位、面积、层高、层数、密度等，建筑必须服从城市规划的要求。

4) 建筑产品的高值性

能够发挥投资效用的任一项建筑产品，在其生产过程中耗用了大量的材料、人力、机械及其他资源，不仅实物形体庞大，而且造价高昂，动辄数百万元、数千万元、数亿元人民币，特大的工程项目其工程造价可达数十亿元、数百亿元人民币。建筑产品的高值性也使其工程造价关系到各方面的重大经济利益，同时也会对宏观经济产生重大影响。拿住宅来说，根据国际经验，每套社会住宅的房价约为工资收入者年平均总收入的 6～10 倍，或相当于普通家庭 3～6 年的总收入。由于住宅是人们生活的必需品，因此建筑领域是一个政府经常介入的领域，如建立住房公积金制度等。

2. 建筑产品生产的特点

1) 建筑产品生产的流动性

建筑产品生产的流动性有两层含义。

第一层含义是指，由于建筑产品是在固定地点建造的，生产者和生产设备要随着建筑物建造地点的变更而流动，相应的材料、附属生产加工企业、生产和生活设施也经常迁移，使建筑生产费用增加。同时，由于建筑产品生产现场和规模都不固定，需求变化大，要求建筑产品生产者在生产时遵循弹性组织原则。

第二层含义是指，由于建筑产品固定在土地上，与土地相连，在生产过程中，产品固定不动，人、材料、机械设备围绕着建筑产品而移动，要从一个施工段移动到另一个施工段，从房屋的一个部位转移到另一个部位。许多不同的工种，在同一对象上进行作业，不可避免地会产生施工空间和时间上的矛盾。这就要求有一个周密的施工组织设计，使流动的人、机、物等互相协调配合，做到连续、均衡地施工。

2) 建筑产品生产的单件性

建筑产品的多样性决定了建筑产品生产的单件性。每项建筑产品都是按照建设单位的要求进行设计与施工的，都有其相应的功能、规模和结构特点，所以工程内容和实物形态都具有个别性和差异性。而工程所处的地区、地段不同更增强了建筑产品的差异性，同一类型工程或标准设计，在不同的地区、季节及现场条件下，施工准备工作、施工工艺和施工方法不尽相同，所以建筑产品只能是单件生产，而不能按通用定型的施工方案重复生产。这一特点就要求施工组织设计编制者考虑设计要求、工程特点、工程条件等因素，制定出可行的施工组织方案。

3) 建筑产品的生产过程具有综合性

建筑产品的生产首先由勘察单位进行勘测，由设计单位设计，由建设单位进行施工准备，建筑工程施工单位进行施工，最后经过竣工验收交付使用。所以建安工程施工单位在生产过程中，要和业主、金融机构、设计单位、监理单位、材料供应部门、分包等单位配合协作。由于生产过程复杂，协作单位多，是一个特殊的生产过程，这就决定了其生产过程具有很强的综合性。

4) 建筑产品生产受外部环境影响较大

建筑产品体积庞大，不具备在室内生产的条件，一般要求露天作业，其生产受到风、霜、雨、雪、温度等气候条件的影响；建筑产品的固定性决定了其生产过程会受到工程地质、水文条件变化的影响，以及地理条件和地域资源的影响。这些外部影响对工程进度、工程质量、建造成本等都有很大影响。这一特点要求建筑产品生产者提前进行原始资料调查，制定合理的季节性施工措施、质量保证措施、安全保证措施等，科学地组织施工，使生产有序进行。

5) 建筑产品生产过程具有连续性

建筑产品不能像其他许多工业产品一样可以分解为若干部分同时生产，而必须在同一固定场地上严格按程序连续生产，上一道工序不完成，下一道工序不能进行。建筑产品是持续不断的劳动过程的成果，只有完成全部生产过程，才能发挥其生产能力或使用价值。一个建设工程项目从立项到投产使用要经历五个阶段，即设计前的准备阶段(包括项目的可行性研究和立项)、设计阶段、施工阶段、使用前准备阶段(包括竣工验收和试运行)和保修阶段。这是一个不可间断的、完整的周期性生产过程，它要求在生产过程中将各阶段、各环节、各项工作必须有条不紊地组织起来，在时间上不间断、空间上不脱节，要求生产过程的各项工作必须合理组织、统筹安排，遵守施工程序，按照合理的施工顺序科学地组织施工。

6) 建筑产品的生产周期长

建筑产品的体积庞大决定了建筑产品的生产周期长，有的建筑项目，少则1～2年，多则3～4年、5～6年甚至10年以上。因此，它必须长期大量占用和消耗人力、物力和财力，要到整个生产周期完结才能出产品，故应科学地组织建筑生产，不断地缩短生产周期，尽快提高投资效果。

综上所述，建筑产品与其他工业产品相比，有其独具的一系列技术、经济特点。现代建筑施工已成为一项十分复杂的生产活动，这就对施工组织与管理工作提出了更高的要求，表现在以下几方面。

其一，建筑产品的固定性和其生产的流动性，构成了建筑施工中空间上的分布与时间上的排列的主要矛盾。建筑产品具有体积庞大和高值性的特点，这就决定了在建筑施工中要投入大量的生产要素(劳动力、材料、机具等)，同时为了迅速地完成施工任务，在保证材料、物资供应的前提下，最好有尽可能多的工人和机具同时进行生产。而建筑产品的固定性又决定了在建筑生产过程中，各种工人和机具只能在同一场所的不同时间或在同一时间的不同场所进行生产活动。要顺利地进行施工，就必须正确处理这一主要矛盾。在编制施工组织设计时要通盘考虑，优化施工组织，合理组织平行、交叉、流水作业，使生产要素按一定的顺序、数量和比例投入，使所有的工人、机具各得其所、各尽其能，实现时间、空间的最佳利用，以达到连续、均衡施工。

其二，建筑产品具有多样性和复杂性，每个建筑物或建筑群的施工准备工作、施工工艺方法、施工现场布置等均不相同。因此，在编制施工组织设计时必须根据施工对象的特点和规模、地质水文、气候、机械设备、材料供应等客观条件，从运用先进技术、提高经济效益出发，做到技术和经济统一，选择合理的施工方案。

其三，建筑施工具有生产周期长、综合性强、技术间歇性强、露天作业多、受自然条件影响大、工程性质复杂等特点，进一步增加了建筑施工中矛盾的复杂性，这就要求施工组织设计要考虑全面，事先制定相应的技术、质量、安全、节约等保证措施，避免质量安全事故，确保安全生产。

另外，在建筑施工中，需要组织各种专业的建筑施工单位和不同工种的工人，组织数量众多的各类建筑材料、制品和构配件的生产、运输、储存和供应工作，组织各种施工机械设备的供应、维修和保养工作。同时，还要组织好施工临时供水、供电、供热、供气以及安排生产和生活所需的各种临时设施，其间的协作配合关系十分复杂。这就要求在编制施工组织设计时要照顾施工的各个方面和各个阶段的联系配合问题，合理安排资源供应，精心规划施工平面布置，合理部署施工现场，实现文明施工，降低工程成本，发挥投资效益。

总之，由于建筑产品及其生产的特点，要求每个工程开工之前，根据工程的特点和要求，结合工程施工的条件和程序，编制出拟建工程的施工组织设计。建筑施工组织设计应按照基本建设程序和客观的施工规律的要求，从施工全局出发，研究施工过程中带有全局性的问题。施工组织设计包括确定开工前的各项准备工作，选择施工方案，安排劳动力和各种技术物资的组织与供应，安排施工进度以及规划和布置现场等。施工组织设计用以全面安排和正确指导施工的顺利进行，以达到工期短、质量优、成本低的目标。

1.2.3　施工组织设计

1. 施工组织设计的概念及作用

1) 施工组织设计的概念

施工组织设计是规划和指导拟建工程从工程投标、签订承包合同、施工准备到竣工验收全过程的一个综合性的技术经济文件，是对拟建工程在人力和物力、时间和空间、技术和组织等方面所做的全面、合理的安排，是沟通工程设计和施工之间的桥梁。作为指导拟建工程项目的全局性文件，施工组织既要体现拟建工程的设计和使用要求，又要符合建筑施工的客观规律。它应尽量适应施工过程的复杂性和具体施工项目的特殊性，通过科学、经济、合理的规划安排，使工程项目能够连续、均衡、协调地进行施工，以满足工程项目对工期、质量、投资方面的各项要求。

2) 施工组织设计的作用

施工组织设计是用以指导施工组织与管理、施工准备与实施、施工控制与协调、资源的配置与使用等全面性的技术经济文件，是对施工活动的全过程进行科学管理的重要手段。其作用具体表现在以下几方面。

(1) 施工组织设计是施工准备工作的重要组成部分，同时又是做好施工准备工作的依据和保证。

(2) 施工组织设计是根据工程的各种具体条件拟订的施工方案、施工顺序、劳动组织和技术组织措施等，是指导开展紧凑、有序施工活动的技术依据。

(3) 施工组织设计所提出的各项资源需要量计划，直接为组织材料、机具、设备、劳动力需要量的供应和使用提供数据。

(4) 通过编制施工组织设计，可以合理地利用和安排为施工服务的各项临时设施，可以合理地部署施工现场，确保文明施工、安全施工。

(5) 通过编制施工组织设计，可以将工程的设计与施工、技术与经济、施工全局性规律和局部性规律、土建施工与设备安装、各部门之间、各专业之间有机结合，统一协调。

(6) 通过编制施工组织设计，可以分析施工中的风险和矛盾，及时研究解决问题的对策、措施，从而提高施工的预见性，减少盲目性。

(7) 施工组织设计是统筹安排施工企业生产的投入与产出过程的关键和依据。工程产品的生产和其他工业产品的生产一样，都是按要求投入生产要素，通过一定的生产过程，而后生产出成品，而中间转换的过程离不开管理。施工企业也是如此，从承接工程任务开始到竣工验收交付使用为止的全部施工过程的计划、组织和控制的基础就是科学的施工组织设计。

(8) 施工组织设计可以指导投标与签订工程承包合同，并作为投标书的内容和合同文件的一部分。

2. 施工组织设计分类

施工组织设计是一个总的概念，根据工程项目的类别、工程规模、编制阶段、编制对象和范围的不同，在编制的深度和广度上也有所不同。

1) 按施工组织设计阶段不同进行分类

根据工程施工组织设计阶段和作用的不同，工程施工组织设计可以划分为两类：一类是投标前编制的施工组织设计(简称标前设计)；另一类是签订工程承包合同后编制的施工组织设计(简称标后设计)。这两类施工组织设计的特点和区别如表 1-1 所示。

表 1-1　两类施工组织设计的特点

种　类	服务范围	编制时间	编 制 者	主要特征	追求的主要目标
标前设计	投标与签约	投标书编制前	经营管理层	规划性	中标和经济效益
标后设计	施工准备至验收	签约后开工前	项目管理层	作业性	施工效率和效益

2) 按施工组织设计的工程对象进行分类

按施工组织设计的工程对象范围进行分类，工程施工组织设计可分为施工组织总设计、单位工程施工组织设计及分部(分项)工程施工组织设计。

(1) 施工组织总设计。

施工组织总设计是以整个建设项目或民用建筑群为对象编制的，用以指导整个工程项目施工全过程的各项施工活动的全局性、控制性文件。它是对整个建设项目的全面规划，涉及范围较广，内容比较概括。施工组织总设计一般在初步设计或扩大初步设计被批准之后，由总承包企业的总工程师负责，会同建设、设计和分包单位的工程师共同编制。

施工组织总设计用于确定建设总工期、各单位工程开展的顺序及工期、主要工程的施工方案、各种物资的供需计划、全工地性暂设工程及准备工作、施工现场的布置等工作，同时它也是施工单位编制年度施工计划和单位工程施工组织设计的依据。

(2) 单位工程施工组织设计。

单位工程施工组织设计是以一个单位工程(一个建筑物或构筑物、一个交工系统)为编制对象，用以指导其施工全过程的各项施工活动的局部性、指导性文件。它是施工单位年度施工计划和施工组织总设计的具体化，用以直接指导单位工程的施工活动，是施工单位编制作业计划和制订季、月、旬施工计划的依据。单位工程施工组织设计一般在施工图设计完成后，在拟建工程开工之前，由工程项目的技术负责人负责编制。单位工程施工组织设计，根据工程规模、技术复杂程度的不同，其编制内容的深度和广度亦有所不同。对于简单的单位工程，施工组织设计一般只编制施工方案并附以施工进度和施工平面图，即"一案、一图、一表"。

(3) 分部(分项)工程施工组织设计。

分部(分项)工程施工组织设计也叫分部(分项)工程施工作业设计，是以分部(分项)工程为编制对象，用以具体实施其分部(分项)工程施工全过程的各项施工活动的技术、经济和组织的实施性文件。一般对于工程规模大、技术复杂、施工难度大或采用新工艺、新技术施工的建筑物或构筑物，在编制单位工程施工组织设计之后，常常需对某些重要的又缺乏经验的分部(分项)工程再深入编制专业工程的具体施工设计。例如，深基础工程、大型结构安装工程、高层钢筋混凝土主体结构工程、无黏结预应力混凝土工程、定向爆破、冬雨期施工、地下防水工程等。分部(分项)工程作业设计一般在单位工程施工组织设计确定了施工方案后，由施工队(组)技术人员负责编制，其内容具体、详细、可操作性强，是直接指导分部(分项)工程施工的依据。

施工组织总设计、单位工程施工组织设计和分部(分项)工程施工组织设计，是同一工程项目，具有不同广度、深度和作用。

1.3　组织施工的原则及施工准备工作

1.3.1　组织施工的原则

1. 贯彻执行各项制度，坚持基本建设程序

我国关于基本建设的制度有：对基本建设项目必须实行严格的审批制度、施工许可制度、从业资格管理制度、招标投标制度、总承包制度、发承包合同制度、工程监理制度、建筑安全生产管理制度、工程质量责任制度、竣工验收制度等。这些制度为建立和完善建筑市场的运行机制、加强建筑活动的实施与管理提供了重要的法律依据，必须认真贯彻执行。

建设程序是指建设项目从决策、设计、施工到竣工验收整个建设过程中各个阶段及其先后顺序。各个阶段有着不可分割的联系，但不同的阶段有不同的内容，既不能相互代替，也不许颠倒或跳跃。实践证明，凡是坚持建设程序，基本建设就能顺利进行，就能充分发挥投资的经济效益；而违背了建设程序，就会造成施工混乱，影响质量、进度和成本，甚至对建设工作带来严重的危害。因此，坚持建设程序是工程建设顺利进行的有力保证。

2. 严格遵守国家和合同规定的工程竣工及交付使用期限

对总工期较长的大型建设项目，应根据生产或使用的需要，安排分期分批建设、投产或交付使用，以期早日发挥建设投资的经济效益。在确定分期分批施工的项目时，必须注意使每期交工的项目可以独立地发挥效用，即主要项目与有关的辅助项目应同时完工，可以立即交付使用。

3. 合理安排施工程序和顺序

建筑产品的特点之一是产品的固定性，这使得建筑施工各阶段工作始终在同一场地上进行。没有前一段的工作，后一段就不可能进行，即使它们之间交叉进行，也必须严格遵守一定的程序和顺序。施工程序和顺序反映客观规律的要求，其安排应符合施工工艺，满足技术要求，有利于组织立体交叉、流水作业，有利于为后续工程施工创造良好的条件，有利于充分利用空间、争取时间。

4. 尽量采用国内外先进施工技术，科学地确定施工方案

先进的施工技术是提高劳动生产率、改善工程质量、加快施工进度、降低工程成本的

主要途径。在选择施工方案时，要积极采用新材料、新设备、新工艺和新技术，努力为新结构的推行创造条件；要注意结合工程特点和现场条件，使技术的先进适用性和经济合理性相结合，还要符合施工验收规范、操作规程的要求和遵守有关防火、安保及环卫等规定，确保工程质量和施工安全。

5. 采用流水施工方法和网络计划技术安排进度计划

在编制施工进度计划时，应从实际出发，采用流水施工方法组织均衡施工，以达到合理使用资源、充分利用空间、争取时间的目的。

网络计划技术是当代计划管理的有效方法，采用网络计划技术编制施工进度计划，可使计划逻辑严密、层次清晰、关键问题明确，同时便于对计划方案进行优化、控制和调整，并有利于电子计算机在计划管理中的应用。

6. 贯彻工厂预制和现场预制相结合的方针，提高建筑工业化程度

建筑技术进步的重要标志之一是建筑工业化，在制定施工方案时必须注意根据地区条件和构件性质，通过技术经济比较，恰当地选择预制方案或现场浇筑方案。确定预制方案时，应贯彻工厂预制与现场预制相结合的方针，努力提高建筑工业化程度，但不能盲目追求装配化程度的提高。

7. 充分发挥机械效能，提高机械化程度

机械化施工可加快工程进度，减轻劳动强度，提高劳动生产率。因此，在选择施工机械时，应充分发挥机械的效能，并使主导工程的大型机械如土方机械、吊装机械能连续作业，以减少机械台班费用，同时还应使大型机械与中小型机械相结合，机械化与半机械化相结合，扩大机械化施工范围，实现施工综合机械化，以提高机械化施工程度。

8. 加强季节性施工措施，确保全年连续施工

为了确保全年连续施工，减少季节性施工的技术措施费用，在组织施工时，应充分了解当地的气象条件和水文地质条件，尽量避免把土方工程、地下工程、水下工程安排在雨期和洪水期施工，把混凝土现浇结构安排在冬季施工；高空作业、结构吊装则应避免在风季施工。对那些必须在冬季或雨期施工的项目，则应采用相应的技术措施，既要确保全年连续施工、均衡施工，更要确保工程质量和施工安全。

9. 合理地部署施工现场，尽可能地减少暂设工程

在编制施工组织设计及现场组织施工时，应精心地进行施工总平面图的规划，合理地部署施工现场，节约施工用地；尽量利用正式工程、原有建筑物及已有设施，以减少各种临时设施；尽量利用当地资源，合理地安排运输、装卸与储存作业，减少物资运输量，避免二次搬运。

1.3.2 施工准备工作

施工准备工作是为拟建工程的施工创造必要的技术、物资条件，统筹安排施工力量和

部署施工现场，确保工程施工顺利进行。它是建设程序中的重要环节，不仅存在于开工之前，而且贯穿于整个施工过程之中。

现代的建筑施工是一项十分复杂的生产活动，它不但需要耗用大量人力、物力，还要处理各种复杂的技术问题，也需要协调各种协作配合关系。如果事先缺乏统筹安排和准备，势必会造成某种混乱，使施工无法正常进行。而全面、细致地做好施工准备工作，对于调动各方面的积极因素，合理组织人力、物力，加快施工进度，提高工程质量，节约建设资金，提高经济效益，都会起到重要作用。

1. 施工准备工作的基本任务

(1) 取得工程施工的法律依据，包括城市规划、环卫、交通、电力、消防、市政、公用事业等部门批准的法律依据。

(2) 通过调查研究，分析掌握工程特点、要求和关键环节。

(3) 调查分析施工地区的自然条件、技术经济条件和社会生活条件。

(4) 从计划、技术、物资、劳动力、设备、组织、场地等方面为施工创造必备的条件，以保证工程顺利开工和连续进行。

(5) 预测可能发生的变化，提出应变措施，做好应变准备。

2. 施工准备工作的内容

一般工程的准备工作可归纳为六部分内容。

(1) 调查收集原始资料。本部分内容将在 1.3.3 节详细阐述。

(2) 技术资料准备。其主要内容包括熟悉和会审图纸，编制施工图预算，编制施工组织设计。

(3) 施工现场准备。其主要内容包括清除障碍物，搞好"三通一平"，测量放线，搭设临时设施。

(4) 物资准备。其主要内容包括主要材料的准备，地方材料的准备，模板、脚手架的准备，施工机械、机具的准备。

(5) 施工人员、组织准备。其主要内容包括研究施工项目组织管理模式，组建项目经理部；规划施工力量的集结与任务安排，建立健全质量管理体系和各项管理制度；完善技术检测措施；落实分包单位，审查分包单位资质，签订分包合同。

(6) 季节施工准备。其主要内容包括拟定和落实冬雨季施工措施。每项工程施工准备工作的内容，视该工程本身及其具备的条件而有所不同。只有按照施工项目的规划来确定准备工作的内容，并拟订具体的、分阶段的施工准备工作实施计划，才能充分地为施工创造一切必要的条件。

3. 施工准备工作的分类

1) 按工程所处施工阶段分类

按工程所处施工阶段分类，施工准备可分为开工前的施工准备和工程作业条件的施工准备。

(1) 开工前的施工准备：是指在拟建工程正式开工前所进行的一切施工准备，目的是为工程正式开工创造必要的施工条件。它具有全局性和总体性特点。没有这个阶段，工程就

不能顺利开工,更不能连续施工。

(2) 工程作业条件的施工准备:是指开工之后,为某一单位工程、某个施工阶段或某个分部(分项)工程所做的施工准备工作。它具有局部性和经常性特点。一般来说,冬雨季施工准备都属于这种施工准备。

2) 按准备工作范围分类

按准备工作范围分类,施工准备可分为全场性施工准备、单位工程施工条件准备、分部(分项)工程作业条件准备。

(1) 全场性施工准备:是以整个建设项目或建筑群为对象所进行的统一部署的施工准备工作。它不仅要为全场性的施工活动创造有利条件,而且要兼顾单位工程施工条件的准备。

(2) 单位工程施工条件准备:是以一个建筑物或构筑物为施工对象而进行的施工条件准备,不仅为该单位工程在开工前做好一切准备,而且也要为分部(分项)工程的作业条件做好施工准备工作。

当单位工程的施工准备工作完成具备开工条件后,项目经理部应申请开工,递交开工报告,经审批后方可开工。实行建设监理的工程,企业还应将开工报告送监理工程师审批,由监理工程师签发开工通知书,在限定时间内开工,不得拖延。

单位工程应具备的开工条件如下。

① 施工图纸已经会审并有记录。

② 施工组织设计已经审核批准并已进行交底。

③ 施工图预算和施工预算已经编制并审定。

④ 施工合同已签订,施工证照已经审批办好。

⑤ 现场障碍物已清除。

⑥ 场地已平整,施工道路、水源、电源已接通,排水沟渠畅通,能满足施工需要。

⑦ 材料、构件、半成品和生产设备等已经落实并能陆续进场,保证连续施工的需要。

⑧ 各种临时设施已经搭设,能满足施工和生活的需要。

⑨ 施工机械、设备的安排已落实,先期使用的已运入现场、已试运转并能正常使用。

⑩ 劳动力安排已经落实,可以按时进场。

⑪ 现场安全守则、安全宣传牌已建立,安全、防火的必要设施已具备。

(3) 分部(分项)工程作业条件准备:是以一个分部(分项)工程为施工对象而进行的作业条件准备。由于某些施工难度大、技术复杂的分部(分项)工程,需要单独编制施工作业设计,应对其所采用的施工工艺、材料、机具、设备及安全防护设施等分别进行准备。

1.3.3　施工现场原始资料的调查

原始资料是工程设计及施工组织设计的重要依据之一。原始资料的调查主要是对工程条件、工程环境特点和施工条件等施工技术与组织的基础资料进行调查,以此作为施工准备工作的依据。原始资料调查工作应有计划、有目的地进行,且事先要拟定明确、详细的调查提纲。调查的范围、内容、要求等,应根据拟建工程的规模、性质、复杂程度、工期及对当地的熟悉程度而定。

原始资料的调查内容一般包括建设场址的勘察和技术经济资料的调查。

1. 建设场址勘察

建设场址勘察主要是了解建设地点的地形、地貌、地质、水文、气象以及场址周围环境和障碍物情况等，勘察结果一般可作为确定施工方法和技术措施的依据。

1) 地形、地貌勘察

这项调查要求提供工程的建设规划图、区域地形图(1/25 000～1/10 000)、工程位置地形图(1/2000～1/1000)、该地区城市规划图、水准点及控制桩的位置、现场地形地貌特征、勘察高程及高差等。对地形简单的施工现场，一般采用目测和步测；对场地地形复杂的施工现场，可用测量仪器进行观测，也可向规划部门、建设单位、勘察单位等进行调查。这些资料可作为选择施工用地、布置施工总平面图、场地平整及土方量计算、了解障碍物及其数量的依据。

2) 工程地质勘察

工程地质勘察的目的是为了查明建设地区的工程地质条件和特征，包括地层构造、土层的类别及厚度、土的性质、承载力及地震级别等。应提供的资料包括：钻孔布置图；工程地质剖面图；土层类别、厚度；土壤物理力学指标，包括天然含水量、孔隙比、塑性指数、渗透系数、压缩试验及地基土强度等；地层的稳定性、断层滑块、流沙；最大冻结深度；地基土破坏情况等。工程地质勘察资料可为选择土方工程施工方法、地基土的处理方法以及基础施工方法提供依据。

3) 水文地质勘察

水文地质勘察所提供的资料主要有以下两方面。

(1) 地下水文资料：地下水最高、最低水位及时间，包括水的流速、流向、流量；地下水的水质分析及化学成分分析；地下水对基础有无冲刷、侵蚀影响等。所提供的资料有助于选择基础施工方案、选择降水方法以及拟定防止侵蚀性介质的措施。

(2) 地面水文资料：江河湖泊距工地的距离；洪水、平水、枯水期的水位、流量及航道深度；水质分析；最大、最小冻结深度及结冻时间等。调查目的在于为确定临时给水方案、施工运输方式提供依据。

4) 气象资料的调查

气象资料一般可通过向当地气象部门进行调查取得，调查资料作为确定冬雨季施工措施的依据。气象资料包括以下几方面。

(1) 降雨、降水资料：全年降雨量、降雪量；一日最大降雨量；雨期起止日期；年雷暴日数等。

(2) 气温资料：年平均、最高、最低气温；最冷、最热月及逐月的平均温度。

(3) 风向资料：主导风向、风速、风的频率；大于或等于 8 级风全年天数，并应将风向资料绘成风玫瑰图。

5) 周围环境及障碍物的调查

这项调查包括施工区域现有建筑物、构筑物、沟渠、水井、树木、土堆、电力架空线路、地下沟道、人防工程、上下水管道、埋地电缆、煤气及天然气管道、地下杂填累积坑、枯井等。

这些资料要通过实地踏勘，并向建设单位、设计单位等调查取得，可作为布置现场施工平面的依据。

2. 技术经济资料调查

技术经济调查的目的，是为了查明建设地区地方工业、资源、交通运输、动力资源、生活福利设施等地区经济因素，获取建设地区技术经济条件资料，以便在施工组织中尽可能地利用地方资源为工程建设服务，同时也可作为选择施工方法和确定费用的依据。

1) 建设地区的能源调查

能源一般指水源、电源、气源等。能源资料可向当地城建、电力、燃气供应部门及建设单位等进行调查取得，主要用作选择施工用临时供水、供电和供气的方式，提供经济分析比较的依据。调查内容主要有：施工现场用水与当地水源连接的可能性、供水距离、接管距离、地点、水压、水质及水费等资料；利用当地排水设施排水的可能性、排水距离、去向等；可供施工使用的电源位置、引入工地的路径和条件，可以满足的容量、电压及电费；建设单位、施工单位自有的发变电设备、供电能力；冬季施工时附近蒸汽的供应量、接管条件和价格；建设单位自有的供热能力；当地或建设单位可以提供的煤气、压缩空气、氧气的能力和它们到工地的距离等。

2) 建设地区的交通调查

交通运输方式一般有铁路、公路、水路、航空等。交通资料可向当地铁路、交通运输和民航等管理局的业务部门进行调查取得。收集交通运输资料是调查主要材料及构件运输通道的情况，包括道路、街巷、途经的桥涵宽度、高度，允许载重量和转弯半径限制等资料。有超长、超高、超宽或超重的大型构件、大型起重机械和生产工艺设备需整体运输时还要调查沿途架空电线、天桥的高度，并与有关部门商议避免大件运输对正常交通产生干扰的路线、时间及解决措施。所收集资料主要用作组织施工运输业务、选择运输方式、提供经济分析比较的依据。

3) 主要材料及地方资源情况调查

这项调查的内容包括三大材料(钢材、木材和水泥)的供应能力、质量、价格、运费情况；地方资源如石灰石、石膏石、碎石、卵石、河沙、矿渣、粉煤灰等能否满足建筑施工的要求；开采、运输和利用的可能性及经济合理性。这些资料可向当地计划、经济等部门进行调查取得，作为确定材料的供应计划、加工方式、储存和堆放场地及建造临时设施的依据。

4) 建筑基地情况调查

这项主要调查建设地区附近有无建筑机械化基地、机械租赁站及修配厂；有无金属结构及配件加工厂；有无商品混凝土搅拌站和预制构件厂等。这些资料可用作确定构配件、半成品及成品等货源的加工供应方式、运输计划和规划临时设施。

5) 社会劳动力和生活设施情况调查

这包括当地能提供的劳动力人数、技术水平、来源和生活安排；建设地区已有的可供施工期间使用的房屋情况；当地主副食供应、日用品供应、文化教育、消防治安、医疗单位的基本情况以及能为施工提供的支援能力。这些资料是制订劳动力安排计划、建立职工生活基地、确定临时设施的依据。

6) 参加施工的各单位能力调查

这项主要调查施工企业的资质等级、技术装备、管理水平、施工经验、社会信誉等有关情况。这些可作为了解总包、分包单位的技术及管理水平，选择分包单位的依据。

在编制施工组织设计时，为弥补原始资料的不足，有时还可以借助一些相关的参考资料作为编制依据，如冬雨期参考资料、机械台班产量参考指标、施工工期参考指标等。这些参考资料可利用现有的施工定额、施工手册、施工组织设计实例或通过平时施工实践活动来获得。

思考与练习

1. 建筑工程施工为什么要编制施工组织设计？
2. 建筑产品及其生产具有哪些特点？
3. 试述组织施工的基本原则。
4. 编制施工组织设计需要哪些原始资料？在组织施工中如何利用这些资料？
5. 施工组织设计有哪几种类型？其基本内容有哪些？

第 2 章　流水施工原理

本章导读

本章介绍组织施工的方式，流水施工的概念、分类和表达方式，重点阐述流水施工参数及确定、组织流水施工的基本方式，并结合实例阐述流水施工组织方式在实践中的应用步骤和方法，最后介绍流水施工的评价方法。

学习目标

◆　了解流水施工的分类、概念及评价方法。

◆　掌握组织施工的方式及特点、流水施工在实际中应用的步骤和方法。

◆　掌握流水施工的主要参数及确定方法。

◆　掌握等节拍流水、成倍数节拍流水和固定节拍流水的组织方法。

2.1　组织施工概述

本节介绍组织施工概述，包括组织施工的基本方式和三种施工组织方式的比较。

2.1.1　组织施工的基本方式

建设项目组织施工的基本方式有顺序施工、平行施工和流水施工三种，这三种施工方式各有特点，适用的范围各异。我们将围绕下面的案例对三种施工方式做简单讨论。

【案例 2.1】

有三幢同类型建筑的基础工程施工，每一幢的施工过程和工作时间如表 2-1 所示，其施工顺序为 A→B→C→D。不考虑资源条件的限制，试组织此基础施工。

1. 顺序施工

1) 组织思想(一)

将这三栋建筑物的基础一栋一栋地进行施工，一栋完成后再施工另一栋，按照这样的方式组织施工，其具体安排如图 2-1 所示。由图 2-1 可知工期为 30 d，每天只有一个作业队伍施工，劳动力投入较少，其他资源投入强度不大。

表 2-1　某基础工程施工资料

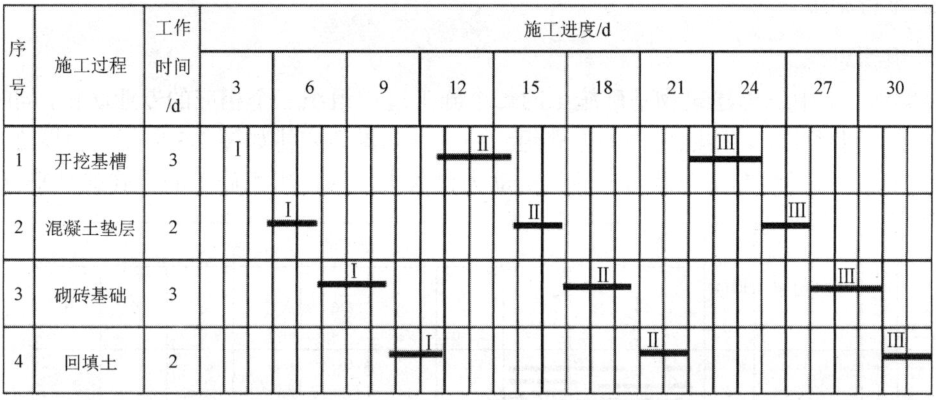

序号	施工过程	工作时间/d
1	开挖基槽(A)	3
2	混凝土垫层(B)	2
3	砌砖基础(C)	3
4	回填土(D)	2

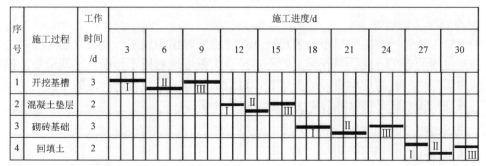

注：Ⅰ、Ⅱ、Ⅲ为栋数。

图 2-1　施工安排(一)

这种组织思想是以建筑产品为单元依次按顺序组织施工，因而同一施工过程的队伍工作是间断的，有窝工现象发生。

2) 组织思想(二)

针对这三栋建筑物的每个施工过程进行连续施工，一个施工过程完成后，另一个施工队伍才进场，按照这样的方式组织施工，其具体安排如图 2-2 所示。由图 2-2 可知工期也为30 d，每天只有一个队伍施工，劳动力投入较少，其他资源投入强度不大。

图 2-2　施工安排(二)

注：Ⅰ、Ⅱ、Ⅲ为栋数。

这种组织思想是以施工过程为单元依次按顺序组织施工，作业是连续的，这样组织施工的方式就是顺序施工或依次施工。

3) 顺序施工的特征

顺序施工也称依次施工，是按照建筑工程内部各分项、分部工程内在的联系和必须遵循的施工顺序，不考虑后续施工过程在时间上和空间上的相互搭接，而依照顺序组织施工的方式。顺序施工往往是前一个施工过程完成后，下一个施工过程才开始，一个工程全部完成后，另一个工程的施工才开始。

顺序施工的特点是同时投入的劳动资源较少，组织简单，材料供应单一；但其劳动生产率低，工期较长，难以在短期内提供较多的产品，不能适应大型工程的施工。

2. 平行施工

1) 组织思想

将案例 2.1 中三栋建筑物基础施工的每个施工过程组织三个相应的专业队伍，同时施工齐头并进，同时完工。按照这样的方式组织施工，其具体安排如图 2-3 所示。由图 2-3 可知工期为 10 d，每天均有三个队伍作业，劳动力投入大，这样组织施工的方式就是平行施工。

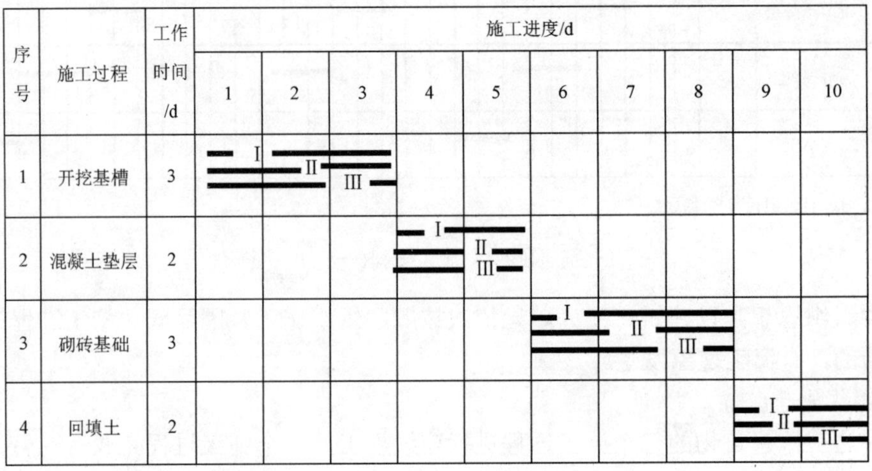

序号	施工过程	工作时间/d	施工进度/d									
			1	2	3	4	5	6	7	8	9	10
1	开挖基槽	3	I II III									
2	混凝土垫层	2				I II III						
3	砌砖基础	3						I II III				
4	回填土	2									I II III	

注：I、II、III 为栋数。

图 2-3　平行施工进度安排

2) 平行施工的特征

平行施工是将一个工作范围内的相同施工过程同时组织施工，完成以后再同时进行下一个施工过程的施工方式。平行施工的特点是最大限度地利用工作面，工期最短，但在同一时间内需提供的相同劳动资源成倍增加，这给实际施工管理带来一定的难度。因此，只有在工程规模较大或工期较紧的情况下采用才是合理的。

3. 流水施工

1) 组织思想

同一个施工过程组织一个专业队伍在三栋建筑物基础上顺序施工，如挖土方组织一个挖土队伍，第一栋挖完挖第二栋，第二栋挖完挖第三栋，保证作业队伍连续施工，不出现窝工现象。不同的施工过程组织专业队伍尽量搭接平行施工，即充分利用上一施工工程的队伍作业完成留出的工作面，尽早组织平行施工。按照这种方式组织施工，其具体安排如

图 2-4 所示。

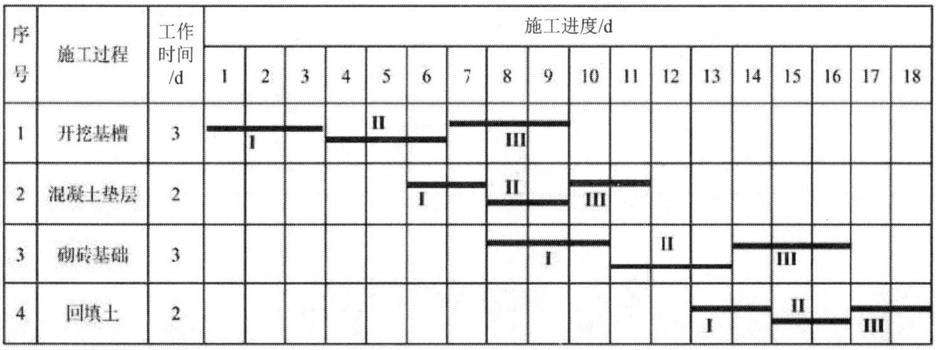

序号	施工过程	工作时间/d	施工进度/d																
			1	2	3	4	5	6	7	8	9	10	11	12	13	14	15	16	17	18
1	开挖基槽	3	I　　II　　III																
2	混凝土垫层	2	I　　II　　III																
3	砌砖基础	3	I　　II　　III																
4	回填土	2	I　　II　　III																

注：I、II、III 为栋数。

图 2-4　流水施工进度安排

由图 2-4 可知，其工期为 18 d，介于顺序施工和平行施工之间，各专业队伍依次施工，没有窝工现象，不同的施工专业队伍充分利用空间(工作面)平行施工，这样的施工方式就是流水施工。

2) 流水施工的特征

流水施工是把若干个同类型建筑或一栋建筑在平面上划分成若干个施工区段(施工段)，组织若干个在施工工艺上有密切联系的专业班组相继进行施工，依次在各施工区段上重复完成相同的工作内容，不同的专业队伍利用不同的工作面尽量组织平行施工的施工组织方式。

流水施工综合了顺序施工和平行施工的优点，是建筑施工中最合理、最科学的一种组织方式。

2.1.2　三种施工组织方式的比较

由上面的分析可知，顺序施工、平行施工和流水施工是组织施工的三种基本方式，其特点及适用范围不尽相同，三者的比较如表 2-2 所示。

表 2-2　三种组织施工方式比较

方式	工期	资源投入	评价	适用范围
顺序施工	最长	投入强度低	劳动力投入少，资源投入不集中，有利于组织工作。现场管理工作相对简单，可能会产生窝工现象	规模较小，工作面有限的工程
平行施工	最短	投入强度最大	资源投入集中，现场组织管理复杂，不能实现专业化生产	工程工期紧迫，资源有充分的保证及工作面允许情况下可采用

方式	工期	资源投入	评价	适用范围
流水施工	较短，介于顺序施工与平行施工之间	投入连续均衡	结合了顺序施工与平行施工的优点，作业队伍连续，充分利用工作面，是较理想的组织施工方式	一般项目均可适用

2.2　流水施工概述

流水施工来源于"流水作业"，是流水作业原理在建筑工程施工组织中的具体应用。流水施工是一种比较科学的组织施工的方法，用该方式组织施工，可以取得较好的经济效益，因此在建筑装饰施工组织中被广泛采用。

2.2.1　流水施工的表达及特点

1. 流水施工的表达

流水施工的表示方法，一般有横道图、垂直图表和网络图三种，其中最直观且易于接受的是横道图。

横道图即甘特图(gantt chart)，是建筑工程中安排施工进度计划和组织流水施工时常用的一种表达方式。横道图的形式如图 2-1～图 2-4 所示。

1) 横道图的形式

横道图中的横向表示时间进度，纵向表示施工过程或专业施工队编号。图中的横道线条的长度表示计划中的各项工作(施工过程、工序或分部工程、工程项目等)的作业持续时间，图中的横道线条所处的位置则表示各项工作的作业开始和结束时刻以及它们之间相互配合的关系，横道线上的序号如Ⅰ、Ⅱ、Ⅲ等表示施工项目或施工段号。

2) 横道图的特点

(1) 能够清楚地表达各项工作的开始时间、结束时间和持续时间，计划内容排列整齐有序、形象直观。

(2) 能够按计划和单位时间统计各种资源的需求量。

(3) 使用方便，制作简单，易于掌握。

(4) 不容易分辨计划内部工作之间的逻辑关系，一项工作的变动对其他工作或整个计划的影响不能清晰地反映出来。

(5) 不能表达各项工作间的重要性，计划任务的内在矛盾和关键工作不能直接从图中反映出来。

2. 流水施工的特点

建筑生产流水施工的实质是：由生产作业队伍配备一定的机械设备，沿着建筑的水平方向或垂直方向，用一定数量的材料在各施工段上进行生产，使最后完成的产品成为建筑物的一部分，然后再转移到另一个施工段进行同样的工作，所空出的工作面，由下一施工过程的生产作业队伍采用相同的形式继续进行生产。如此不断地进行确保了各施工过程生产的连续性、均衡性和节奏性。

建筑生产的流水施工有如下主要特点。

(1) 生产工人和生产设备从一个施工段转移到另一个施工段，代替了建筑产品的流动。

(2) 建筑生产的流水施工既在建筑物的水平方向流动(平面流水)，又沿建筑物的垂直方向流动(层间流水)。

(3) 在同一施工段上，各施工过程保持了顺序施工的特点，不同施工过程在不同的施工段上又最大限度地保持了平行施工的特点。

(4) 同一施工过程保持了连续施工的特点，不同施工过程在同一施工段上尽可能地保持连续施工。

(5) 单位时间内生产资源的供应和消耗基本均衡。

3. 流水施工的经济性

流水施工的连续性和均衡性方便了各种生产资源的组织，使施工企业的生产能力可以得到充分的发挥，使劳动力、机械设备得到合理的安排和使用，提高了生产的经济效果，具体归纳为以下几点。

(1) 便于施工中的组织与管理。由于流水施工的均衡性，因而避免了施工期间劳动力和其他资源使用过分集中，有利于资源的组织。

(2) 施工工期比较理想。由于流水施工的连续性，保证各专业队伍连续施工，减少了间歇，充分利用工作面，可以缩短工期。

(3) 有利于提高劳动生产率。由于流水施工实现了专业化的生产，为工人提高技术水平、改进操作方法以及革新生产工具创造了有利条件，因而改善了工作的劳动条件，促进了劳动生产率的不断提高。

(4) 有利于提高工程质量。专业化的施工提高了工人的专业技术水平和熟练程度，为推行全面质量管理创造了条件，有利于保证和提高工程质量。

(5) 能有效降低工程成本。由于工期缩短、劳动生产率提高、资源供应均衡，各专业施工队连续均衡作业，减少了临时设施数量，从而可以节约人工费、机械使用费、材料费和施工管理费等相关费用，有效地降低了工程成本。

2.2.2　流水施工的参数

流水施工参数是影响流水施工组织节奏和效果的重要因素，是用以表示流水施工在工艺流程、空间布局及时间安排方面开展状态的参数。在施工组织设计中，一般把流水施工参数分为三类，即工艺参数、空间参数和时间参数，具体分类如图 2-5 所示。

1. 工艺参数

1) 工艺参数的含义

工艺参数是指一组流水过程中所包含的施工过程(工序)数。任何一个建筑工程都由许多施工过程组成。每一个施工过程的完成，都必须消耗一定量的劳动力、建筑材料，需要有建筑设备、机具相配合，并且需要消耗一定的时间和占有一定范围的工作面。因此，施工过程是流水施工中最主要的参数，其数量和工程量的多少是计算其他流水参数的依据。

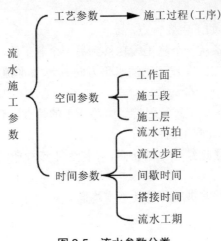

图 2-5　流水参数分类

2) 施工过程数的确定

施工过程所包含的施工内容，既可以是分项工程或者分部工程，也可以是单位工程或者单项工程。施工过程数量用 n 来表示，它的多少与建筑的复杂程度以及施工工艺等因素有关。

依据工艺性质的不同，施工过程可以分为以下三类。

(1) 制备类施工过程。制备类施工过程是指加工建筑成品、半成品或为提高建筑产品的加工能力而形成的施工过程，如钢筋的成型、构配件的预制以及砂浆和混凝土的制备过程。

(2) 运输类施工过程。运输类施工过程是指把建筑材料、成品、半成品和设备等运输到工地或施工操作地点而形成的施工过程。

(3) 砌筑安装类施工过程。砌筑安装类施工过程是指在施工对象的空间上，进行建筑产品最终加工而形成的施工过程，如砌筑工程、浇筑混凝土工程、安装工程和装饰工程等施工过程。

在组织施工现场流水施工时，砌筑安装类施工过程占有主要地位，直接影响工期的长短，因此必须列入施工进度计划表。由于制备类施工过程和运输类施工过程一般不占有施工对象的工作面，不影响工期，因而一般不列入流水施工进度计划表。

2. 空间参数

空间参数是指在组织流水施工时，用以表达流水施工在空间上开展状态的参数，主要包括工作面、施工段和施工层。

1) 工作面

工作面是指安排专业工人进行操作或者布置机械设备进行施工所需的活动空间。工作面根据专业工种的计划产量定额和安全施工技术规程确定，反映了工人操作、机械运转在空间布置上的具体要求。

在施工作业时，无论是人工还是机械都需有一个最佳的工作面，这样才能发挥其最佳效率。最小工作面对应安排的施工人数和机械数是最多的，它决定了某个专业队伍的人数及机械数的上限，直接影响某个工序的作业时间，因而工作面确定是否合理直接关系到作业效率和作业时间。表 2-3 列出了主要专业工种的工作面参考数据。

表 2-3　主要专业工种工作面参考数据

工作项目	每个技工的工作面	说　明
砖基础	7.6 m/人	以 1 砖半计，2 砖乘以 0.8，3 砖乘以 0.5
砌砖墙	8.5 m/人	以 1 砖半计，2 砖乘以 0.71，3 砖乘以 0.57
砌毛石墙基	3 m/人	以 60 cm 计
砌毛石墙	3.3 m/人	以 60 cm 计
浇筑混凝土柱、墙基础	8 m³/人	机拌、机捣
浇筑混凝土设备基础	7 m³/人	机拌、机捣
现浇钢筋混凝土柱	2.5 m³/人	机拌、机捣
现浇钢筋混凝土梁	3.20 m³/人	机拌、机捣
现浇钢筋混凝土墙	5 m³/人	机拌、机捣
现浇钢筋混凝土楼板	5.3 m³/人	机拌、机捣
预制钢筋混凝土柱	3.6 m³/人	机拌、机捣
预制钢筋混凝土梁	3.6 m³/人	机拌、机捣
预制钢筋混凝土屋架	2.7 m³/人	机拌、机捣
预制钢筋混凝土平板、空心板	1.91 m³/人	机拌、机捣
预制钢筋混凝土大型屋面板	2.62 m³/人	机拌、机捣
浇筑混凝土地坪及面层	40 m²/人	机拌、机捣
外墙抹灰	16 m²/人	
内墙抹灰	18.5 m²/人	
做卷材屋面	18.5 m²/人	
作防水水泥砂浆屋面	16 m²/人	
门窗安装	11 m²/人	

2) 施工段

(1) 施工段的概念。

施工段是指将施工对象在平面上划分为若干个劳动量大致相等的施工区段，在流水施工中，用 m 来表示施工段的数目。

(2) 划分施工段的原则。

划分施工段是为组织流水施工提供必要的空间条件。其作用在于某一施工过程能集中施工力量，迅速完成一个施工段上的工作内容，及早空出工作面为下一施工过程提前施工创造条件，从而保证不同的施工过程能同时在不同的工作面上进行施工。

在同一时间内，一个施工段只容纳一个专业施工队施工，不同的专业施工队在不同的施工段上平行作业，所以施工段数量的多少将直接影响流水施工的效果。合理地划分施工段，一般应遵循以下原则。

◆ 各施工段的劳动基本相等，以保证流水施工的连续性、均衡性和有节奏性，各施工段劳动量相差不宜超过 10%～15%。

◆ 应满足专业工种对工作面的空间要求，以发挥人工、机械的生产作业效率，因而施工段不宜过多，最理想的情况是平面上的施工段数与施工过程相等。

◆ 有利于结构的整体性，施工段的界线应尽量与结构的变形缝一致。

◆ 当施工对象有层间关系且既分层又分段时，划分施工段数尽量满足下式要求：

$$A \cdot m \geqslant n \tag{2-1}$$

式中：A——参加流水施工的同类型建筑的栋数；

m——每栋建筑平面上所划分的施工段数；

n——参加流水施工的施工过程数或作业班组总数。

当 $A \cdot m = n$ 时，此时每一施工过程或作业班组既能保证连续施工，又能使所划分的施工段不致空闲，是最理想的情况，有条件时应尽量采用。

当 $A \cdot m > n$ 时，此时每一施工过程或作业班组能保证连续施工，但所划分的施工段会出现空闲，这种情况也是允许的。实际施工时有时为满足某些施工过程技术间歇的要求，有意让工作面空闲一段时间反而更趋合理。

当 $A \cdot m < n$ 时，此时每一施工过程或作业班组虽能保证连续施工，但施工过程或作业班组不能连续施工而会出现窝工现象，一般情况下应力求避免。但当施工对象规模较小，确实不可能划分较多的施工段时，可与同一工地或同一部门内的其他相似的工程组织成大流水，以保证施工队伍连续作业，不出现窝工现象。

3) 施工层

对于多层的建筑物、构筑物，应既分施工段又分施工层。

施工层是指为组织多层建筑物的竖向流水施工，将建筑物划分为在垂直方向上的若干区段。一般用 r 来表示施工层的数目。通常以建筑物的结构层作为施工层，有时为方便施工，也可以按一定高度划分一个施工层，例如单层工业厂房砌筑工程一般按 1.2～1.4 m(即一步脚手架的高度)划分为一个施工层。

3．时间参数

1) 流水节拍

流水节拍是指一个施工过程(或作业队伍)在一个施工段上作业持续的时间，用 t 表示。其大小受到投入的劳动力、机械及供应量的影响，也受到施工段大小的影响。

根据资源的实际投入量计算，其计算式如下：

$$t_i = \frac{Q_i}{S_i \cdot R_i \cdot a} = \frac{Q_i \cdot Z_i}{R_i \cdot a} = \frac{P_i}{R_i \cdot a} \tag{2-2}$$

式中：Q_i——施工过程在一个施工段上的工程量；

S_i——完成该施工过程的产量定额；

Z_i——完成该施工过程的时间定额；

R_i——参与该施工过程的工人数或施工机械台数；

P_i——该施工过程在一个施工段上的劳动量；

a——每天工作班次。

【案例 2.2】

某土方工程施工，工程量为 352.94 m³，分四个施工段，采用人工开挖，每段的工程量相等，每班工人数为 12 人，一个工作班次挖土，已知劳动定额为 0.51 工日/m³，试求该土方施工的流水节拍。

【解】 由 $t = \dfrac{Q \cdot Z}{a \cdot R \cdot m}$，得 $t = \dfrac{352.94 \times 0.51}{12 \times 4} = 4$ (d)，该土方施工的流水节拍为 4 d。

2) 根据施工工期确定流水节拍

流水节拍的大小对工期有直接影响，通常在施工段数不变的情况下，流水节拍越小，工期就越短。当施工工期受到限制时，就应从工期要求反求流水节拍，然后用式(2-2)求得所需的人数或机械数，同时检查最小工作面是否满足要求以及人工或机械供应的可行性。若检查发现按某一流水节拍计算的人工数或机械数不能满足要求，供应不足，则可采取延长工期从而增加流水节拍以减少人工、机械的需求量，以满足实际的资源限制条件。若工期不能延长，则可增加资源供应量或采取一天多班次(最多三次)作业以满足要求。

流水步距的计算步骤如下。

(1) 流水步距：是指相邻两施工过程(或作业队伍)先后投入流水施工的时间间隔，一般用 k 表示。

(2) 确定流水步距应考虑的因素。流水步距应根据施工工艺、流水形式和施工条件来确定，在确定流水步距时应尽量满足以下要求。

① 始终保持两施工过程间的顺序施工，即在一个施工段上，前一施工过程完成后，下一施工过程方能开始。

② 任何作业班组在各施工段上必须保持连续施工。

③ 前后两施工过程的施工作业应能最大限度地组织平行施工。

3) 间歇时间

(1) 技术间歇时间(t_g)。在流水施工中，除了考虑两相邻施工过程间的正常流水步距外，有时应根据施工工艺的要求考虑工艺间合理的技术间歇时间。如混凝土浇筑完成后应养护一段时间后才能进行下一道工艺，这段养护时间即为技术间歇，它的存在会使工期延长。

(2) 组织间歇时间(t_z)。组织间歇时间是指施工中由于考虑施工组织的要求，两相邻的施工过程在规定的流水步距以外增加必要的时间间隔，以便施工人员对前一施工过程进行检查验收，并为后续施工过程做出必要的技术准备工作等。如基础混凝土浇筑并养护后，施工人员必须进行主体结构轴线位置的弹线等。

4) 组织搭接时间(t_d)。组织搭接时间，是指施工中由于考虑组织措施等原因，在可能的情况下，后续施工过程在规定的流水步距以内提前进入该施工段进行施工，这样工期可进一步缩短，施工更趋合理。

5) 流水工期(T)。流水工期是指一个流水施工中，从第一个施工过程(或作业班组)开始进入流水施工，到最后一个施工过程(或作业班组)施工结束所需的全部时间。

2.3 流水施工的基本组织方式

为了适应不同施工项目施工组织的特点和进度计划安排的要求，根据流水施工的特点，可以将流水施工分成不同的种类进行分析和研究。

2.3.1 流水施工的分类

1. 按流水施工的组织范围划分

1) 分项工程流水施工

分项工程流水施工又称为内部流水施工，是指组织分项工程或专业工种内部的流水施工。由一个专业施工队，依次在各个施工段上进行流水作业，如浇筑混凝土这一分项工程内部组织的流水施工。分项工程流水施工是范围最小的流水施工。

2) 分部工程流水施工

分部工程流水施工又称为专业流水施工，是指组织分部工程中各分项工程之间的流水施工。由几个专业施工队各自连续地完成各个施工段的施工任务，施工队之间流水作业。

3) 单位工程流水施工

单位工程流水施工又称为综合流水施工，是指组织单位工程中各分部工程之间的流水施工。

4) 群体工程流水施工

群体工程流水施工又称为大流水施工，是指组织群体工程中各单项工程或单位工程之间的流水施工。

2. 按流水施工工程的分解程度划分

1) 彻底分解流水施工

彻底分解流水施工是指将工程对象分解为若干施工过程，每一施工过程对应的专业施工队均由单一工种的工人及机具设备组成。这种组织方式的特点是各专业施工队任务明确，专业性强，便于熟练施工，能够提高施工效率，保证工程质量。但由于分工较细，对每个专业施工队的协调配合要求较高，给施工管理增加了一定的难度。

2) 局部分解流水施工

局部分解流水施工是指划分施工过程时，考虑专业工种的合理搭配或专业施工队的构成，将其中部分施工过程不彻底分解而交给多工种协调组成的专业施工队来完成施工，局部分解流水施工适用于工作量较小的分部工程。

3. 按流水施工的节奏特征划分

根据流水施工的节奏特征，流水施工可划分为有节奏流水施工和无节奏流水施工，有节奏流水施工又可分为等节拍流水施工和异节拍流水施工，其分类关系及组织流水方式如图 2-6 所示。

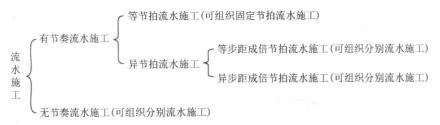

图 2-6 按流水节拍的特征分类

2.3.2 固定节拍流水施工组织

1. 概念及组织特点

1) 概念

固定节拍流水是指参与流水施工的施工过程流水节拍彼此相等的流水施工组织方式，即同一施工过程在不同的施工段上流水节拍相等，不同的施工过程在同一施工段上的流水节拍也相等的流水施工方式。

2) 组织特点

(1) 各个施工过程在各个施工段上的流水节拍彼此相等。

(2) 各个施工过程之间的流水步距彼此相等，且等于流水节拍，即 $k = t$。

(3) 每个施工过程在每个施工段上均由一个专业施工队独立完成作业，即专业施工队数目 n' 等于施工过程数 n。

(4) 各个施工过程的施工速度相等，均等于 mt。

2. 固定节拍流水施工工期

1) 引例

有一基础工程施工，分成 3 个施工段，即 $m = 3$，有 4 个施工过程，即 $n = 4$，且施工顺序为 A→B→C→D，各施工过程的流水节拍均为 2 d，即 $t_A = t_B = t_C = t_D = 2$，试组织流水施工并计算工期。

解：由已知条件可知，各施工过程的流水节拍均相等，可以组织固定节拍流水施工，流水步距 $k = t = 2$ d。

画进度计划横道图，如图 2-7 所示。

由图 2-7 可知，本示例工期为 12 d，其组成可分为两部分，一部分为各施工过程的流水步距之和 $\sum k_{ij} = (4-1) \times 2 = 6$ (d)，另一部分为最后一施工队伍作业持续的时间：$t_n = 3 \times 2 = 6$(d)。

2) 工期计算

(1) 不分层施工情况：由引例可知，固定节拍流水施工工期公式为：

$$T = \sum k_{ij} + t_n \tag{2-3}$$

式中：T——流水工期；

$\sum k_{ij}$——参加流水的各施工过程(或作业班组)流水步距之和，且 $\sum k_{ij} = (n-1)k$；

t_n——最后一个施工过程作业持续时间，$t_n = mt$。

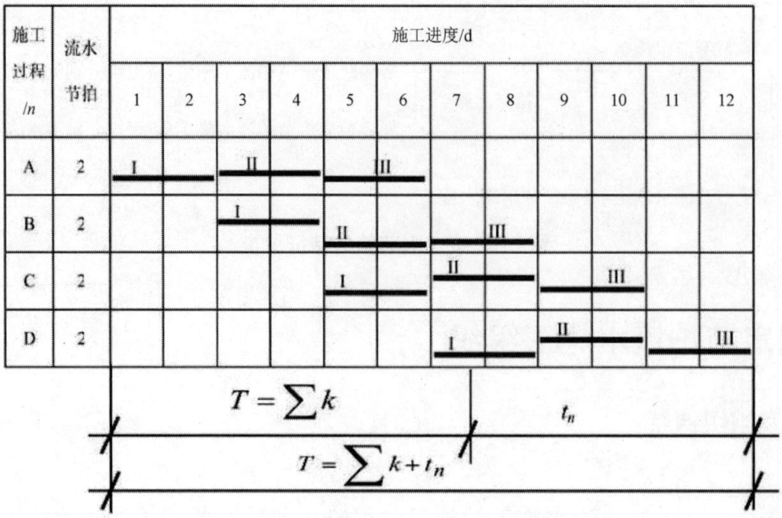

图 2-7 进度计划

根据固定节拍流水施工的特征，并考虑施工中的间歇及搭接情况，可以将式(2-3)改写成一般形式：

$$T = \sum k_{ij} + t_n + \sum t_z - \sum t_d = (n-1)k + mt + \sum t_g + \sum t_z - \sum t_d$$

即

$$T = (m+n-1)k + \sum t_g + \sum t_z - \sum t_d \tag{2-4}$$

式中：T ——不分层施工时固定节拍流水施工的工期；

m ——施工段数；

k ——流水步距；

$\sum t_d$、$\sum t_z$、$\sum t_g$ ——分别为技术间歇时间之和、组织间歇时间之和、组织搭接时间之和。

(2) 分层施工情况：当进行分层流水施工时，为了保证在跨越施工层时，专业施工队能连续施工而不产生窝工现象，施工段数目的最小值 m_{min} 应满足以下要求。

① 无技术间歇时间和组织间歇时间时，$m_{min}=n$。

② 有技术间歇时间和组织间歇时间时，为保证专业施工队连续施工，应取 $m>n$。此时，每层施工段空闲数为 $m-n$，每层空闲时间为 $(m-n)t=(m-n)k$。

若一个楼层内各施工过程的技术间歇时间和组织间歇时间之和为 Z，楼层间的技术间歇时间和组织间歇时间之和为 C，为保证专业施工队连续施工，则：

$$(m-n)k = Z + C$$

由此可得出，每层的施工段数目 m_{min} 应满足：

$$m_{min} = n + \frac{Z + C - \sum t_d}{k} \tag{2-5}$$

式中：k——流水步距；

Z——施工层内各施工过程间的技术间歇时间和组织间歇时间之和，即 $Z = \sum t_g + \sum t_z$；

C——施工层间的技术间歇时间和组织间歇时间之和；

其他符号的含义同式(2-4)。

如果每层的 Z 并不均等，各层间的 C 也不均等时，应取各层中最大的 Z 和 C，式(2-5)改为：

$$m_{\min} = n + \frac{Z_{\max} + C_{\max} - \sum t_{\mathrm{d}}}{k} \qquad (2-6)$$

分施工层组织固定节拍流水施工时，其流水施工工期可按式(2-7)计算：

$$T = (A \cdot r \cdot m + n - 1)t_{\mathrm{i}} + \sum t_{\mathrm{g}} + \sum t_{\mathrm{z}} - \sum t_{\mathrm{d}} \qquad (2-7)$$

式中：A——参加流水施工的同类型建筑的栋数；

　　　r——每栋建筑的施工层数；

　　　m——每栋建筑每一层划分的施工段数；

　　　n——参加流水施工的过程(或作业班组)数；

　　　t_{i}——流水节拍，$t_{\mathrm{i}}=k$；

　　　k——流水步距；

　　　其他符号的含义同式(2-4)。

【案例 2.3】

某一基础施工的有关参数如表 2-4 所示，划分成四个施工段，试组织固定节拍流水施工(要求以劳动量最大的施工过程来确定流水节拍)。

表 2-4　某基础工程的有关参数

序号	施工过程	总工程量	劳动定额	说明
1	挖土、垫层	460 m³	0.51 工日/m³	1．基础总长度为 370 m 左右。
2	绑扎钢筋	10.5 t	7.8 工日/t	2．砌砖的技工与普工的比例为
3	浇基础混凝土	150 m³	0.83 工日/m³	2：1，技工所需的最小工作面为
4	砖基础、回填土	180 m³	1.45 工日/m³	7.6 m/人

【解】　(1) 计算各施工过程的劳动量。劳动量按下式计算：

$$p_i = \frac{Q_i}{S_i} = Q_i Z_i \qquad (2-8)$$

式中各参数的意义同式(2-2)。

挖土及垫层施工过程在一个工段上的劳动量为 $p_1 = \dfrac{Q_1}{m} \cdot Z_1 = \dfrac{460}{4} \times 0.51 \approx 59$(工日)，其他各施工过程在一个施工段上的劳动量如图 2-8 所示。

(2) 确定主要施工过程的工人数和流水节拍。

由计算可知，"砖基础、回填土"这一施工过程的劳动量最大，应按该施工过程确定流水节拍。由于基础的总长度决定了所能安排技术工人的最多人数，根据已知条件可求出该施工过程可安排的最多工人数：

$$R_4 = \frac{370}{4 \times 7.6} \div 2 \times (2+1) \approx 18 (人)$$

由此即可求得该施工过程的流水节拍：

$$t_4 = \frac{p_4}{R_4} = \frac{65}{18} \approx 3.6 \text{ (d)}$$

流水节拍应尽量取整数，为使实际安排的劳动量与计算所得出的劳动量误差最小，最后应根据实际安排的流水节拍 4 d 来求得相应的工人数，同时应检查最小工作面的要求。

(3) 确定其他施工过程的工人数。

根据等节拍流水的特点可知，其他施工过程的流水节拍也应等于 4 d，由此可得其他施工过程所需的工人数，如"挖土、垫层"的工人数为：

$$R_1 = \frac{p_1}{t_j} = \frac{59}{4} \approx 15 \text{（人）}$$

其他施工过程的工人数如图 2-8 所示。

序号	施工过程	劳动量 /工日	工人数 /人	流水节拍 /天	施工进度/d						
					4	8	12	16	20	24	28
1	挖土、垫层	59	15	4	一	二	三	四			
2	绑扎钢筋	20	5	4		一	二	三	四		
3	浇筑混凝土	31	8	4			一	二	三	四	
4	基础及回填土	65	18	4				一	二	三	四

图 2-8　某基础工程等节拍流水施工

(4) 求工期 $T = (m + n - 1)k = (4 + 4 - 1) \times 4 = 28$ (d)。

(5) 检查各施工过程的最小劳动组合或最小工作面的要求，并绘出流水施工进度表，如图 2-8 所示，图中"一、二、三、四"表示的是四个施工段。

2.3.3　成倍数节拍流水施工

1. 概念及组织特点

1) 概念

在异节奏流水施工中，当同一施工过程在各个施工段上的流水节拍不相等，但它们之间有最大公约数，即为某一数的不同整数倍时，每个施工过程均按其节拍的倍数关系组织相应数目的专业队伍，充分利用工作面即可组织等步距成倍数节拍流水施工。

2) 组织特点

(1) 同一施工过程在各个施工段上的流水节拍彼此相等，不同施工过程在同一施工段上的流水节拍之间存在一个最大公约数。

(2) 各专业施工队之间的流水步距彼此相等，且等于流水节拍的最大公约数 k。

(3) 专业施工队总数目 n' 大于施工过程数 n。

2. 组织过程及工期计算

1) 组织过程

【案例 2.4】

某工程施工(不分层)，分 3 个施工段，即 $m = 3$，有 3 个施工过程，即 $n = 3$，其顺序为 A→B→C，每个工序的流水节拍为 $t_A = 2$ d，$t_B = 4$ d，$t_C = 2$ d，试组织该工程施工并求工期。

【解】 由 $t_A = 2$，$t_B = 4$，$t_C = 2$ 可知，各施工过程的流水节拍不完全相等，但有最大公约数 2，故可以组织成倍数节拍流水施工。

(1) 求 k。

$k =$ 最大公约数，由已知条件求得最大公约数为 2，即 $k = 2$(d)。

(2) 求各专业队伍数。

$$b_i = \frac{t_i}{k} \tag{2-9}$$

式中：t_i——第 i 个施工过程的流水节拍；

　　　k——流水步距(最大公约数)；

　　　b_i——第 i 个施工过程的专业队伍数。

$$b_A = \frac{2}{2} = 1(\text{个})$$

$$b_B = \frac{4}{2} = 2(\text{个})$$

$$b_C = \frac{2}{2} = 1(\text{个})$$

专业队伍总数 $n' = \sum b_i = 1 + 2 + 1 = 4$(个)。

(3) 按照有 4 个队伍参与流水其步距均为 2 d 组织施工，画进度如图 2-9 所示。

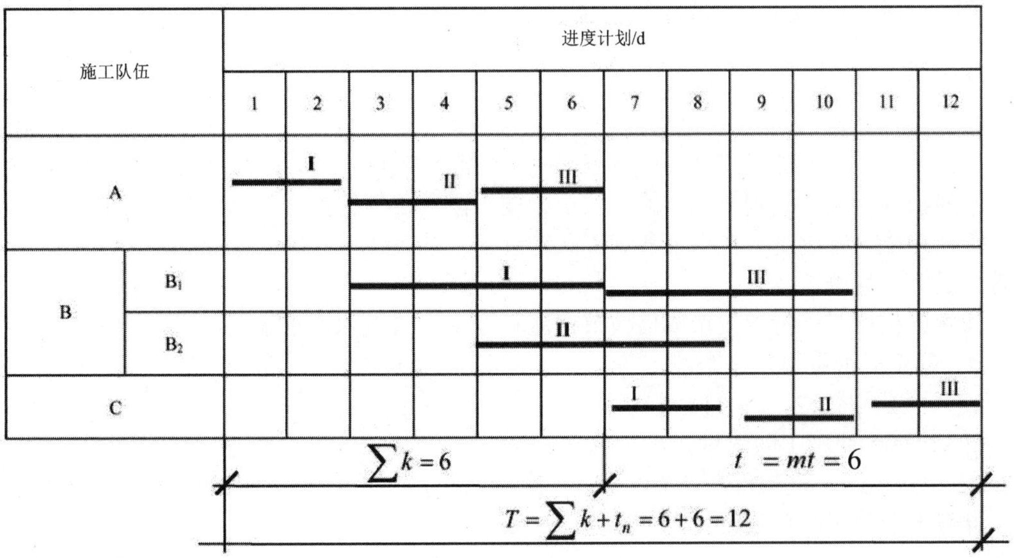

施工队伍		进度计划/d											
		1	2	3	4	5	6	7	8	9	10	11	12
A		Ⅰ		Ⅱ		Ⅲ							
B	B₁			Ⅰ					Ⅲ				
	B₂					Ⅱ							
C								Ⅰ		Ⅱ		Ⅲ	

$$\sum k = 6 \qquad t = mt = 6$$

$$T = \sum k + t_n = 6 + 6 = 12$$

图 2-9　成倍数节拍流水施工计划

由图 2-9 可知，总工期为 12 d，由两部分构成：一部分为各专业队伍的流水步距之和，即 $\sum k = 2+2+2 = 6$ (d)；另一部分为最后一个作业队伍持续的时间 $t_n = 3\times2 = 6$(d)。两部分之和即 $T = \sum k + t_n = 6+6 = 12$ (d)，即为该成倍数节拍流水施工的工期。

2) 工期计算公式

(1) 不分层施工。由案例 2.4 可知，不分层施工时，成倍数节拍流水施工的工期计算公式为：

$$T = \sum k + t_n \tag{2-10}$$

式中：T——流水工期；

$\sum k$——各流水施工队伍的流水步距之和，$\sum k = (n'-1)k$，其中 n' 为流水施工队伍数，k 为流水步距的最大公约数；

t_n——最后一个投入施工的作业队伍完成任务的持续时间，$t_n = mk$。

考虑到成倍数节拍流水施工的特点及施工中可能有技术间歇、组织间歇和组织搭接，将式(2-10)改写成：

$$T = (m+n'-1)k + \sum t_z + \sum t_g - \sum t_d \tag{2-11}$$

式中：$\sum t_z$——组织间歇时间之和；

$\sum t_g$——技术间歇时间之和；

$\sum t_d$——组织搭接时间之和；

其他符号的含义同式(2-10)。

(2) 分层施工。将式(2-11)改写成：

$$T = (Amr+n'-1)k + \sum t_z + \sum t_g - \sum t_d \tag{2-12}$$

式中：A——参与流水的房屋栋数；

r——某栋的施工层数；

n'——参与流水的施工队伍数；

其他符号的含义同式(2-11)。

【案例 2.5】

某两层现浇筑钢筋混凝土工程，施工分为安装模板、绑扎钢筋和浇筑混凝土三个施工过程。已知每个施工过程在每层每个施工段上的流水节拍分别为：$t_模 = 1$ d，$t_扎 = 2$ d，$t_浇 = 1$ d。当安装模板施工队转移到第二结构层的第一施工段时，需待第一层第一施工段的混凝土养护一天后才能进行施工。在保证各施工队连续施工的条件下，试安排流水施工，并绘制流水施工进度计划表。

【解】根据工程特点，按成倍数节拍流水施工方式组织流水施工。

(1) 确定流水步距。

k=最大公约数{2，2，1}= 1(d)。

(2) 计算专业施工队数目。

$$b_模 = 2/1 = 2(个) \quad b_扎 = 2/1 = 2(个) \quad b_浇 = 1/1 = 1(个)$$

计算专业施工队总数目 n' 为：

$$n' = \sum_{j=1}^{3} b_j = 2+2+1 = 5(个)$$

(3) 确定每层的施工段数目。

$$m_{\min} = n' + \frac{Z_{\max} + C_{\max} - \sum t_{\mathrm{d}}}{k} = 5 + 1/1 = 6(\text{段})$$

(4) 计算工期。

$$T = (m \times r + n' - 1) \times k = (6 \times 2 + 5 - 1) \times 1 = 16(\mathrm{d})$$

(5) 绘制流水施工进度计划表，如图 2-10 所示。

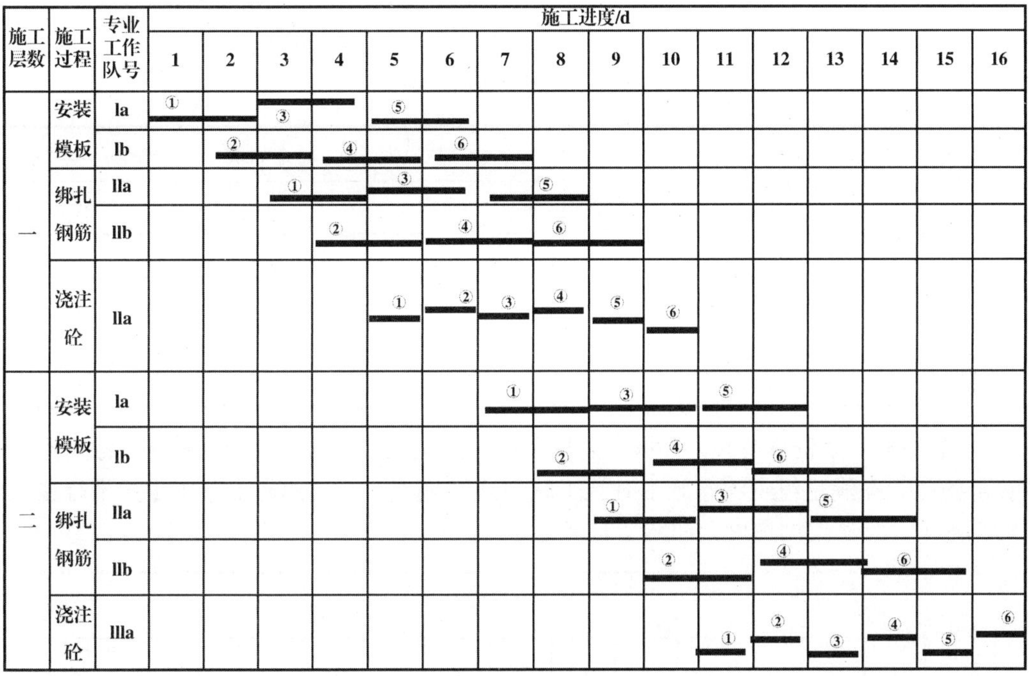

施工层数	施工过程	专业工作队号	施工进度/d															
			1	2	3	4	5	6	7	8	9	10	11	12	13	14	15	16
一	安装模板	Ia	①		③		⑤											
		Ib		②		④		⑥										
	绑扎钢筋	IIa			①		③		⑤									
		IIb				②		④		⑥								
	浇注砼	IIa					①	②	③	④	⑤	⑥						
二	安装模板	Ia							①		③		⑤					
		Ib								②		④		⑥				
	绑扎钢筋	IIa									①		③		⑤			
		IIb										②		④		⑥		
	浇注砼	IIIa											①	②	③	④	⑤	⑥

图 2-10 成倍数节拍流水进度计划

2.3.4 分别流水施工

1. 概念及组织特点

1) 概念

分别流水是指同一施工过程在各施工段上的流水节拍不完全相等，不同的施工过程之间流水节拍也不相等，在这样的条件下组织施工的方式称为分别流水施工，也称为无节奏流水施工。这种组织施工的方式，在进度安排上比较自由、灵活，是实际工程组织施工最普遍、最常用的一种方法。

2) 组织特点

(1) 各个施工过程在各个施工段上的流水节拍彼此不等，也无特定规律。

(2) 所有施工过程之间的流水步距彼此不完全相等，流水步距与流水节拍的大小及相邻施工过程的相应施工段节拍差有关。

(3) 每个施工过程在每个施工段上均由一个专业施工队独立完成作业，即专业施工队数目 n' 等于施工过程数 n。

(4) 为了满足流水施工中作业队伍的连续性，因而在组织施工时，确定流水步距是关键。

2. 分别流水施工的组织

1) 组织示例

【案例 2.6】

某项目施工(不分层)，分三个施工段，四个施工过程，施工顺序为 A→B→C→D，每个施工过程在不同的施工段上的流水节拍如表 2-5 所示，试组织流水施工。

表 2-5 流水节拍资料

施工过程	流水节拍		
	I	II	III
A	1	2	1
B	2	3	3
C	2	2	3
D	1	3	2

【解】根据所给资料可知，各施工过程在不同的施工段上流水节拍不相等，故可组织分别流水施工。在满足组织流水施工时施工队伍连续施工，不同的施工队伍尽量平行搭接施工的原则下，尝试绘制进度，如图 2-11 所示。

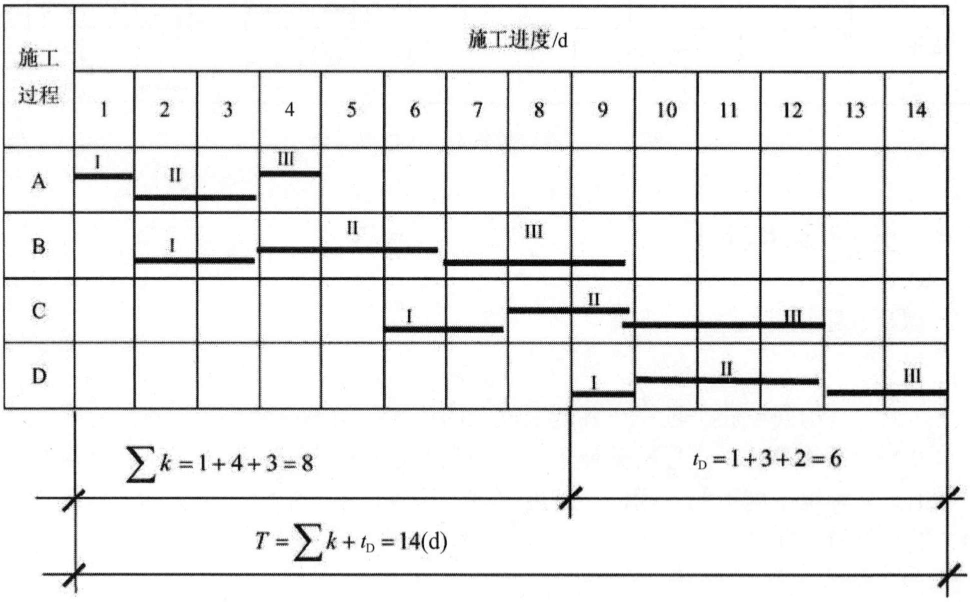

$$\sum k = 1 + 4 + 3 = 8$$

$$t_D = 1 + 3 + 2 = 6$$

$$T = \sum k + t_D = 14 \text{(d)}$$

图 2-11 分别流水进度计划

由图 2-11 可知，满足了各类专业施工队伍连续作业没有窝工现象发生，其工期为 14 d，可分为两部分，第一部分是各施工过程间流水步距之和，则：

$$\sum k = k_{AB} + k_{BC} + k_{CD} = 1 + 4 + 3 = 8 \text{(d)}$$

另一部分为最后一个施工过程的作业队伍作业持续时间 $t_D = 1 + 3 + 2 = 6(d)$。由此可知,组织分别流水最关键的一步是确定各施工过程(作业队伍)间的流水步距。

2) 流水步距的确定

在组织分别流水施工中确定流水步距最简单、最常用的方法就是用潘特考夫斯基法,又称为"累加数列错位相差取最大差法",具体步骤如下。

(1) 将各施工过程在不同施工段上的流水节拍进行累加形成数列。

(2) 将相邻的两施工过程形成的数列的错位相减形成差数列。

(3) 取相减差数列的最大值,即为相邻两施工过程的流水步距。

【案例 2.7】

求案例 2.6 中的 k_{AB}、k_{BC}、k_{CD}。

【解】求 k_{AB}:

$$
\begin{array}{rrrrr}
& 1 & 3 & 4 & \\
- & & 2 & 5 & 8 \\
\hline
& 1 & 1 & -1 & -8
\end{array}
$$

$k_{AB} = \max\{1, 1, -1, -8\} = 1$

求 k_{BC}:

$$
\begin{array}{rrrrr}
& 2 & 5 & 8 & \\
- & & 2 & 4 & 7 \\
\hline
& 2 & 3 & 4 & -7
\end{array}
$$

$k_{BC} = \max\{2, 3, 4, -7\} = 4$

求 k_{CD}:

$$
\begin{array}{rrrrr}
& 2 & 4 & 7 & \\
- & & 1 & 4 & 6 \\
\hline
& 2 & 3 & 3 & -6
\end{array}
$$

$k_{CD} = \max\{2, 3, 3, -6\} = 3$

用这种方法计算的各施工过程间的流水步距与图 2-11 中尝试安排得到的流水步距是一致的。

3) 工期计算

由案例 2.6 分析可知,分别流水施工的工期公式为:

$$T = \sum k + t_n + \sum t_g + \sum t_z - \sum t_d \tag{2-13}$$

式中: T ——分别流水施工工期;

$\sum k$ ——各流水步距之和;

t_n——最后一个作业队伍持续的时间;

其他符号的含义同式(2-11)。

4) 分别流水施工组织示例

【案例 2.8】

某项目施工(不分层),分 3 个施工段,即 $m=3$,4 个施工过程,工艺顺序为 A→B→C→D,流水节拍见表 2-6,B 与 C 间有技术间歇 $t_{B-C} = 2$ d,试组织该流水施工并求工期。

表 2-6　流水节拍

施工过程	流水节拍		
	I	II	III
A	2	3	2
B	2	1	2
C	3	2	2
D	1	3	1

【解】根据流水节拍的特点可以组织分别流水施工。

(1) 求流水步距 k。

$$
\begin{array}{r}
2\ \ 5\ \ 7 \\
-\quad 2\ \ 3\ \ 5 \\
\hline
2\ \ 3\ \ 4\ -5
\end{array}
$$

k_{AB}

$k_{AB} = 4$

$$
\begin{array}{r}
2\ \ 3\ \ 5 \\
-\quad 3\ \ 5\ \ 7 \\
\hline
2\ \ 0\ \ 0\ -7
\end{array}
$$

k_{BC}

$k_{BC} = 2$

$$
\begin{array}{r}
3\ \ 5\ \ 7 \\
-\quad 1\ \ 4\ \ 5 \\
\hline
3\ \ 4\ \ 3\ -5
\end{array}
$$

k_{CD}

$k_{CD} = 4$

(2) 求工期 T。

$$T = \sum k + t_n + t_g = (4+2+4) + 5 + 2 = 17 \text{ (d)}$$

(3) 绘制流水进度计划，如图 2-12 所示。

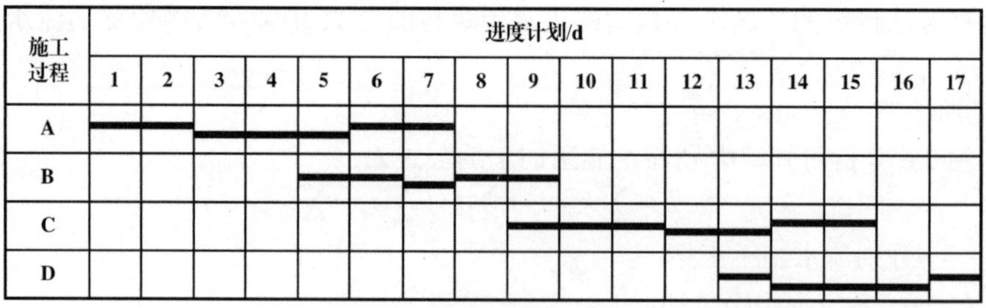

图 2-12　流水进度计划

2.4　流水施工组织评价与程序

根据施工项目的不同可以组织不同的流水施工方案，每种方案的效果可能不同，这就需要结合具体工程对所确定的流水方案进行评价，以确定最优方案。

2.4.1　评价指标

评价流水作业方案在满足工期的要求下，主要通过稳定系数和劳动力动态系数两个指标来衡量。流水作业的进展一般分为三个阶段，如图 2-13 所示。

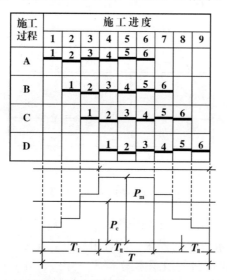

图 2-13　流水施工分析图

展开阶段：各工作队相继投入施工，工人人数按阶梯状增加。稳定阶段：各工作队同时工作，工人人数保持不变。结束阶段：各工作队相继退出，工人人数按阶梯状减少。

流水作业稳定系数 k_1 的计算式如下：

$$k_1 = \frac{T_{\mathrm{II}}}{T} \tag{2-14}$$

式中：T_{II}——流水稳定阶段的工期；

　　　T——总工期。

劳动力动态系数 k_2 是最大工人数与平均工人数的比值，其计算如下式：

$$k_2 = \frac{P_{\mathrm{m}}}{P_{\mathrm{c}}} \tag{2-15}$$

式中：P_{m}——最大工人数；

　　　P_{c}——平均工人数。

当组织固定节拍流水或成倍数节拍流水时，由图 2-13 可知，$T_{\mathrm{I}} = T_{\mathrm{III}}$，则：

$$k_1 = \frac{T_{\mathrm{II}}}{T} = \frac{T - 2T_{\mathrm{I}}}{T} = \frac{(m+n-1)k - 2(n-1)k}{(m+n-1)k} = \frac{m-n+1}{m+n-1}$$

即

$$k_1 = \frac{m-n+1}{m+n-1} \tag{2-16}$$

式中：m——施工段数；

　　　n——施工过程数或作业队伍数。

2.4.2 流水施工组织评价方法

组织不同方案的流水施工，可以出现三种流水施工的情况。

(1) 第一种情况：$T_{\mathrm{I}}>0$，$T_{\mathrm{II}}>0$，$T_{\mathrm{III}}>0$，如图 2-14 所示。

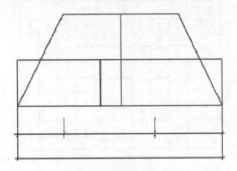

图 2-14　劳动力动态曲线

在这种情况下，由式(2-14)、式(2-15)可知，$k_1<1$，$k_2<2$。当组织固定节拍或成倍数节拍流水施工时，这种情况在 $m>n-1$ 时发生。这种组织方式充分显示了流水施工的实质，劳动力均衡、施工队伍连续是最经济的组织方案。

(2) 第二种情况：$T_{\mathrm{I}}>0$，$T_{\mathrm{II}}=0$，$T_{\mathrm{III}}>0$，这种情况下的劳动力动态如图 2-15 所示。

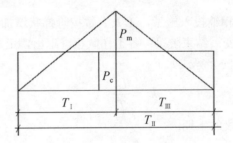

图 2-15　流水施工分析图

在这种组织方案下，由式(2-14)、式(2-15)可知，$k_1=0$，$k_2=2$，当最后一个作业队伍投入施工时，第一个作业队伍正好结束工作退出，因此劳动变化较大。当组织固定节拍或成倍数节拍流水作业时，这种情况在 $m=n-1$ 时产生。

(3) 第三种情况：$T_{\mathrm{I}}>0$，$T_{\mathrm{II}}<0$，$T_{\mathrm{III}}>0$，这种情况下的劳动力动态如图 2-16 所示。

这种情况是当最后一个工作队投入施工以前，第一个工作队已结束工作面退出。当组织固定或成倍数节拍流水作业时，这种情况在 $m<n-1$ 时发生。这种情况下劳动力变化频繁。这里 T_{II} 在形式上看是稳定阶段，在这个时期，工人人数虽然不变，但成员却在不断地变化，因而在实质上不能认为是稳定阶段。

在这种情况下

$$k_1=\frac{T_{\mathrm{II}}}{T}=\frac{T-(T_{\mathrm{I}}+T_{\mathrm{III}})}{T}<0$$
$$k_2\geq 1$$

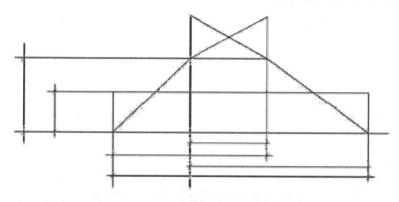

图 2-16　劳动力动态曲线

根据流水作业的进展情况，k_1 和 k_2 的变化范围是 $-1 \leqslant k_1 \leqslant 1$，$1 \leqslant k_2 \leqslant 2$，当这两个系数都趋近于 1 时，则这样的流水作业组织方案是最好的。

2.4.3　流水施工组织程序

合理组织流水施工，就是要结合各个工程的不同特点，根据实际工程的施工条件和施工内容，合理确定流水施工的各项参数。通常按照下列工作程序进行。

1. 确定施工顺序，划分施工过程

组织一个施工阶段的流水施工时，往往可按施工顺序划分成许多个分项工程。例如，基础工程施工阶段可划分成挖土、钢筋混凝土基础、砌筑砖基础、防潮层和回填土等分项工程，其中有些分项工程是由多工种组成的，如钢筋混凝土分项工程由模板、钢筋和混凝土三部分组成，这些分项工程仍有一定的综合性，因此组织的流水施工具有一定的控制作用。

组织某些多工种组成的分项工程流水施工时，往往按专业工种划分成若干个由专业工种(专业班组)进行施工的施工过程，例如安装模板、绑扎钢筋、浇筑混凝土等，然后组织这些专业班组的流水施工。此时，施工活动的划分比较彻底，每个施工过程都具有相对的独立性(各工种不同)，彼此之间又具有依附和制约性(施工顺序和施工工艺)，这样组织的流水施工具有一定的实用意义。

由前述可知，参加流水的施工过程的多少对流水施工的组织影响很大，但将所有的分项工程组织参与流水施工是不可能的，也没有必要将所有的分项工程都组织进去。每一个施工阶段总有几个对工程施工有直接影响的主导施工过程，首先将这些主导施工过程确定下来组织成流水施工，其他施工过程则可以根据实际情况与主导施工过程合并。所谓主导施工过程，是指那些对工期有直接影响，能为后续施工过程提供工作面的施工过程，如混合结构主体施工阶段，砌墙和吊装楼板就是主导施工过程。在实际施工中，还应根据施工进度计划作用的不同、分部分项工程施工工艺的不同来确定主导施工过程。

施工过程数目 n 的确定，主要的依据是工程的性质和复杂程度、所采用的施工方案、对建设工期的要求等因素。为了合理地组织流水施工，施工过程数目 n 要确定得适当，施工过程划分得过粗或过细，都达不到好的流水效果。

2. 确定施工层，划分施工段

为了合理地组织流水施工，需要按建筑的空间情况和施工过程的工艺要求，确定施工层数量 r，以便在平面上和空间上组织连续、均衡的流水施工。划分施工层时，要求结合工程的具体情况，主要根据建筑物的高度和楼层来确定。例如，砌筑工程的施工高度一般为 1.2 m，所以可按 1.2 m 划分，而室内抹灰、木装饰、油漆和水电安装等，可按结构楼层划分施工层。

为了保证专业队伍不仅能在本层各施工段上连续作业，而且在转入下一个施工层的施工段上也能连续作业，则施工段数目 m 必须满足式(2-1)的要求，即 $Am \geq n$。若组织多层固定节拍或成倍数节拍流水，同时考虑相关间歇时，施工段的确定应满足式(2-5)的要求。无层间关系或无施工层时可以不受此限制。

3. 确定施工过程的流水节拍

施工过程的流水节拍可按式(2-2)进行计算。流水节拍的大小对工期影响较大，由式(2-2)可知，减小流水节拍最有效的方法是提高劳动效率(即增大产量定额 S_i 或减小时间定额 Z_i)。增加工人数(R_i)也是一种方法，但劳动人数增加到一定程度必然会达到最小工作面，此时的流水节拍即为最小的流水节拍，正常情况下不可能再缩短。同样，根据最小劳动组合可确定最大的流水节拍。据此，就可确定完成该施工过程最多可安排和至少应安排的工人数，然后根据现有条件和施工要求确定合适的人数，以求得流水节拍，该流水节拍总是在最大流水节拍和最小流水节拍之间。

4. 确定流水方式及专业队伍数

根据计算出的各个施工过程的流水节拍的特征、施工工期要求和资源供应条件，确定流水施工的组织方式究竟是固定节拍流水施工或成倍数节拍流水施工，还是分别流水施工。

根据确定的流水施工组织方式，得出各个施工过程的专业施工队伍数。

5. 确定流水步距

流水步距可根据流水形式来确定。流水步距的大小对工期影响也较大，在可能的情况下组织搭接施工也是缩短流水步距的一种方法。在某些流水施工过程(不等节拍流水)中增大流水节拍较小的一般施工过程的流水节拍，或将次要施工组织成间断施工，反而能缩短流水步距，有时还能使施工更合理。

6. 组织流水施工，计算工期

按照不同的流水施工组织方式的特点及相关时间参数计算流水施工的工期。根据流水施工原理和各施工段及施工工艺间的关系组织形成整个工程完整的流水施工，并绘制出流水施工进度的计划表。

【案例 2.9】

1) 工程概况及施工条件

某三层工业厂房，其主体结构为现浇钢筋混凝土框架。框架全部由 6 m×6 m 的单元构成，横向为 3 个单元，纵向为 21 个单元，划分为 3 个温度区段。

施工工期：2.5 个月，施工时平均气温 15 ℃。劳动力：木工不得超过 25 人，混凝土与钢筋工可以根据计划要求配备。机械设备：400 L 混凝土搅拌机 2 台，混凝土振捣器、卷扬机可以根据计划要求配备。

2) 施工方案

采用定型钢模板，常规支模方法，混凝土为半干硬性，坍落度为 1～3 cm，采用 400 L 混凝土搅拌机搅拌，振捣器捣固，双轮车运输；垂直运输采用钢管井架。楼梯部分与框架配合，同时施工。

3) 流水施工组织

(1) 计算工程量与劳动量。

本工程每层、每个温度区段的模板、钢筋、混凝土的工程量根据施工图计算；定额根据劳动定额手册及本工地工人实际生产率确定，劳动量由确定的时间定额和工程量进行计算。时间定额、计算的工程量和劳动量汇总如表 2-7 所示。

表 2-7 某厂钢筋混凝土框架工程量与劳动量

结构部位	分项工程名称		单位	采用时间定额/(工日/产品单位)	每层、每个温度区段的工程量与劳动量					
					工程量			劳动量/工日		
					一层	二层	三层	一层	二层	三层
框架	支模板	柱	m²	0.0833	332	311	311	27.70	25.90	25.90
		梁	m²	0.0800	698	698	720	55.80	55.80	57.60
		板	m²	0.0400	554	554	528	22.20	22.20	23.30
	绑扎钢筋	柱	t	2.3800	5.45	5.15	5.15	13.00	12.30	12.30
		梁	t	2.8600	9.80	9.80	10.10	28.00	28.00	28.90
		板	t	4.0000	6.40	6.40	6.73	25.60	25.60	26.60
	浇筑混凝土	柱	m³	1.4700	46.10	43.10	43.10	67.80	63.40	63.40
		梁板	m³	0.7800	156.20	156.20	156.20	12.24	122.40	124.00
楼梯	支模板		m²	0.1600	34.80	34.80		5.10	5.10	
	绑扎钢筋		t	5.5600	0.45	0.45		2.50	2.50	
	浇筑混凝土		m³	2.2100	6.60	6.60		14.60	14.60	

(2) 划分施工过程。

本工程框架部分采用以下施工顺序：绑扎柱钢筋→支柱模板→支主梁模板→支次梁模板→支板模板→绑扎梁钢筋→绑扎板钢筋→浇筑混凝土→浇筑梁、板混凝土。根据施工顺序，按专业工作队的组织进行合并，划分为以下四个施工过程：①绑扎钢筋；②支模板；③绑扎梁、板钢筋；④浇筑混凝土。各施工过程中均包括楼梯间部分。

(3) 划分施工段及确定流水节拍。

本工程考虑以下两种方案。

【方案一】

由于本工程三个温度区段大小一致，各层构造基本相同，各施工过程劳动量相差均在15%以内，所以首先考虑采用全等节拍或成倍数节拍流水方式来组织。

(1) 划分施工段。

考虑到有利于结构的整体性，利用温度缝作为分界线，最理想的情况是每层划分为 3 段，但是为了保证各工人队组在各层连续施工，按全等节拍组织流水作业，每层最少段数应按式(2-5)计算。

$$m = n + \frac{Z + C - \sum t_d}{k}$$

上式中，$n = 4$；$k = t$；$C = 1.5$ d[根据气温条件，混凝土强度达 1.177 MPa(12 N/m^2)，需要 36 h]；$Z = 0$；$\sum t_d = t$(只考虑绑扎柱钢筋和支模板之间可以搭接施工，其他工序因为要保证施工时不相互干扰，所以不能搭接。取最大搭接时为 t)，代入上式得：

$$m = 4 + \frac{1.5}{t} - \frac{t}{t} = 3 + \frac{1.5}{t}$$

则 $m > 0 \left(\dfrac{1.5}{t} > 0 \right)$。

所以，每层划分为 3 个施工段不能保证工人队组在层间连续施工。根据该工程的结构特征，确定每层划分为 6 个施工段，将每个温度区段分为 2 段。

(2) 确定流水节拍。

第一步，根据要求，按固定节拍流水工期公式，粗略地估算流水节拍。

$$t = \frac{T}{n + r_{m-1}} = \frac{60}{4 + 3 \times 6 - 1} \approx 2.86 \text{ (d)}$$

上式中，$T = 60$ d(规定工期为 2.5 个月，每月按 25 个工作日计算，工期为 62.5 个工作日，考虑留有调整余地，因此该分部工程工期定为 60 d(工作日)。取半班的倍数，流水节拍可选用 3 d 或 2.5 d。

表 2-7 中各分项工程所对应的每个温度区段的劳动量按施工过程汇总，并将每层每个施工段的劳动量列于表 2-8 中。

表 2-8　各施工过程每段需要劳动量

施工过程	需要劳动量/工日			附注
	一层	二层	三层	
绑扎柱钢筋	6.5	6.2	6.2	
支模板	55.4	54.5	53.4	包括楼梯
绑扎梁板钢筋	28.1	28.1	27.9	包括楼梯
浇筑混凝土	102.4	100.2	93.7	包括楼梯

第二步，资源供应校核。

从表 2-8 中可以看出，浇筑混凝土和支模板两个施工过程用工最大，应重点考虑。

① 浇筑混凝土的校核：根据表 2-7 中工程量的数据，浇筑混凝土量最多的施工段的工程量为(46.1+156.2+6.6)/2=104.45 m³，而每台 400 L 混凝土搅拌机搅拌半干硬性混凝土的生产率为 36 m³/台班，故需要台班数为：

$$\frac{104.45}{36} \approx 2.9 \, (台班)$$

选用 2 台混凝土搅拌机，取流水节拍为 2.5 d，则实有能力为 5 台班，满足要求。

需要工人人数：表 2-8 中浇筑混凝土需要劳动量最大的施工段的劳动量为 102.4 工日，则每天工人人数为：

$$\frac{102.4}{2.5} = 40.96 \, (人)$$

根据劳动定额可知，现浇混凝土采用机械搅拌、机械捣固的方式，混凝土工中包括原材料工人及混凝土运输工人在内，小组人数至少 20 人左右。本方案混凝土工取 40 人，分 2 个小组，可以满足要求。

② 支模板的校核：由表 2-8 中支模板的劳动量计算木工人数，流水节拍仍取 2.5d(框架结构支模板包括柱、梁、板模板，根据经验一般需要 2～3 d)，则支模板的人数为：

$$\frac{55.4}{2.5} \approx 22.2 \, (人)$$

由劳动定额可知，支模板工作要求工人小组一般为 5～6 人。本方案木工工作队取 24 人，分 4 个小组进行施工，满足规定的木工人数条件。

③ 绑扎钢筋校核：绑扎梁板钢筋的工人数，由表 2-8 中劳动量计算，流水节拍也取 2.5 d，则人数为：

$$\frac{28.1}{2.5} \approx 11.2 \, (人)$$

由劳动定额可知，绑扎梁板钢筋工作要求工人小组一般为 3～4 人。本方案钢筋工工作队 12 人，分 3 个小组进行施工。

由表 2-8 可知，绑扎柱钢筋所需劳动量为 6.5 个工日，但是由劳动定额可知，绑扎柱钢筋工作要求工人小组至少 5 人。若流水节拍仍取 2.5 d，则每班只需 2.6 人，无法完成绑扎柱钢筋工作。若每天工人人数取 5 人，则实际需要的时间为：

$$\frac{28.1}{2.5} \approx 11.2 \, (d)$$

取绑扎柱钢筋流水节拍为 1.5 d。显然，此方案已不是全等节拍流水。在实际设计中，个别施工过程不满足是常见的情况。在这种情况下，技术人员应该根据实际情况进行调整。

第三步：工作面校核。

本工程各施工过程的工人队组在施工段上无过分拥挤情况，校核从略。

【方案二】

本方案按主导施工过程连续施工的分别流水方式组织施工。由于该工程各施工过程中，支模板比较复杂，劳动量较大，且工人人数受限制，所以选用支模板为主导施工过程。

(1) 划分施工段。

按温度区段，每层划分为三段。

(2) 确定流水节拍。

第一步：确定主导施工过程支模板的流水节拍。本工程要求工期为 2.5 个月(62.5 个工作日)，各层总段数为 9 段，取流水节拍为 6 d。

则木工人数为 $\frac{55.4 \times 2}{6} \approx 18.5$(人)(本方案分为3段,表2-8中支模板的劳动量要扩大一倍,对浇筑混凝土、绑扎钢筋的劳动量也同样扩大一倍)。这里取 18 人，分 3 个小组进行施工。

第二步，确定其他施工过程的流水节拍。

① 浇筑混凝土流水节拍的确定与校核。

每段浇筑混凝土需要的台班数为 $\frac{104.45 \times 2}{36} \approx 5.8$(台班)，这里取 102 人，分为三班，每班 34 人，各为一个小组进行施工。

② 绑扎梁板钢筋流水节拍的确定与校核。

绑扎梁板钢筋的流水节拍可取与支模板的流水节拍相同，为 6 d，则每天工作人数为 $\frac{28.1 \times 2}{6} \approx 9.4$(人)，这里取 10 人，分 2 个小组进行施工。绑扎柱钢筋仍取 5 人，其流水节拍为 $\frac{6.5 \times 2}{5} = 2.6$(d)，取 3 d。

第三步，校核各施工过程的工作面。

本工程各施工过程的工人队组在施工段上无过分拥挤情况，校核从略。

4) 绘制流水进度表

方案一的流水进度表如表 2-9 所示。

方案二的流水进度表如表 2-10 所示。

5) 检查与调整

劳动力、机械数量已在确定流水节拍时满足了限定的条件，这里主要检查工期与技术间歇时间是否满足要求。在分部工程流水作业中一般不做资源需要量均衡性的检查与调整。

方案一：从表 2-9 中可以看出，总工期为 51.5 个工作日，层间技术间歇为 6 d，满足要求。

方案二：从表 2-10 中可以看出，总工期为 65 个工作日，稍大于要求工期，基本符合要求。层间技术间歇时间只有一天，即混凝土强度尚未达到 1.177 MPa(12 N/m²)，不允许在其上层绑扎柱钢筋，必须进行调整。

调整的方法有很多，本方案最易行的调整方法是使支模板与绑扎柱钢筋搭接 0.5 d(或 1 d)，则可使浇筑混凝土提前相应的时间，满足层间技术间歇要求。如表 2-11 所示为另一种调整方案。该方案的特点是：绑扎柱钢筋与绑扎梁板钢筋由同一个工作队完成，使绑扎柱钢筋与绑扎梁板钢筋在不同的施工段上交替连续施工。调整后的方案层间技术间歇为 4 d，满足要求。

将调整后的第二方案(见表 2-11)和第一方案(见表 2-9)进行比较，前者的主要优点是：结构的整体性较好；工人工作面较宽敞，易于组织；钢筋工基本上能连续施工。前者不如后者之处是：工期较长(但接近要求工期)；混凝土工人数较多，又采用三班制，增加了夜班施工费。

根据以上分析，本工程采用调整后的第二方案。

表 2-9　方案一的流水进度计划表

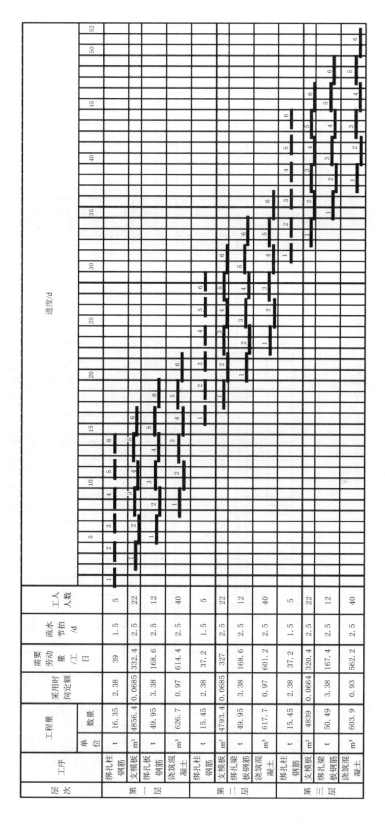

层次	工序	工程量 单位	工程量 数量	采用时间定额	需要劳动量 /工日	流水节拍 /d	工人人数
第一层	绑扎柱钢筋	t	16.35	2.38	39	1.5	5
	支模板	m²	4856.4	0.0685	332.4	2.5	22
	绑扎板钢筋	t	49.95	3.38	168.6	2.5	12
	浇筑混凝土	m³	626.7	0.97	614.4	2.5	40
第二层	绑扎柱钢筋	t	15.45	2.38	37.2	1.5	5
	支模板	m²	4793.4	0.0685	327	2.5	22
	绑扎板钢筋	t	49.95	3.38	168.6	2.5	12
	浇筑混凝土	m³	617.7	0.97	601.2	2.5	40
第三层	绑扎柱钢筋	t	15.45	2.38	37.2	1.5	5
	支模板	m²	4839	0.0664	320.4	2.5	22
	绑扎板钢筋	t	50.49	3.38	167.4	2.5	12
	浇筑混凝土	m³	603.9	0.93	562.2	2.5	40

表 2-10 方案二的流水进度计划表

进度/d

层次	工序	工程量		采用时间定额	需要劳动量 量/工日	流水节拍/d	工人人数
		单位	数量				
第一层	绑扎柱钢筋	t	16.33	2.38	39	3	5
	支模板	m²	4856.4	0.0686	332.4	6	18
	绑扎板钢筋	t	49.95	3.38	168.6	6	10
	浇筑混凝土	m³	626.7	0.97	614.4	2（三班制）	102（分三班）
第二层	绑扎柱钢筋	t	15.45	2.38	37.2	3	5
	支模板	m²	47.934	0.068	327	6	18
	绑扎板钢筋	t	49.95	3.38	168.6	6	10
	浇筑混凝土	m³	617.7	0.97	601.2	2（三班制）	102（分三班）
第三层	绑扎柱钢筋	t	15.45	2.38	37.2	3	5
	支模板	m²	4839	0.0664	320.4	6	18
	绑扎梁钢筋	t	50.49	3.32	167.4	6	10
	浇筑混凝土	m³	603.9	0.93	562.2	2（三班制）	102（分三班）

表 2-11　调整后的方案二的流水进度表

层次	工序	工程量 单位	工程量 数量	采用时间定额	需要劳动量/工日	流水节拍/d	工人人数
第一层	绑扎柱钢筋	t	16.33	2.38	39	1	12
	支模板	m²	4856.4	0.0685	332.4	6	18
	绑扎板钢筋	t	49.95	3.38	168.6	5	12
	浇筑混凝土	m³	626.7	0.97	614.4	2（三班制）	102（分三班）
第二层	绑扎柱钢筋	t	15.45	2.38	37.2	1	12
	支模板	m²	47.934	0.068	327	6	18
	绑扎梁板钢筋	t	49.95	3.38	168.6	5	12
	浇筑混凝土	m³	617.7	0.97	601.2	2（三班制）	102（分三班）
第三层	绑扎柱钢筋	t	15.45	2.38	37.2	1	12
	支模板	m²	4839	0.0664	320.4	6	18
	绑扎梁板钢筋	t	50.49	3.32	16704	5	12
	浇筑混凝土	m³	603.9	0.93	562.2	2（三班制）	102（分三班）

进度/d （横轴刻度：5、10、15、20、25、30、35、40、45、50、55、60、65）

思考与练习

1. 流水施工有哪几种形式？
2. 列举流水施工的参数并解释其含义。
3. 流水施工的工期如何确定？各流水参数对工期有何影响？
4. 无节奏流水施工的流水步距如何确定？
5. 简述流水施工方案的评价方法。

第 3 章　网络计划技术

本章导读

本章介绍网络计划的基本概念、网络图的绘制方法、网络计划的编制、双代号和单代号网络计划时间参数的计算方法、网络计划的优化及网络计划与流水原理安排进度计划的比较。

学习目标

◆　了解网络计划的基本原理及分类。

◆　熟悉双代号网络图的构成、工作之间常见的逻辑关系。

◆　掌握双代号网络图的绘制。

◆　掌握双代号网络计划中工作计算法、标号法和时标网络计划。

◆　熟悉双代号网络计划的节点计算法。

◆　熟悉单代号网络计划时间参数的计算。

◆　熟悉工期优化和费用优化，了解资源优化。

◆　熟悉网络计划与流水原理安排进度计划本质的不同。

3.1　网络计划概述

网络计划技术是 20 世纪 50 年代后期发展起来的一种科学管理方法。编制网络计划首先应熟悉网络计划的基本原理、网络计划的分类、网络图的基本知识与网络计划的基本概念等。

3.1.1　网络计划的基本原理及分类

工程组织施工中，常用的进度计划表达形式有两种：横道图计划与网络计划。横道图计划的优点是编制容易、简单、明了、直观、易懂。因为有时间坐标，各项工作的施工起讫时间、作业持续时间、工作进度、总工期以及流水作业的情况等都表示得清楚明确，一目了然，对人力和资源的计算也便于据图叠加。它的缺点主要是不能明确地反映各项工作之间错综复杂的逻辑关系，不便于各工作提前或拖延的影响分析及动态控制，不能明确地反映影响工期的关键工作和关键线路，不便于进度控制人员抓住主要矛盾，不能反映非关键工作所具有的机动时间，看不到计划的潜力所在，特别是不便于计算机的利用。这些缺点的存在，对改进和加强施工管理工作是不利的。

网络计划能够明确地反映出各项工作之间错综复杂的逻辑关系，通过网络计划时间参数的计算，可以找出关键工作和关键线路，可以明确各项工作的机动时间。网络计划可以利用计算机进行计算。

网络计划的基本原理是：首先，使用网络图的形式来表达一项工程中各项工作之间错综复杂的相互关系及其先后顺序；其次，通过计算找出计划中的关键工作及关键线路；再次，通过不断地改进网络计划，寻求最优方案并付诸实施；最后，在计划执行过程中进行有效的监测和控制，以合理使用资源，优质、高效、低耗地完成预定的工作。

建设工程施工项目网络计划安排的流程：通过调查研究确定施工顺序及施工工作组成；理顺施工工作的先后关系并用网络图表示；计算或计划施工工作所需持续的时间；制订网络计划；不断优化、控制、调整计划。因此，网络计划技术不仅是一种科学的管理方法，同时也是一种科学的动态控制方法。

网络计划的分类如下。

1. 按性质分类

根据工作、工作之间的逻辑关系以及工作持续时间是否确定的性质，网络计划可分为肯定型网络计划和非肯定型网络计划。

1) 肯定型网络计划(deterministic network)

工作、工作之间的逻辑关系以及工作持续时间都肯定的网络计划称为肯定型网络计划。肯定型网络计划包括关键线路法网络计划和搭接网络计划法。

(1) 关键线路法网络计划(critical path method，CPM)：计划中所有的工作都必须按既定的逻辑关系全部完成，且对每项工作只估定一个肯定的持续时间的网络计划技术称为关键线路法网络计划，如图 3-1 所示。

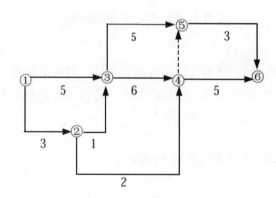

图 3-1　关键线路法网络计划示例

(2) 搭接网络计划法(multi-dependency network)：网络计划中，前后工作之间可能有多种顺序关系的肯定型网络计划称为搭接网络计划法，如图 3-2 所示。

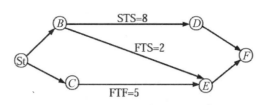

图 3-2　搭接网络计划法示例

2) 非肯定型网络计划(undeterministic network)

工作、工作之间的逻辑关系和工作持续时间三者中任一项或多项不肯定的网络计划称为非肯定型网络计划。非肯定型网络计划包括计划评审技术、图示评审技术、决策网络计划法和风险评审技术。

(1) 计划评审技术(program evaluation and review technique，PERT)：计划中所有的工作都必须按既定的逻辑关系全部完成，但工作的持续时间不肯定，应进行时间参数估算，并对按期完成任务的可能性做出评价的网络计划技术称为计划评审技术。

(2) 图示评审技术(graphical evaluation and review technique，GERT)：计划中工作和工作之间的逻辑关系都具有不肯定性，且工作持续时间也不肯定，而按随机变量进行分析的网络计划技术称为图示评审技术。

(3) 决策网络计划法(decision network，DN)：计划中某些工作是否进行，要依据前工作执行结果来决策，并估计相应的任务完成时间及其实现概率的网络计划技术称为决策网络计划法。

(4) 风险评审技术(venture evaluation and review technique，VERT)：对工作、工作之间的逻辑关系和工作持续时间都不肯定的计划，可同时就费用、时间、效能三方面做综合分析，并对可能发生的风险做概率估计的网络计划技术称为风险评审技术。

2. 按目标分类

按计划目标的多少，网络计划可分为单目标网络计划和多目标网络计划。

(1) 单目标网络计划(single-destination network)：只有一个终点节点的网络计划称为单目标网络计划。

(2) 多目标网络计划(multi-destination network)：终点节点不止一个的网络计划称为多目标网络计划。

3. 按层次分类

根据网络计划的工程对象不同和使用范围大小，网络计划可分为分级网络计划、总网络计划和局部网络计划。

1) 分级网络计划(hierarchial network)

根据不同管理层次的需要而编制的范围大小不同、详略程度不同的网络计划称为分级网络计划。

2) 总网络计划(major network)

以整个计划任务为对象编制的网络计划称为总网络计划。

3) 局部网络计划(subnet work)

以计划任务的某一部分为对象编制的网络计划称为局部网络计划。

4. 按表达方式分类

根据计划时间的表达不同，网络计划可分为时标网络计划和非时标网络计划。

1) 时标网络计划(time-coordinate network)

以时间坐标为尺度绘制的网络计划称为时标网络计划，如图 3-3 所示。

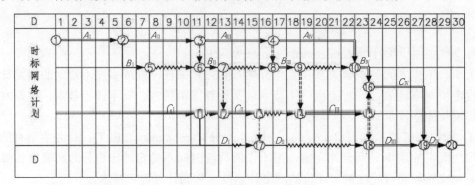

图 3-3　某时标网络计划

2) 非时标网络计划(nontime-coordinate network)

不按时间坐标绘制的网络计划称为非时标网络计划，如图 3-1 所示。

3.1.2　网络图概述

网络图是由箭线和节点组成，用来表示工作流程的有向、有序的网状图。在网络图中，按节点和箭线所代表的含义不同，可分为双代号网络图和单代号网络图，其中双代号网络图在我国建筑行业应用较多。

双代号网络图由若干表示工作的箭线和节点组成，其中每项工作都用一根箭线和箭线两端的两个节点来表示，箭线两端节点的号码即代表该箭线所表示的工作，"双代号"的名称由此而来(比如，图 3-1 即为双代号网络图)。双代号网络图的基本三要素为箭线、节点和线路。

1. 箭线

在双代号网络图中，一条箭线与其两端的节点表示一项工作。箭线表达的内容有以下几个方面。

(1) 一条箭线表示一项工作或一个施工过程。根据网络计划的性质和作用的不同，工作既可以是一个简单的施工过程，如挖土、垫层、支模板、绑扎钢筋、浇筑混凝土等分项工程或者基础工程、主体工程、装修工程等分部工程，也可以是一项复杂的工程任务，如教学楼土建工程中的单位工程或者教学楼工程等单项工程。如何确定一项工作的大小范围取决于所绘制的网络计划的控制性或指导性作用。

(2) 一条箭线表示一项工作所消耗的时间。一般而言，每项工作的完成都要消耗一定的时间和资源，如砌砖墙、绑扎钢筋、浇筑混凝土等；也存在只消耗时间而不消耗资源的工作，如混凝土养护、砂浆找平层干燥等技术间歇，有时可以作为一项工作来考虑。双代号网络图的工作名称或代号写在箭线上方，完成该工作的持续时间写在箭线的下方，如图 3-4

所示。

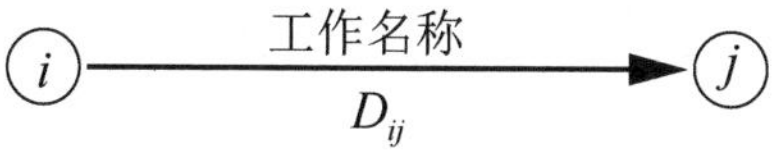

图 3-4　双代号工作表示方法

(3) 在无时间坐标的网络图中,箭线的长度不代表时间的长短。原则上讲,箭线的形状怎么画都行,箭线可以画成直线、折线或斜线,但不得中断。箭线尽可能以水平直线为主且必须满足网络图的绘制规则。在有时间坐标的网络图中,其箭线的长度必须根据完成该项工作所需的时间长短绘制。

(4) 箭线的方向表示工作进行的方向,箭尾表示工作的开始,箭头表示工作的结束。

2. 节点

网络图中箭线端部的圆圈或其他形状的封闭图形就是节点。在双代号网络图中,它表示工作之间的逻辑关系。节点表示的内容有以下三个方面。

(1) 节点表示前面工作结束和后面工作开始的瞬间,所以节点不需要消耗时间和资源。

(2) 箭线的箭尾节点表示该工作的开始,箭线的箭头节点表示该工作的结束。

(3) 根据节点在网络图中的位置不同,节点可以分为起点节点、终点节点和中间节点。起点节点是网络图的第一个节点,表示一项任务的开始。终点节点是网络图的最后一个节点,表示一项任务的完成。除起点节点和终点节点以外的节点称为中间节点,中间节点具有双重含义,既是前面工作的箭头节点,也是后面工作的箭尾节点。如图 3-1 所示,①号节点为起点节点;⑥号节点为终点节点;②号节点表示 1-2 工作的结束,也表示 2-3 工作、2-4 工作的开始。

3. 线路

网络图中从起始节点开始,沿箭线方向连续通过一系列箭线和节点,最后到达终点节点的通路称为线路。如图 3-1 所示的网络计划中有:①→③→⑤→⑥、①→③→④→⑤→⑥、①→③→④→⑥、①→②→③→⑤→⑥、①→②→③→④→⑤→⑥、①→②→③→④→⑥、①→②→④→⑤→⑥、①→②→④→⑥等八条线路。

4. 各种工作逻辑关系

绘制网络图中常见的逻辑关系及其表达方式如表 3-1 所示。

表 3-1　网络图中常见的各种工作逻辑关系的表示方法

序号	工作之间的逻辑关系	网络图中的表示方法
1	A 完成后进行 B 和 C	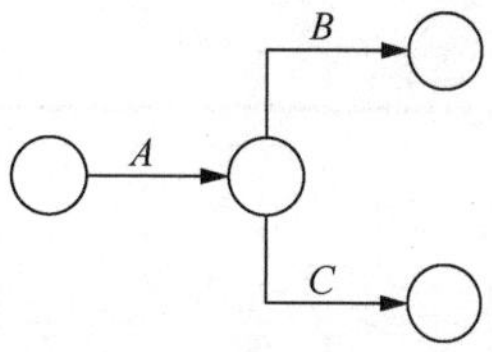

序号	工作之间的逻辑关系	网络图中的表示方法
2	A、B 均完成后进行 C	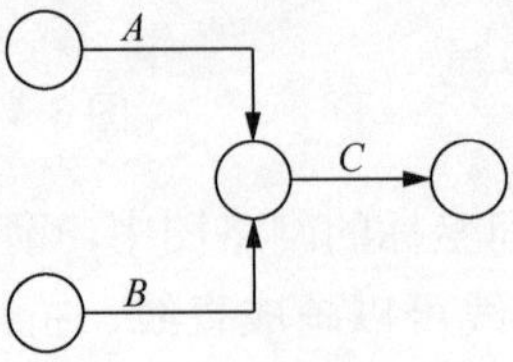
3	A、B 均完成后同时进行 C 和 D	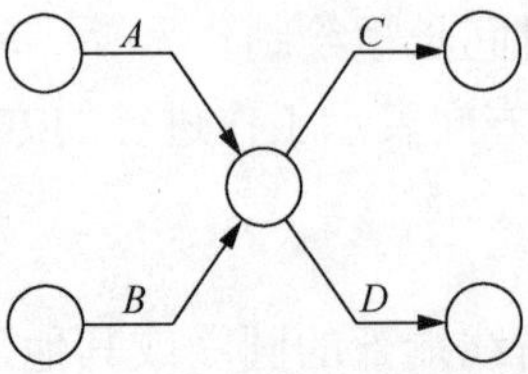
4	A 完成后进行 C，A、B 均完成后进行 D	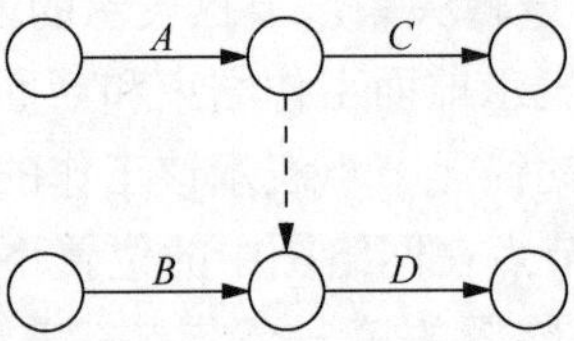
5	A、B 均完成后进行 D，A、B、C 均完成后进行 E，D、E 均完成后进行 F	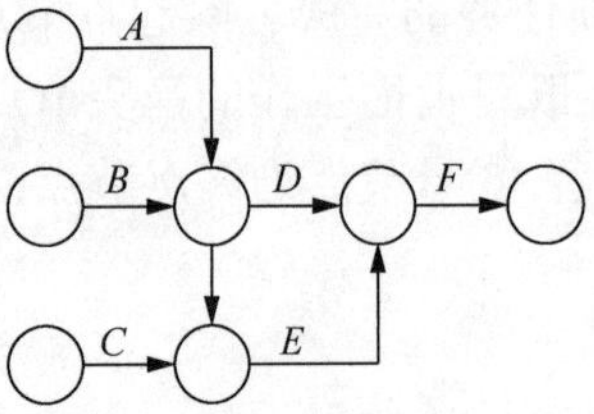
6	A、B 均完成后进行 C，B、D 均完成后进行 E	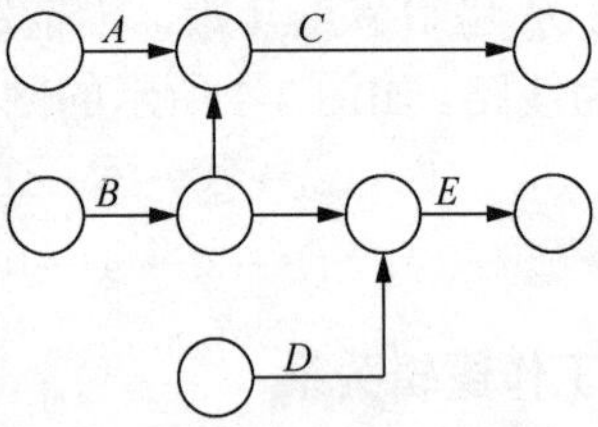
7	A、B、C 均完成后进行 D，B、C 均完成后进行 E	

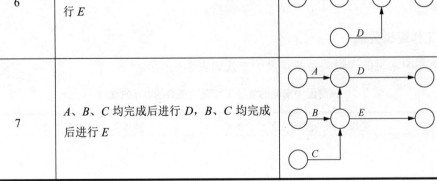

续表

序　号	工作之间的逻辑关系	网络图中的表示方法
8	A 完成后进行 C，A、B 均完成后进行 D，B 完成后进行 E	
9	A、B 两项工作分成三个施工段，分段流水施工：A_1 完成后进行 A_2、B_1，A_2 完成后进行 A_3、B_2，A_2、B_1 完成后进行 B_2，A_3、B_2 完成后进行 B_3	有两种表示方法

3.1.3　网络计划的基本概念

1. 逻辑关系(logical relations)

逻辑关系是指工作进行时客观上存在的一种相互制约或者相互依赖的关系，也就是工作之间的先后顺序关系。在表示工程施工计划的网络图中，根据施工工艺和施工组织的要求，逻辑关系包括工艺逻辑关系和组织逻辑关系。逻辑关系应正确反映各项工作之间的相互依赖、相互制约的关系，这也是网络图与横道图的最大不同之处。各工作之间的逻辑关系是否表示得正确，是网络图能否反映实际情况的关键，也是网络计划实施的重要依据。

1) 工艺逻辑关系(process relations)

工艺逻辑关系是生产性工作之间由工艺技术决定的，非生产性工作之间由程序决定的先后顺序关系。如图 3-5(a)所示，槽 1→垫 1→基 1→填 1；槽 2→垫 2→基 2→填 2 为工艺逻辑关系。

2) 组织逻辑关系(organizational relation)

组织逻辑关系是工作之间由于组织安排需要或资源调配需要而规定的先后顺序关系。如图 3-5(b)所示，槽 1→槽 2，垫 1→垫 2；基 1→基 2；填 1→填 2 为组织逻辑关系。

虚工作不是一项具体的工作，它既不消耗时间，也不消耗资源，在双代号网络图中仅表示一种逻辑关系。虚工作常用的表示方法如图 3-6 所示。

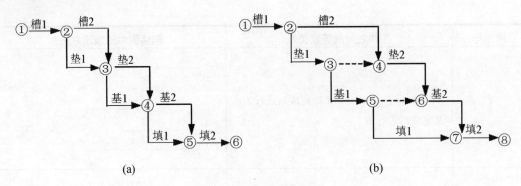

(a)   (b)

图 3-5 虚工作的作用

图 3-6 虚工作的表示方法

虚工作在双代号网络图中具有特殊的作用，如基础工程开挖，施工过程依次为挖槽、混凝土垫层、砖基、回填土四个施工过程，施工段数为 2。如图 3-5 所示，图 3-5(a)是一张错误的网络图，由该图表明：③号节点表示第二施工段的挖槽(槽 2)与第一施工段的墙基(基1)有逻辑关系；同样④号节点表明第二施工段的垫层(垫 2)与第一施工段的回填土(填 1)有逻辑关系。事实上，槽 2 与基 1、垫 2 与填 1 均没有逻辑关系。在此，为了正确地表示这种逻辑关系引入了虚工作，形成如图 3-5(b)所示的网络图，正确地表达了工作之间的逻辑关系。

2. 工作的先后关系与中间节点的双重性

1) 紧前工作(front closely activity)

紧前工作是紧排在本工作(被研究的工作)之前的工作。

2) 紧后工作(back closely activity)

紧后工作是紧排在本工作之后的工作。

3) 平行工作(concurrent activity)

与本工作同时进行的工作称为平行工作。

4) 先行工作(preceding activity)

自起点节点至本工作之前各条线路上的所有工作为先行工作。

5) 后续工作(succeeding activity)

本工作之后至终点节点各条线路上的所有工作为后续工作。

6) 起始工作(start activity)

没有紧前工作的工作称为起始工作。

7) 结束工作(end activity)

没有紧后工作的工作称为结束工作。如图 3-7 所示，$i\text{-}j$ 工作为本工作，$h\text{-}i$ 工作为 $i\text{-}j$ 工作的紧前工作，$j\text{-}k$ 工作为 $i\text{-}j$ 工作的紧后工作，$i\text{-}j$ 工作之前的所有工作为先行工作，$i\text{-}j$ 工作之后的所有工作为后续工作。

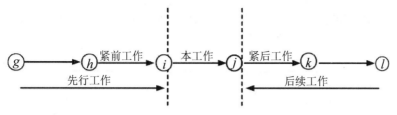

图3-7 工作的先后关系

3. 关键线路与关键工作

1) 关键线路和非关键线路

在关键线路(CPM)法(含双代号网络图)中，线路上总持续时间最长的线路为关键线路。如图3-1所示，线路①→③→④→⑥总持续时间最长，即为关键线路。关键线路是工作控制的重点线路。关键线路用双线或红线标示，关键线路的总持续时间就是网络计划的工期。在网络计划中，关键线路至少有一条，而且在计划执行过程中，关键线路还会发生转移。

不是关键线路的线路为非关键线路。如图3-1所示，线路①→②→③→④→⑤→⑥、①→②→③→④→⑥、①→②→③→⑤→⑥、①→②→④→⑤→⑥和①→②→④→⑥均为非关键线路。

2) 关键工作和非关键工作

关键线路上的工作称为关键工作，它是施工中重点控制的对象。关键工作的实际进度拖后一定会对总工期产生影响。不是关键工作的工作就是非关键工作。非关键工作有一定的机动时间。

关键线路上的工作一定没有非关键工作；非关键线路上至少有一个工作是非关键工作，有可能有关键工作，也可能没有关键工作。

如在图3-1中，①→③、③→④、④→⑥等是关键工作，①→②、②→③、③→⑤、②→④、⑤→⑥等是非关键工作。

3.1.4 绘制双代号网络图

本节介绍如何绘制双代号网络图与单代号网络图。

双代号网络图是反映各工作之间先后顺序的网状图，是双代号网络计划的基础。双代号网络图应按规则进行绘制。

1. 绘制规则

(1) 网络图应正确反映各工作之间的逻辑关系。

(2) 网络图严禁出现循环回路，如图3-8所示，②→③→⑤→④→②为循环回路。如果出现循环回路，会造成逻辑关系混乱，使工作无法按顺序进行。

(3) 网络图严禁出现双向箭头或无向箭头的连线，如图3-9所示。

(4) 网络图严禁出现没有箭头或箭尾节点的箭线，如图3-9所示。

(5) 双代号网络图中，一项工作只能有唯一的一条箭线和相应的一对节点编号，箭尾的节点编号应小于箭头的节点编号；不允许出现代号相同的箭线。在图3-10中，(a)是错误的画法，①→②工作既代表 A 工作，又代表 B 工作，为了区分 A 工作和 B 工作，采用虚工作，分别表示 A 工作和 B 工作，(b)是正确的画法。

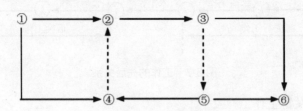

图 3-8　有循环回路的错误网络图

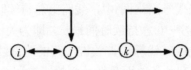

图 3-9　错误的画法

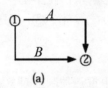 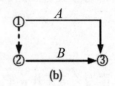

(a)　　　　　　　　　(b)

图 3-10　虚工作的断开作用

(6) 在绘制网络图时，应尽可能地避免箭线交叉，如不可避免时，应采用过桥法交叉或指向法交叉，如图 3-11 所示。

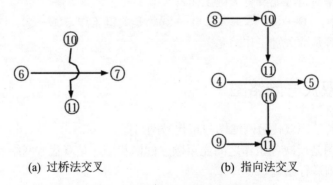

(a) 过桥法交叉　　　　　　(b) 指向法交叉

图 3-11　过桥法交叉与指向法交叉

(7) 双代号网络图中的某些节点有多条外向箭线或多条内向箭线时，为使图面清楚，可采用母线法，如图 3-12 所示。

(8) 网络图中，只允许有一个起始节点和一个终点节点。

(9) 一条箭线上箭尾节点编号小于箭头节点编号。

2. 绘制方法

绘制步骤如下。

(1) 编制各工作之间的逻辑关系表。

(2) 按逻辑关系表连接各工作之间的箭线，绘制网络图的草图，注意逻辑关系的正确和虚工作的正确使用。

(3) 整理成正式网络图。

图 3-12　母线法表示

【案例 3.1】

已知某工程各项工作及相互关系如表 3-2 所示，试绘制双代号网络图。

表 3-2　某工程各项工作逻辑关系表

工作代号	紧前工作	持续时间/周	紧后工作
A	～	3	B、C、D
B	A	2	E
C	A	6	F
D	A	5	G
E	B	3	H
F	C	2	H
G	D	7	J
H	E、F	4	I
I	H	5	K
J	G	4	K
K	I、J	7	～

【解】　(1) 根据逻辑关系绘制网络图草图，如图 3-13 所示。

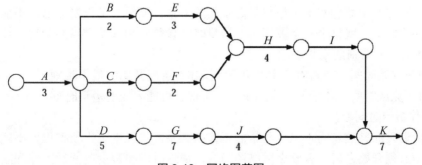

图 3-13　网络图草图

(2) 整理成正式网络图：去掉多余的节点，横平竖直，节点编号从小到大，如图 3-14

所示。

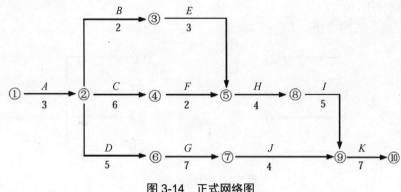

图 3-14　正式网络图

3.2　双代号网络计划

网络计划是在网络图上加注各项工作的时间参数而成的进度计划。双代号网络计划的编制和时间参数的计算经常采用工作计算法、节点计算法、标号法和时标网络计划。

3.2.1　双代号网络计划时间参数

网络计划是在网络图上加注各项工作的时间参数而成的进度计划，是一种进度安排的定量分析。

1. 网络计划时间参数计算的目的

(1) 通过计算时间参数，可以确定工期。
(2) 通过计算时间参数，可以确定关键线路、关键工作、非关键线路和非关键工作。
(3) 通过计算时间参数，可以确定非关键工作的机动时间(时差)。

2. 网络计划的时间参数

1) 工作最早时间参数

工作最早时间参数表明本工作与紧前工作的关系。如果本工作要提前，不能提前到紧前工作未完成之前。就整个网络图而言，最早时间参数受到开始节点的制约，计算时，从开始节点出发，顺着箭线用加法。

(1) 最早开始时间：在紧前工作约束下，工作有可能开始的最早时刻。
(2) 最早完成时间：在紧前工作约束下，工作有可能完成的最早时刻。

2) 工作最迟时间参数

工作最迟时间参数表明本工作与紧后工作的关系。如果本工作要推迟，不能推迟到紧后工作最迟必须开始之后。就整个网络图而言，最迟时间参数受到紧后工作和结束节点的制约，计算时从结束节点出发，逆着箭线用减法。

(1) 最迟开始时间：在不影响任务按期完成或要求的条件下，工作最迟必须开始的时刻。

(2) 最迟完成时间：在不影响任务按期完成或要求的条件下，工作最迟必须完成的时刻。

如图 3-15 所示 *i-j* 工作的工作范围，并反映最早和最迟时间参数。

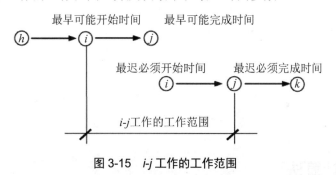

图 3-15 *i-j* 工作的工作范围

3) 时差

(1) 总时差。总时差是指不影响紧后工作最迟开始时间所具有的机动时间，或不影响工期前提下的机动时间。

(2) 自由时差。自由时差是指在不影响紧后工作最早开始时间的前提下工作所具有的机动时间。

4) 工期

工期是指完成一项任务所需要的时间。在网络计划中，工期一般有以下三种。

(1) 计算工期：计算工期是根据网络计划计算而得的工期，用 T_c 表示。

(2) 要求工期：要求工期是根据上级主管部门或建设单位的要求而定的工期，用 T_r 表示。

(3) 计划工期：计划工期是根据要求工期和计算工期所确定的作为实施目标的工期，用 T_p 表示。

① 当规定了要求工期时，计划工期不应超过要求工期，则：

$$T_p \leqslant T_r \tag{3-1}$$

②当未规定要求工期时，可令计划工期等于计算工期，则：

$$T_p = T_c \tag{3-2}$$

3. 工作时间参数的表示

(1) 最早可能开始时间(ES_{i-j})。

(2) 最早可能完成时间(EF_{i-j})。

(3) 最迟必须开始时间(LS_{i-j})。

(4) 最迟必须完成时间(LF_{i-j})。

(5) 总时差(TF_{i-j})。

(6) 自由时差(FF_{i-j})。

(7) 工作持续的时间(D_{i-j})。

如图 3-16 所示，反映 *i-j* 工作的时间参数。

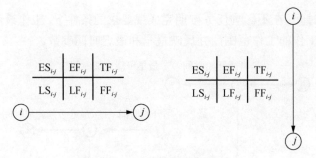

图 3-16　工作时间参数的表达

3.2.2　工作计算法

所谓工作计算法，就是以网络计划中的工作为对象，直接计算各项工作的时间参数。下面以图 3-17 所示的网络图为例说明其各项工作时间参数的具体计算步骤。

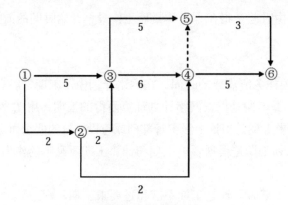

图 3-17　双代号网络图

1) 计算各工作的最早开始时间($ES_{i\text{-}j}$)和最早完成时间($EF_{i\text{-}j}$)

最早时间参数表明本工作(本工作为计算研究的对象)与紧前工作的关系。如果本工作要提前，不能提前到紧前工作未完成之前。就整个网络图而言，最早时间参数受到开始节点的制约。因而，计算顺序为由起始节点开始顺着箭线方向算至终点节点，用加法。

(1) 计算各工作的最早开始时间($ES_{i\text{-}j}$)有三种情况。

① 从起点节点出发(无紧前)的工作，其最早开始时间为零，则：

$$ES_{i\text{-}j} = 0 \tag{3-3}$$

② 当工作只有一项紧前工作时，该工作最早开始时间应为其紧前工作的最早完成时间，则：

$$ES_{ij} = ES_{h\text{-}i} \tag{3-4}$$

式中：工作 $h\text{-}i$ 为工作 $i\text{-}j$ 的紧前工作。

③ 有若干项紧前工作时，该工作的最早开始时间应为其所有紧前工作的最早完成时间的最大值，则：

$$ES_{ij} = \max[EF_{a\text{-}i}, EF_{b\text{-}i}, EF_{c\text{-}j}] \tag{3-5}$$

式中：工作 $a\text{-}i$、$b\text{-}i$、$c\text{-}j$ 均为工作 $i\text{-}j$ 的紧前工作。

(2) 计算各工作最早完成时间($\text{EF}_{i\text{-}j}$)。

工作最早完成时间为工作 $i\text{-}j$ 的最早开始时间加其作业时间，则：

$$\text{EF}_{i\text{-}j} = \text{ES}_{i\text{-}j} + D_{i\text{-}j} \tag{3-6}$$

在图 3-17 的网络图中，各工作最早开始时间和最早完成时间的计算如下。

$\text{ES}_{1\text{-}2}=\text{ES}_{1\text{-}3}=0,\text{EF}_{1\text{-}2}=\text{ES}_{1\text{-}2}+D_{1\text{-}2}=0+2=2$

$\text{EF}_{1\text{-}3}=\text{ES}_{1\text{-}3}+D_{1\text{-}3}=0+5=5,\text{ES}_{2\text{-}3}=\text{EF}_{1\text{-}2}=2,\text{ES}_{2\text{-}4}=\text{EF}_{1\text{-}2}=2$

$\text{EF}_{2\text{-}3}=\text{ES}_{2\text{-}3}+D_{2\text{-}3}=2+2=4,\text{EF}_{2\text{-}4}=\text{ES}_{2\text{-}4}+D_{2\text{-}4}=2+2=4$

$\text{ES}_{3\text{-}4}=\text{ES}_{3\text{-}5}=\max[\text{EF}_{1\text{-}3},\text{EF}_{2\text{-}3}]=\max[5,4]=5$

$\text{EF}_{3\text{-}4}=\text{ES}_{3\text{-}4}+D_{3\text{-}4}=5+6=11,\text{EF}_{3\text{-}5}=\text{ES}_{3\text{-}5}+D_{3\text{-}5}=5+5=10$

$\text{ES}_{4\text{-}5}=\text{ES}_{4\text{-}6}=\max[\text{EF}_{3\text{-}4},\text{EF}_{2\text{-}4}]=\max[11,4]=11$

$\text{EF}_{4\text{-}5}=\text{ES}_{4\text{-}5}+D_{4\text{-}5}=11+0=11,\text{EF}_{4\text{-}6}=\text{ES}_{4\text{-}6}+D_{4\text{-}6}=11+5=16$

$\text{ES}_{5\text{-}6}=\max[\text{EF}_{3\text{-}5},\text{EF}_{4\text{-}5}]=\max[10,11]=11,\text{EF}_{5\text{-}6}=\text{ES}_{5\text{-}6}+D_{5\text{-}6}=11+3=14$

各工作最早开始时间和最早完成时间的计算结果如图 3-18 所示。

2) 确定网络计划的计划工期

网络计划的计划工期应按式(3-1)或式(3-2)确定。在本例中，假设未规定要求工期时，网络计划的计划工期应等于计算工期，即以网络计划的终点节点为完成节点的各个工作的最早完成时间的最大值。在图 3-18 中，网络计划的计划工期为

$$T_{\text{p}}=T_{\text{c}}=\max[\text{EF}_{5\text{-}6},\text{EF}_{4\text{-}6}]=\max[14,16]=16$$

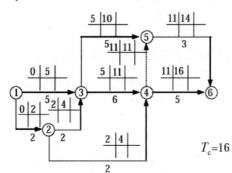

图 3-18　某网络计划最早时间的计算

3) 计算最迟时间参数：$\text{LF}_{i\text{-}j}$ 和 $\text{LS}_{i\text{-}j}$

最迟时间参数表明本工作与紧后工作的关系。如果本工作要推迟，不能推迟到紧后工作最迟必须开始之后。就整个网络图而言，最迟时间参数受到紧后工作和结束节点的制约。因而，计算顺序为由终点节点开始逆着箭线方向算至起始节点，用减法。

(1) 计算各工作最迟完成时间 $\text{LF}_{i\text{-}j}$ 有三种情况。

① 对所有进入终点节点的没有紧后工作的工作，最迟完成时间为：

$$\text{LF}_{i\text{-}n} = T_{\text{p}} \tag{3-7}$$

② 当工作只有一项紧后工作时，该工作最迟完成时间应当为其紧后工作的最迟开始时间，则：

$$\text{LF}_{i\text{-}j} = \text{LS}_{j\text{-}k} \tag{3-8}$$

式中：工作 *j-k* 为工作 *i-j* 的紧后工作。

③ 当工作有若干项紧后工作时，则：

$$LF_{i-j} = min[LS_{j-k}, LS_{j-l}, LS_{j-m}] \qquad (3-9)$$

式中：工作 *j-k*、*j-l*、*j-m* 均为工作 *i-j* 的紧后工作。

(2) 计算各工作的最迟开始时间(LS_{i-j})。

$$LS_{i-j} = LF_{i-j} - D_{i-j} \qquad (3-10)$$

在图 3-17 的网络图中，各工作的最迟完成时间和最迟开始时间的计算如下。

$LF_{4-6}=LF_{5-6}=T_c=16, LS_{4-6}=LF_{4-6}-D_{4-6}=16-5=11$

$LS_{5-6}=LF_{5-6}-D_{5-6}=16-3=13$

$LF_{3-5}=LF_{4-5}=LS_{5-6}=13, LS_{3-5}=LF_{3-5}-D_{3-5}=13-5=8$

$LS_{4-5}=LF_{4-5}-D_{4-5}=13-0=13$

$LF_{3-4}=min[LS_{4-5},LS_{4-6}]=min[13,11]=11$

$LS_{3-4}=LF_{3-4}-D_{3-4}=11-6=5$

$LF_{2-3}=min\{LS_{3-4},LS_{3-5}\}=min\{5,8\}=5$

$LS_{2-3}=LF_{2-3}-D_{2-3}=5-2=3$

$LF_{2-4}=min\{LS_{4-5},LS_{4-6}\}=min\{13,11\}=11$

$LS_{2-4}=LF_{2-4}-D_{2-4}=11-2=9$

$LF_{1-3}=min\{LS_{3-4},LS_{3-5}\}=min\{5,8\}=5$

$LS_{1-3}=LF_{1-3}-D_{1-3}=5-5=0$

$LF_{1-2}=min\{LS_{2-3},LS_{2-4}\}=min\{3,9\}=3$

$LS_{1-2}=LF_{1-2}-D_{1-2}=3-2=1$

各工作的最迟完成时间和最迟开始时间的计算结果如图 3-19 所示。

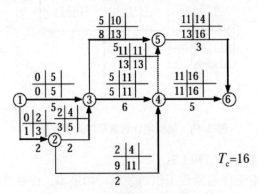

图 3-19　某网络图最迟时间的计算

4) 各工作总时差的计算

(1) 总时差的计算方法。在图 3-20 中，工作 *i-j* 的工作范围为 $LF_{i-j}-ES_{i-j}$，则总时差的计算公式为：

$$TF_{i-j} = 工作范围 - D_{i-j} = LF_{i-j} - ES_{i-j} - D_{i-j} = LF_{i-j} - EF_{i-j} \text{ 或 } LS_{i-j} - ES_{i-j} \qquad (3-11)$$

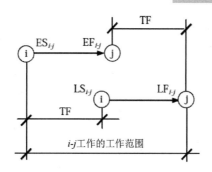

图 3-20　总时差计算简图

图 3-17 中，部分工作的总时差计算如下。

$TF_{1-2} = LS_{1-2} - ES_{1-2} = LF_{1-2} - EF_{1-2} = 1$

$TF_{1-3} = LS_{1-3} - ES_{1-3} = LF_{1-3} - EF_{1-3} = 0$

$TF_{4-5} = LS_{4-5} - ES_{4-5} = LF_{4-5} - EF_{4-5} = 2$

总时差的计算结果如图 3-21 所示。

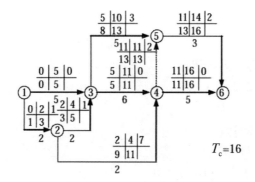

图 3-21　总时差的计算

(2) 关于总时差的结论。

① 关键工作的确定。根据 T_p 与 T_c 的大小关系，关键工作的总时差可能出现三种情况。

当 $T_p = T_c$ 时，关键工作的 TF = 0。

当 $T_p > T_c$ 时，关键工作的 TF 均大于 0。

当 $T_p < T_c$ 时，关键工作的 TF 有可能出现负值。

关键工作是施工过程中的重点控制对象，根据 T_p 与 T_c 的大小关系及总时差的计算公式，总时差最小的工作为关键工作，因此关键工作的说法有四种：总时差最小的工作；当 $T_p = T_c$ 时，TF = 0 的工作；LF-EF 差值最小的工作；LSES 差值最小的工作。

在图 3-21 中，当 $T_p = T_c$ 时，关键工作的 TF = 0，即工作①→③、工作③→④、工作④→⑥等是关键工作。

② 关键线路的确定。在双代号网络图中，关键工作的连线为关键线路；在双代号网络图中，当 $T_p = T_c$ 时，TF = 0 的工作相连的线路为关键线路；在双代号网络图中，总时间持续最长的线路是关键线路，其数值为计算工期。在图 3-21 中，关键线路为①→③→④→⑥。

③ 关键线路随着条件变化会转移。定性分析：关键工作拖延，则工期拖延。因此，关键工作是重点控制对象。定量分析：关键工作拖延时间即为工期拖延时间，但关键工作提

前，则工期提前时间不大于该提前值。如关键工作拖延 10 d，则工期延长 10 d；关键工作提前 10 d，则工期提前不大于 10 d。关键线路的条数：网络计划至少有一条关键线路，也可能有多条关键线路。随着工作时间的变化，关键线路也会发生变化。

5）自由时差的计算

（1）自由时差计算公式。

根据自由时差概念，不影响紧后工作最早开始的前提下，工作 $i\text{-}j$ 的工作范围如图 3-22 所示。

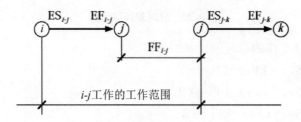

图 3-22　自由时差计算简图

因此，自由时差的计算公式为：

$$\text{FF}_{i\text{-}j} = \text{ES}_{j\text{-}k} - \text{EF}_{i\text{-}j} \tag{3-12}$$

（当无紧后工作时 $\text{FF}_{i\text{-}n} = T_{\text{p}} - \text{EF}_{i\text{-}n}$）

$\text{FF}_{1\text{-}2} = \text{ES}_{2\text{-}3} - \text{EF}_{1\text{-}2} = 2 - 2 = 0$

$\text{FF}_{1\text{-}3} = \text{ES}_{3\text{-}4} - \text{EF}_{1\text{-}3} = 5 - 5 = 0$

$\text{FF}_{2\text{-}3} = \text{ES}_{3\text{-}4} - \text{EF}_{2\text{-}3} = 5 - 4 = 1$

$\text{FF}_{4\text{-}5} = \text{ES}_{5\text{-}6} - \text{EF}_{4\text{-}5} = 11 - 11 = 0$

$\text{FF}_{4\text{-}6} = T_{\text{p}} - \text{EF}_{4\text{-}6} = T_{\text{c}} - \text{EF}_{4\text{-}6} = 16 - 16 = 0$

$\text{FF}_{5\text{-}6} = T_{\text{p}} - \text{EF}_{5\text{-}6} = T_{\text{c}} - \text{EF}_{5\text{-}6} = 16 - 4 = 12$

各工作自由时差的计算结果如图 3-23 所示。

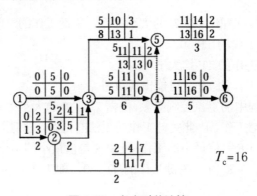

图 3-23　自由时差计算

（2）自由时差的性质。

① 自由时差是线路总时差的分配，一般自由时差小于或等于总时差，则：

$$\text{FF}_{i\text{-}j} \leqslant \text{TF}_{i\text{-}j} \tag{3-13}$$

② 在一般情况下，非关键线路上诸工作的自由时差之和等于该线路上可供利用的总时

差的最大值。在图 3-23 中，非关键线路①→②→④→⑥上可供利用的总时差为 7，被 1-2 工作利用为 0，被 2-4 工作利用为 7。

③ 自由时差本工作可以利用，不属于线路所共有。

3.2.3　节点计算法

所谓节点计算法，就是先计算网络计划中各个节点的最早时间和最迟时间，然后再据此计算各项工作的时间参数和网络计划的计算工期。计算中，一般用 ET_i 表示 i 节点的最早时间，用 LT_i 表示 i 节点的最迟时间，标注方法如图 3-24(a)所示。

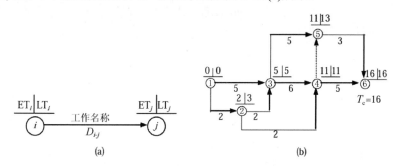

图 3-24　双代号网络计划节点计算法

1. 计算步骤

1) 计算节点的最早时间

节点最早时间的计算应从网络计划的起点节点开始，顺着箭线方向依次进行，其计算步骤如下。

(1) 网络计划起点节点，如未规定最早时间时，其值等于零，则：

$$ET_1 = 0 \tag{3-14}$$

(2) 其他节点的最早时间等于所有箭头指向该节点工作的起点节点最早时间加上其作业时间的最大值，则：

$$ET_j = \max\{ET_i + D_{i\text{-}j}\} \tag{3-15}$$

图 3-24(b)中各节点最早时间的计算如下。

$ET_1 = 0$

$ET_2 = ET_1 + D_{1\text{-}2} = 0+2 = 2$

$$ET_3 = \max\begin{bmatrix} ET_1 + D_{1-3} \\ ET_2 + D_{2-3} \end{bmatrix} = \max\begin{bmatrix} 0+5 \\ 2+2 \end{bmatrix} = 5$$

$$ET_4 = \max\begin{bmatrix} ET_3 + D_{3-4} \\ ET_2 + D_{2-4} \end{bmatrix} = \max\begin{bmatrix} 5+6 \\ 2+2 \end{bmatrix} = 11$$

$$ET_5 = \max\begin{bmatrix} ET_3 + D_{3-5} \\ ET_4 + D_{4-5} \end{bmatrix} = \max\begin{bmatrix} 5+5 \\ 11+0 \end{bmatrix} = 11$$

$$ET_6 = \max\begin{bmatrix} ET_4 + D_{4-6} \\ ET_5 + D_{5-6} \end{bmatrix} = \max\begin{bmatrix} 11+5 \\ 11+3 \end{bmatrix} = 16$$

2) 确定计算工期与计划工期

网络计划的计算工期等于网络计划终点节点的最早时间，若未规定要求工期，网络计划的计划工期应等于计算工期，则：

$$T_p = T_c = \mathrm{ET}_n \tag{3-16}$$

在图 3-24(b)中，$T_p = T_c = \mathrm{ET}_n = 16$。

3) 计算节点的最迟时间

(1) 网络计划终点节点的最迟时间等于网络计划的计划工期，则：

$$\mathrm{LT}_n = T_p \tag{3-17}$$

(2) 其他节点的最迟时间，则：

$$\mathrm{LT}_i = \min\{\mathrm{LT}_j - D_{i\text{-}j}\} \tag{3-18}$$

图 3-24 中各节点最迟时间的计算如下。

$$\mathrm{LT}_6 = T_p = T_c = 16$$

$$\mathrm{LT}_5 = \mathrm{LT}_6 - D_{5\text{-}6} = 16 - 3 = 13$$

$$\mathrm{LT}_4 = \min\begin{bmatrix} \mathrm{LT}_6 - D_{4\text{-}6} \\ \mathrm{LT}_5 - D_{4\text{-}5} \end{bmatrix} = \min\begin{bmatrix} 16 - 5 \\ 13 - 0 \end{bmatrix} = 11$$

$$\mathrm{LT}_3 = \min\begin{bmatrix} \mathrm{LT}_4 - D_{3\text{-}4} \\ \mathrm{LT}_5 - D_{3\text{-}5} \end{bmatrix} = \min\begin{bmatrix} 11 - 6 \\ 13 - 5 \end{bmatrix} = 5$$

$$\mathrm{LT}_2 = \min\begin{bmatrix} \mathrm{LT}_3 - D_{2\text{-}3} \\ \mathrm{LT}_4 - D_{2\text{-}4} \end{bmatrix} = \min\begin{bmatrix} 5 - 2 \\ 11 - 2 \end{bmatrix} = 3$$

$$\mathrm{LT}_1 = \min\begin{bmatrix} \mathrm{LT}_2 - D_{1\text{-}2} \\ \mathrm{LT}_3 - D_{1\text{-}3} \end{bmatrix} = \min\begin{bmatrix} 3 - 2 \\ 5 - 5 \end{bmatrix} = 0$$

2. 关键节点与关键线路

(1) 关键节点。在双代号网络计划中，关键线路上的节点称为关键节点。关键节点的最迟时间与最早时间的差值最小。当计划工期与计算工期相等时，关键节点的最迟时间必然等于最早时间。

在图 3-24 中，关键节点有①、③、④和⑥四个节点，它们的最迟时间必然等于最早时间。

(2) 关键工作。关键工作两端的节点必为关键节点，但两端为关键节点的工作不一定是关键工作。当计划工期与计算工期相等时，利用关键节点判别关键工作时，必须满足 $\mathrm{ET}_i + D_{i,j} = \mathrm{ET}_j$ 或 $\mathrm{LT}_i + D_{i,j} = \mathrm{LT}_j$，否则该工作就不是关键工作。

图 3-24 中，工作①→③、工作③→④、工作④→⑥等均是关键工作。

(3) 关键线路。在双代号网络计划中，由关键工作组成的线路一定为关键线路。在图 3-24 中，线路①→③→④→⑥为关键线路。

由关键节点连成的线路不一定是关键线路，但关键线路上的节点必然为关键节点。如图 3-25 所示某工程网络节点法，关键节点有①、③、④和⑥四个节点，关键工作有工作 1-3、工作 3-4、工作 4-6，关键线路为①→③→④→⑥。工作 3-6 的两个节点均为关键节点，但工作 3-6 并不是关键工作，线路①→③→⑥(由关键节点组成的线路)也不是关键线路。

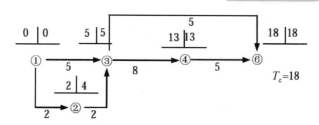

图 3-25　某工程网络计划节点法

3. 工作时间参数的计算

工作计算法能够表明各项工作的六个时间参数，节点计算法能够表明各节点的最早时间和最迟时间。各项工作的六个时间参数与节点的最早时间、最迟时间以及工作的持续时间有关。根据节点的最早时间和最迟时间能够判定工作的六个时间参数。

(1) 工作的最早开始时间等于该工作开始节点的最早时间，则：

$$\mathrm{ES}_{i\text{-}j} = \mathrm{ET}_i \tag{3-19}$$

图 3-24 中，工作 1-2 和工作 4-6 的最早时间分别为：

$$\mathrm{ES}_{1\text{-}2} = \mathrm{ET}_1 = 0$$
$$\mathrm{ES}_{4\text{-}6} = \mathrm{ET}_4 = 11$$

(2) 工作的最早完成时间等于该工作开始节点的最早时间与其持续时间之和，则：

$$\mathrm{EF}_{i\text{-}j} = \mathrm{ET}_i + D_{i\text{-}j} \tag{3-20}$$

图 3-24 中，工作 1-2 和工作 4-6 的最早时间分别为：

$$\mathrm{EF}_{1\text{-}2} = \mathrm{ET}_1 + D_{1\text{-}2} = 0 + 2 = 2$$
$$\mathrm{EF}_{4\text{-}6} = \mathrm{ET}_4 + D_{4\text{-}6} = 11 + 5 = 16$$

(3) 工作的最迟完成时间等于该工作完成节点的最迟时间，则：

$$\mathrm{LF}_{i\text{-}j} = \mathrm{LT}_j \tag{3-21}$$

图 3-24 中，工作 1-2 和工作 4-6 的最迟完成时间分别为：

$$\mathrm{LF}_{1\text{-}2} = \mathrm{LT}_2 = 3$$
$$\mathrm{LF}_{4\text{-}6} = \mathrm{LT}_6 = 16$$

(4) 工作的最迟开始时间等于该工作完成节点的最迟时间与其持续时间之差，则：

$$\mathrm{LS}_{i\text{-}j} = \mathrm{LT}_j - D_{i\text{-}j} \tag{3-22}$$

图 3-24 中，工作 1-2 和工作 4-6 的最迟开始时间分别为：

$$\mathrm{LS}_{1\text{-}2} = \mathrm{LT}_2 - D_{1\text{-}2} = 3 - 2 = 1$$
$$\mathrm{LS}_{4\text{-}6} = \mathrm{LT}_6 - D_{4\text{-}6} = 16 - 5 = 11$$

(5) 工作的总时差等于其工作时间范围减去其作业时间，则：

$$\mathrm{TF}_{i\text{-}j} = \mathrm{LT}_j - \mathrm{ET}_i - D_{i\text{-}j} \tag{3-23}$$

图 3-24 中，工作 1-2 和工作 4-6 的总时差分别为：

$$\mathrm{TF}_{1\text{-}2} = \mathrm{LT}_2 - \mathrm{ET}_1 - D_{1\text{-}2} = 3 - 0 - 2 = 1$$
$$\mathrm{TF}_{4\text{-}6} = \mathrm{LT}_6 - \mathrm{ET}_4 - D_{4\text{-}6} = 16 - 11 - 5 = 0$$

(6) 工作的自由时差等于其终节点与始节点最早时间差值减去其作业时间，则：

$$\mathrm{FF}_{i\text{-}j} = \mathrm{ET}_j - \mathrm{ET}_i - D_{i\text{-}j} \tag{3-24}$$

图 3-24 中，工作 1-2 和工作 4-6 的自由时差分别为：

$$FF_{1\text{-}2} = ET_2 - ET_1 - D_{1\text{-}2} = 2 - 0 - 2 = 0$$
$$FF_{4\text{-}6} = ET_6 - ET_4 - D_{4\text{-}6} = 16 - 11 - 5 = 0$$

3.2.4　标号法

1. 标号法的基本原理

标号法是一种可以快速确定计算工期和关键线路的方法，是工程中应用非常广泛的一种方法。它利用节点计算法的基本原理，对网络计划中的每个节点进行标号，然后利用标号值(节点的最早时间)确定网络计划的计算工期和关键线路。

2. 标号法工作的步骤

标号法工作的步骤如下。

(1) 从开始节点出发，顺着箭线用加法计算节点的最早时间，并标明节点时间的计算值及其来源节点号。

(2) 终点节点最早时间值为计算工期。

(3) 从终点节点出发，依源节点号反跟踪到开始节点的线路为关键线路。

3. 举例

【案例 3.2】

如图 3-26 所示的网络计划，请用标号法计算每个节点的时间参数。

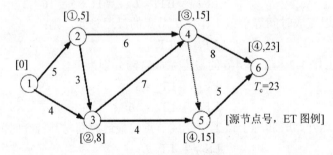

图 3-26　双代号网络计划标号法

【解】节点的标号值计算如下。

$$ET_1 = 0, ET_2 = ET_1 + D_{1\text{-}2} = 0 + 5 = 5, ET_3 = \max \begin{bmatrix} ET_1 + D_{1\text{-}3} \\ ET_2 + D_{2\text{-}3} \end{bmatrix} = \max \begin{bmatrix} 0+4 \\ 5+3 \end{bmatrix} = 8$$

依次类推，$ET_6 = 23$，则计算工期 $T_c = ET_6 = 23$。

图 3-26 中，②节点的最早时间为 5，其计算来源为①节点，因而标号为[①，5]；④节点的最早时间为 15，其计算来源为③节点，因而标号为[③，5]，其他类推。

确定关键线路：从终点节点出发，依源节点号反跟踪到开始节点的线路为关键线路。在图 3-26 中，①→②→③→④→⑥为关键线路。

3.2.5　时标网络计划

一般网络计划不带时标，工作持续时间由箭线下方标注的数字说明，而与箭线本身长短无关，这种非时标网络计划看起来不太直观，不能一目了然地在网络计划图上直接反映各项工作的开始时间和完成时间，同时不能按天统计资源编制资源需用量计划。

双代号时标网络计划(简称时标网络计划)是以时间坐标为尺度编制的网络计划，该网络计划既具有一般网络计划的优点，又具有横道图计划直观易懂的优点。在网络计划基础上引入横道图，它清晰地把时间参数直观地表达出来，同时表明网络计划中各工作之间的逻辑关系。

1．时标网络计划绘制的一般规定

(1) 双代号时标网络计划必须以水平时间坐标为尺度表示工作时间。时标的时间单位应根据需要在编制网络计划之前确定，可为小时、天、周、月或季等。

(2) 时标网络计划应以实箭线表示工作，以虚箭线表示虚工作，以波形线表示工作的自由时差。

(3) 时标网络计划中所有的符号在时间坐标上的水平投影位置，都必须与其时间参数相对应。节点中心必须对应相应的时标位置。虚工作必须以垂直方向的虚箭线表示，用波形线表示自由时差。

2．时标网络计划的绘制法

时标网络计划一般按最早时间编制，其绘制方法有间接绘制法和直接绘制法。

1) 时标网络计划的间接绘制法

所谓间接绘制法，是指先根据无时标的网络计划草图计算其时间参数并确定关键线路，然后在时标网络计划表中进行绘制。在绘制时，应先将所有的节点按其最早时间定位在时标网络计划表中的相应位置，然后再用规定线型(实箭线和虚箭线)按比例绘出工作和虚工作。当某些工作箭线的长度不足以到达该工作的完成节点时，须用波形线补足，箭头应画在与该工作完成节点的连接处。

2) 时标网络计划的直接绘制法

直接绘制法是不计算网络计划时间参数，直接在时间坐标上进行绘制的方法。其绘制步骤和方法可归纳为以下绘图口诀："时间长短坐标限，曲直斜平利相连，画完箭线画节点，节点画完补波线。"

(1) 时间长短坐标限：箭线的长度代表着具体的施工持续时间，受到时间坐标的制约。

(2) 曲直斜平利相连：箭线的表达方式可以是直线、折线或斜线等，但布图应合理，直观清晰，尽量横平竖直。

(3) 画完箭线画节点：工作的开始节点必须在该工作的全部紧前工作都画完后，定位在这些紧前工作全部完成的时间刻度上。

(4) 节点画完补波线：某些工作的箭线长度不足以达到其完成节点时，用波形线补足，箭头指向与位置不变。

根据绘图口诀及绘制要求，按最早时间参数不经计算直接绘制的时标网络计划如图 3-27 所示。

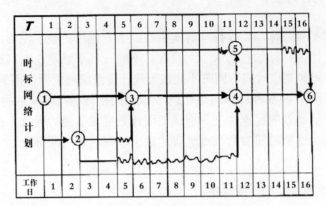

图 3-27   时标网络计划

3．时标网络计划的识读

1) 最早时间参数

(1) 最早开始时间。

$$\mathrm{ES}_{i\text{-}j} = \mathrm{ET}_i \tag{3-25}$$

开始节点或箭尾节点所在位置对应的坐标值，表示最早开始时间。

(2) 最早完成时间。

$$\mathrm{EF}_{i\text{-}j} = \mathrm{E}_{i\text{-}j}\mathrm{S} + D_{i\text{-}j} \tag{3-26}$$

用实线右端坐标值表示最早完成时间。若实箭线抵达箭头节点(右端节点)，则最早完成时间就是箭头节点(右端节点)中心的时标值；若实箭线达不到箭头节点(右端节点)，则其最早完成时间就是实箭线右端末端所对应的时标值。

2) 计算工期

$$T_\mathrm{c} = \mathrm{ET}_n \tag{3-27}$$

终点节点所在位置与起点节点所在位置的时标值之差为计算工期。

3) 自由时差

$\mathrm{FF}_{i\text{-}j}$ 波形线的水平投影长度表示自由时差的数值。

4) 总时差

总时差识读从右向左，逆着箭线，其值等于本工作的自由时差加上各紧后工作的总时差的最小值。其计算公式如下：

$$\mathrm{TF}_{i\text{-}j} = \mathrm{FF}_{i\text{-}j} + \min[\mathrm{TF}_{j\text{-}k}, \mathrm{TF}_{j\text{-}l}, \mathrm{TF}_{j\text{-}m}] \tag{3-28}$$

式中：$\mathrm{TF}_{j\text{-}k}$、$\mathrm{TF}_{j\text{-}l}$、$\mathrm{TF}_{j\text{-}m}$ 均表示工作 $i\text{-}j$ 的紧后工作的总时差。

各工作的总时差如图 3-28 所示。

5) 关键线路

自终点节点逆着箭线方向朝起点箭线方向观察，自始至终不出现波形线的线路为关键线路，在图 3-28 中，关键线路为①→③→④→⑥。

6) 最迟时间参数

最迟开始时间。

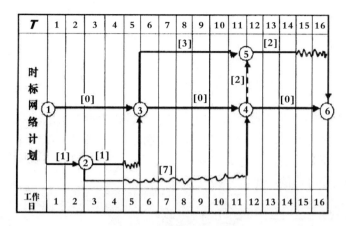

图 3-28 　时标网络计划识读

图 3-27 所示的时标网络计划各参数的识读如表 3-3 所示。

表 3-3 　时标网络计划各参数的识读

工作 参数	ES	EF	FF	TF	LS	LF
①-③	0	5	0	0	0	5
①-②	0	2	0	1	1	3
②-③	2	4	1	1	3	5
②-④	2	4	7	7	9	11
③-④	5	11	0	0	5	11
③-⑤	5	10	1	3	8	13
④-⑤	11	11	0	2	13	13
④-⑥	11	16	0	0	11	16
⑤-⑥	11	14	2	2	13	13

3.3 　单代号网络计划

单代号网络计划是以节点及其编号表示工作的一种网络计划，单代号网络计划在工程中应用也较为广泛。

3.3.1 　单代号网络图的绘制

1. 单代号网络图的基本概念

单代号网络图是以节点及其编号表示工作，以箭线表示工作之间逻辑关系的网络图 (图 3-2 即为单代号网络图)。它是网络计划的另一种表示方法，包括的要素有以下两种。

1) 箭线

单代号网络图中，箭线表示紧邻工作之间的逻辑关系。箭线应画成水平直线、折线或斜线。单代号网络图中不设虚箭线，箭线的箭尾节点编号应小于箭头节点编号。箭线水平投影的方向应自左向右表示工作的进行方向，如图 3-29(a)所示。

2) 节点

单代号网络图中每一个节点表示一项工作，用圆圈或矩形表示。节点所表示的工作名称、持续时间和工作代号等应标注在节点内，如图 3-29(b)所示。节点必须编号，此编号即该工作的代号，由于代号只有一个，故称"单代号"。节点编号严禁重复，一项工作只能有唯一的一个节点和唯一的一个编号。

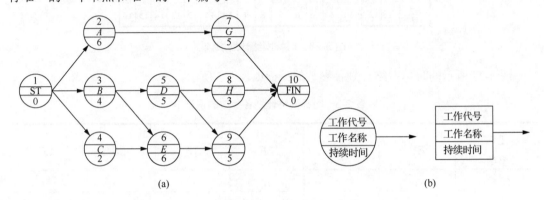

(a)   (b)

图 3-29　单代号网络图

2. 单代号网络图的绘制

绘制单代号网络图需遵循以下规则。

(1) 单代号网络图必须正确表述已定的逻辑关系。

(2) 单代号网络图中，严禁出现循环回路。

(3) 单代号网络图中，严禁出现双向箭头或无箭头的连线。

(4) 单代号网络图中，严禁出现没有箭尾节点的箭线和没有箭头节点的箭线。

(5) 绘制网络图时，箭线不宜交叉，当交叉不可避免时，可采用过桥法和指向法绘制。

(6) 单代号网络图只应有一个起点节点和一个终点节点。当网络图中有多个起点节点或多个终点节点时，应在网络图的两端分别设置一项虚工作，作为该网络图的起点节点和终点节点。

3.3.2　单代号网络计划时间参数的计算

1. 单代号网络计划时间参数的计算步骤

单代号网络计划与双代号网络计划只是表现形式不同，它们所表达的内容完全一样。工作的各时间参数表示如图 3-30 所示。

1) 计算工作的最早开始时间和最早完成时间

工作的最早开始时间和最早完成时间的计算应从网络计划的起点节点开始，顺着箭线方向按节点编号从小到大的顺序依次

图 3-30　时间参数表示

进行。

(1) 网络计划起点节点所代表的工作，其最早开始时间未规定时取值为零。

$$ES_1 = 0 \tag{3-29}$$

(2) 工作的最早完成时间应等于本工作的最早开始时间与其持续时间之和，则：

$$EF_i = ES_i + D_i \tag{3-30}$$

式中：EF_i——工作 i 的最早完成时间；

　　　ES_i——工作 i 的最早开始时间；

　　　D_i——工作 i 的持续时间。

(3) 其他工作的最早开始时间应等于其紧前工作最早完成时间的最大值，则：

$$ES_j = \max\{EF_i\} \tag{3-31}$$

式中：ES_j——工作 j 的最早开始时间；

　　　EF_i——工作 j 紧前工作 i 的最早完成时间。

(4) 网络计划的计算工期等于其终点节点所代表的工作的最早完成时间，则：

$$T_c = EF_n \tag{3-32}$$

式中：EF_n——终点节点 n 的最早完成时间。

2) 计算相邻两项工作之间的时间间隔

相邻两项工作之间的时间间隔是指其紧后工作的最早开始时间与本工作最早完成时间的差值，则：

$$LAG_{i,j} = ES_j - EF_i \tag{3-33}$$

式中：$LAG_{i,j}$——工作 i 与其紧后工作 j 之间的时间间隔；

　　　ES_j——工作 i 的紧后工作 j 的最早开始时间；

　　　EF_i——工作 i 的最早完成时间。

3) 确定网络计划的计划工期

网络计划的计算工期 $T_c = EF_n$。假设未规定要求工期，则其计划工期就等于计算工期。

4) 计算工作的总时差

工作总时差的计算应从网络计划的终点节点开始，逆着箭线方向按节点编号从大到小的顺序依次进行。

(1) 网络计划终点节点 n 所代表的工作的总时差应等于计划工期与计算工期之差，则：

$$TF_n = T_p - T_c \tag{3-34}$$

当计划工期等于计算工期时，该工作的总时差为零。

(2) 其他工作的总时差应等于本工作与其各紧后工作之间的时间间隔加该紧后工作的总时差所得之和的最小值，则：

$$TF_i = \min\{LAG_{i,j} + TF_j\} \tag{3-35}$$

式中：TF_i——工作 i 的总时差；

　　　$LAG_{i,j}$——工作 i 与其紧后工作 j 之间的时间间隔；

　　　TF_j——工作 i 的紧后工作 j 的总时差。

5) 计算工作的自由时差

(1) 网络计划终点节点 n 所代表的工作的自由时差等于计划工期与本工作的最早完成时间之差，则：

$$FF_n = T_p - EF_n \tag{3-36}$$

式中：FF_n——终点节点 n 所代表的工作的自由时差；

       T_p——网络计划的计划工期；

      EF_n——终点节点 n 所代表的工作的最早完成时间。

（2）其他工作的自由时差等于本工作与其紧后工作之间时间间隔的最小值，则：

$$TF_i = \min\{LAG_{i,j}\} \tag{3-37}$$

6）计算工作的最迟完成时间和最迟开始时间

工作的最迟完成时间和最迟开始时间应根据总时差来计算。

（1）工作的最迟完成时间等于本工作的最早完成时间与其总时差之和，则：

$$LF_i = EF_i + TF_i \tag{3-38}$$

（2）工作的最迟开始时间等于本工作最早开始时间与其总时差之和，则：

$$LS_i = ES_i + TF_i \tag{3-39}$$

2．单代号网络计划关键线路的确定

1）利用关键工作确定关键线路

如前所述，总时差最小的工作为关键工作。将这些关键工作相连，并保证相邻两项关键工作之间的时间间隔为零而构成的线路就是关键线路。

2）利用相邻两项工作之间的时间间隔确定关键线路

从网络计划的终点节点开始，逆着箭线方向依次找出相邻两项工作之间时间间隔为零的线路就是关键线路。

3）利用总持续时间确定关键线路

在肯定型网络计划中，线路上工作总持续时间最长的线路为关键线路。

【案例 3.3】

试计算图 3-31 所示的单代号网络计划的时间参数。

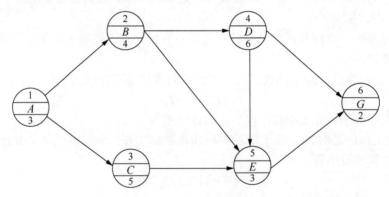

图 3-31　单代号网络图

【解】　计算结果如图 3-32 所示，现对其计算步骤及具体方法进行说明。

1）工作最早开始时间

计算工作的最早开始时间从网络图的起点节点开始，顺着箭线，用加法。因起点节点的最早开始时间未规定，故 $ES_1 = 0$。

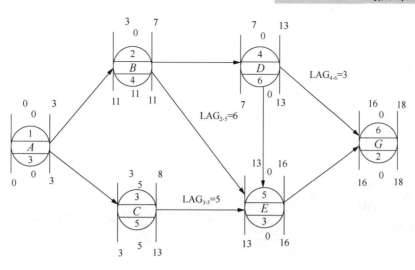

图 3-32　单代号网络计划

工作的最早完成时间应等于本工作的最早开始时间与其持续时间之和，因此
$$EF_1 = ES_1 + D_1 = 0 + 3 = 3$$
其他工作最早开始时间是其各紧前工作的最早完成时间的最大值。

2) 计算网络计划的工期

按 $T_c = EF_n$ 计算，计算工期 $T_c = EF_6 = 18(d)$。

3) 计算各工作之间的时间间隔

按 $LAG_{i,j} = ES_j - EF_i$ 计算，如图 3-32 所示，未标注的工作之间的时间间隔为 0，计算过程如下。

$LAG_{1,2} = ES_2 - EF_1 = 3 - 3 = 0$

$LAG_{1,3} = ES_2 - EF_1 = 3 - 3 = 0$

$LAG_{2,4} = ES_4 - EF_2 = 7 - 7 = 0$

$LAG_{2,5} = ES_5 - EF_2 = 13 - 7 = 6$

$LAG_{3,5} = ES_5 - EF_3 = 13 - 8 = 5$

$LAG_{4,5} = ES_5 - EF_4 = 13 - 13 = 0$

$LAG_{4,6} = ES_6 - EF_4 = 16 - 13 = 3$

$LAG_{5,6} = ES_6 - EF_5 = 16 - 16 = 0$

4) 计算总时差

终点节点所代表的工作的总时差按 $TF_n = T_p - T_c$ 计算，没有规定，认为 $T_p = T_c = 18$，则 $TF_6 = 0$。其他工作总时差按公式 $TF_i = \min\{LAG_{i,j} + TF_j\}$ 计算，其结果如下。

$TF_5 = LAG_{5,6} + TF_6 = 0 + 0 = 0$

$$TF_4 = \min \begin{bmatrix} LAG_{4,5} + TF_5 \\ LAG_{4,6} + TF_6 \end{bmatrix} = \min \begin{bmatrix} 0 + 0 \\ 3 + 0 \end{bmatrix} = 0$$

$TF_3 = LAG_{3,5} + TF_5 = 5 + 0 = 5$

$$TF_2 = \min \begin{bmatrix} LAG_{2,4} + TF_4 \\ LAG_{2,5} + TF_5 \end{bmatrix} = \min \begin{bmatrix} 0 + 0 \\ 6 + 0 \end{bmatrix} = 0$$

$$TF_1 = \min \begin{bmatrix} LAG_{1,2} + TF_2 \\ LAG_{1,3} + TF_3 \end{bmatrix} = \min \begin{bmatrix} 0+0 \\ 0+5 \end{bmatrix} = 0$$

5) 计算自由时差

最后节点的自由时差按 $FF_n = T_p - EF_n$ 计算，得 $FF_6 = 0$。

其他工作的自由时差按 $TF_i = \min\{LAG_{i,j}\}$ 计算，其结果如下。

$$FF_1 = \min \begin{bmatrix} LAG_{1,2} \\ LAG_{1,3} \end{bmatrix} = \min \begin{bmatrix} 0 \\ 0 \end{bmatrix} = 0$$

$$FF_2 = \min \begin{bmatrix} LAG_{2,4} \\ LAG_{2,5} \end{bmatrix} = \min \begin{bmatrix} 0 \\ 6 \end{bmatrix} = 0$$

$$FF_3 = LAG_{3,5} = 5$$

$$FF_4 = \min \begin{bmatrix} LAG_{4,5} \\ LAG_{4,6} \end{bmatrix} = \min \begin{bmatrix} 0 \\ 3 \end{bmatrix} = 0$$

$$FF_5 = LAG_{5,6} = 0$$

6) 工作最迟开始和最迟完成时间的计算

$ES_1 = 0, LS_1 = ES_1 + TF_1 = 0 + 0 = 0$

$EF_1 = 0, LF_1 = EF_1 + TF_1 = 3 + 0 = 3$

$ES_2 = 3, LS_2 = ES_2 + TF_2 = 3 + 0 = 3$

$EF_2 = 7, LF_2 = 7$

$ES_3 = 3, LS_3 = ES_3 + TF_3 = 3 + 5 = 8$

$EF_3 = 8, LF_3 = 13$

$ES_4 = 7, LS_4 = ES_4 + TF_4 = 7 + 0 = 7$

$EF_4 = 13, LF_4 = 13$

$ES_5 = 13, LS_5 = ES_5 + TF_5 = 13 + 0 = 13$

$EF_5 = 16, LF_5 = 16$

$ES_6 = 16, LS_6 = ES_6 + TF_6 = 16 + 0 = 16$

$EF_6 = 18, LF_6 = 18$

7) 关键工作和关键线路的确定

当无规定时，认为网络计算工期与计划工期相等，这样总时差为零的工作为关键工作。在图 3-32 中，关键工作有：A、B、D、E、G 工作。将这些关键工作相连，并保证相邻两项关键工作之间的时间间隔为零而构成的线路就是关键线路，即线路 $A \rightarrow B \rightarrow D \rightarrow E \rightarrow G$ 为关键线路。本例中关键线路用黑粗线表示。仅仅由这些关键工作相连的线路，不保证相邻两项关键工作之间的时间间隔为零，不一定是关键线路，如线路 $A \rightarrow B \rightarrow D \rightarrow G$ 和线路 $A \rightarrow B \rightarrow E \rightarrow G$ 均不是关键线路。因此，在单代号网络计划中，关键工作相连的线路并不一定是关键线路。

关键线路按相邻工作之间时间间隔为零的连线确定，则关键线路为：$A \rightarrow B \rightarrow D \rightarrow G$。

在单代号网络计划中，线路上工作总持续时间最长的线路为关键线路，即其总持续时间为 18 d，即网络计算工期。

3.3.3　单代号网络图与双代号网络图的比较

(1) 单代号网络图绘制比较方便，节点表示工作，箭线表示逻辑关系，而双代号网络图用箭线表示工作，可能有虚工作。在这一点上，绘制单代号网络图比绘制双代号网络图简单。

(2) 单代号网络图具有便于说明、容易被非专业人员所理解和易于修改的优点，这对于推广应用统筹法编制工程进度计划，进行全面的科学管理是非常重要的。

(3) 用双代号网络图表示工程进度比用单代号网络图更形象，特别是在应用带时间坐标的网络图中。

(4) 双代号网络计划应用电子计算机进行程序化计算和优化更简便，这是因为双代号网络图中用两个代号代表一项工作，可直接反映其紧前工作或紧后工作的关系。而单代号网络图就必须按工作逐个列出其紧前、紧后工作关系，这在计算机中需占用更多的存储单元。

由于单代号网络图和双代号网络图有上述各自的优缺点，故两种表示法在不同的情况下，其表现的繁简程度是不同的。在有些情况下，应用单代号表示法较为简单，而在另外情况下，使用双代号表示法则更为清楚。因此，单代号网络图和双代号网络图是两种互为补充、各具特色的表现方法。

(5) 单代号网络图与双代号网络图均属于网络计划，能够明确地反映各项工作之间错综复杂的逻辑关系。通过网络计划时间参数的计算，可以找出关键工作和关键线路；通过网络计划时间参数的计算，可以明确各项工作的机动时间。网络计划可以利用计算机进行计算。

单代号网络图与双代号网络图的比较如表 3-4 所示。

表 3-4　单代号网络图与双代号网络图的比较

比较项目	单代号网络图	双代号网络图
箭线	表示逻辑关系及工作顺序	表示工作及工作流向
节点虚工作	表示工作无	表示工作的开始、结束瞬间可能有
虚拟节点	可能有虚拟开始节点、虚拟结束节点	无
逻辑关系	反映总持续时间最长的线路	反映总持续时间最长的线路
关键线路	关键工作的连线且相邻关键工作时间间隔为零的线路	关键工作相连的线路

3.4　优化网络计划

网络计划优化，就是在满足既定的约束条件下，按某一目标，通过不断地调整寻求最优网络计划方案的过程。

网络计划优化包括工期优化、费用优化和资源优化。

3.4.1　工期优化

1. 概念

所谓工期优化，是指网络计划的计算工期不满足要求工期时，通过压缩关键工作的持续时间以满足要求工期的过程，若仍不能满足要求，需调整方案或重新审定要求工期。

2. 压缩关键工作需考虑的因素

(1) 压缩对质量、安全影响不大的工作。

(2) 压缩有充足备用资源的工作。

(3) 压缩增加费用最少的工作，即压缩直接费费率、赶工费费率或优选系数最小的工作。

3. 压缩方法

(1) 当只有一条关键线路时，在其他情况均能保证的条件下，压缩直接费费率、赶工费费率或优选系数最小的关键工作。

(2) 当有多条关键线路时，应同时压缩各条关键线路相同的数值，压缩直接费费率、赶工费费率或优选系数组合最小者。

(3) 由于压缩过程中非关键线路可能转为关键线路，切忌压缩"一步到位"。

【案例 3.4】

某施工网络计划在⑤节点之前已延迟 15 d，施工网络图如图 3-33 所示。为保证原工期，试进行工期优化(图 3-33 中箭线上部的数字表示压缩一天增加的费率(元/d)。下部括弧外的数字表示工作正常作业时间；括弧内的数字表示工作极限作业时间)。

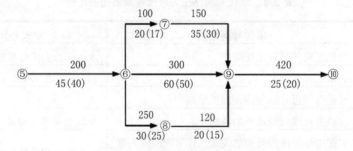

图 3-33　某施工网络计划

【解】(1) 找关键线路。在原正常持续时间状态下关键线路如图 3-34 所示用双线表示。

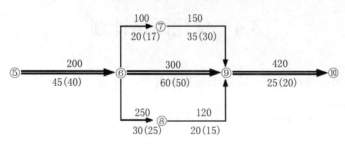

图 3-34　正常持续时间的网络计划

(2) 压缩关键线路上关键工作持续时间。如图 3-34 所示的网络计划只有一条关键线路时，应压缩直接费费率最小的工作。第一次压缩：压缩⑤→⑥工作 5 d，由于考虑压缩的关键工作⑤→⑥、⑥→⑨、⑨→⑩的直接费费率分别为 200 元/d、300 元/d、420 元/d，所以选择压缩⑤→⑥工作，直接费增加 200×5=1000(元)，得到如图 3-35 所示的新计划。在图 3-35 中，有一条关键线路，工期仍拖延 10 d，故应进一步压缩。

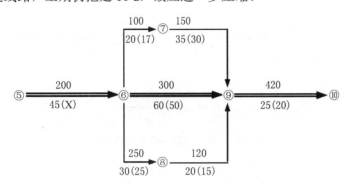

图 3-35　第一次压缩后的网络计划

第二次压缩：关键线路为⑤→⑥→⑨→⑩，由于⑤→⑥工作不能再压缩，只能选择压缩关键工作⑥→⑨或⑨→⑩。压缩⑥→⑨工作和⑨→⑩工作的直接费费率分别为 300 元/d、420 元/d，所以应压缩⑥→⑨工作 5 d，直接费增加 300×5=1500(元)，得到如图 3-36 所示的网络计划。在图 3-36 中，有两条关键线路，此时工期仍拖延 5 d，故应进一步压缩。

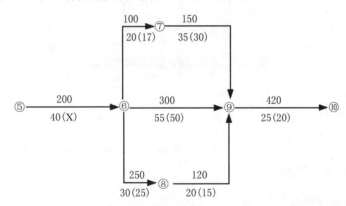

图 3-36　第二次压缩后的网络计划

第三次压缩：当第二次压缩后计划变成⑤→⑥→⑦→⑨→⑩、⑤→⑥→⑨→⑩两条关键线路，应同时压缩组合直接费费率最小的工作。所以，应在同时压缩⑥→⑦工作和⑥→⑨工作、同时压缩⑦→⑨工作和⑥→⑨工作与压缩⑨→⑩工作三种方案中选择。上述三种方案压缩时组合直接费费率分别为 400 元/d、450 元/d 和 420 元/d，因而第三次压缩选择同时压缩⑥→⑦工作和⑥→⑨工作 3 d，直接费增加 400×3=1200(元)，得到如图 3-37 所示的网络计划。网络计划仍有两条关键线路不变，工期仍拖延 2 d，需继续压缩。

第四次压缩：由于⑥→⑦工作不能再压缩，所以选择同时压缩⑦→⑨工作和⑥→⑨工作与仅压缩⑨→⑩工作两种情况。同时压缩⑦→⑨工作和⑥→⑨工作，直接费费率为 450 元/d，仅压缩⑨→⑩工作直接费费率为 420 元/d，所以选择压缩⑨→⑩工作 2 d，如图 3-38

所示，共赶工 15 d，可以保证原工期。直接费增加 420×2=840(元)，为保证原工期直接费共
增加 4540 元。

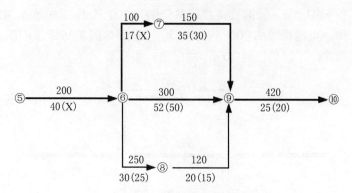

图 3-37　第三次压缩后的网络计划

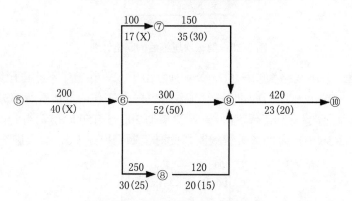

图 3-38　第四次压缩后的网络计划

3.4.2　费用优化

费用优化又称工期成本优化，是指寻求工程总成本最低时的工期安排，或按要求工期
寻求最低成本的计划安排的过程。

1. 工程费用与时间的关系

1) 工程费用与工期的关系

工程总费用由直接费和间接费组成。直接费由人工费、材料费、机械费、措施费等组
成。施工方案不同，直接费也就不同。如果施工方案一定，工期不同，直接费也不同。直
接费会随着工期的缩短而增加。间接费包括管理费等内容，它一般随着工期的缩短而减少。
工程费用与工期的关系如图 3-39 所示。由图 3-39 可知，当确定一个合理的工期，就能使总
费用达到最少，这也是费用优化的目标。

2) 工作直接费用与持续时间的关系

由于网络计划的工期取决于关键工作的持续时间，为了进行工期优化必须分析网络计
划中各项工作的直接费用与持续时间的关系，它是网络计划工期成本优化的基础。工作的
直接费用随着持续时间的缩短而增加，如图 3-40 所示。

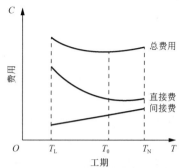

1—T_L为最短工期；　2—T_0为最优工期；　3—T_N为正常工期。

图 3-39　费用–工期曲线

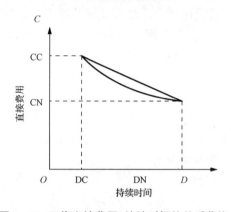

图 3-40　工作直接费用–持续时间的关系曲线

为简化计算，工作的直接费用与持续时间之间的关系被近似地认为是直线关系。工作的持续时间每缩短单位时间而增加的直接费用称为直接费用率，直接费用率可按式(3-40)计算。

$$\Delta C_{i-j} = \frac{CC_{i-j} - CN_{i-j}}{DN_{i-j} - DC_{i-j}} \tag{3-40}$$

式中：ΔC_{i-j}——工作 i-j 的直接费用率；

$\quad\quad CC_{i-j}$——按最短(极限)持续时间完成工作 i-j 时所需的直接费用；

$\quad\quad CN_{i-j}$——按正常持续时间完成工作 i-j 时所需的直接费用；

$\quad\quad DN_{i-j}$——工作 i-j 的正常持续时间；

$\quad\quad DC_{i-j}$——工作 i-j 的最短(极限)持续时间。

2. 费用优化方法

费用优化的基本思路：不断地在网络计划中找出直接费用率(或组合直接费用率)最小的关键工作，缩短其持续时间，同时考虑间接费用随工期缩短而减少的数值，最后求得工程总成本最低时的最优工期安排或按要求工期求得最低成本的计划安排。

按照上述基本思路，费用优化可按以下步骤进行。

(1) 按工作的正常持续时间确定计算工期和关键线路。

(2) 计算各项工作的直接费用率。

(3) 当只有一条关键线路时，应找出组合直接费用率最小的一项关键工作，作为缩短持续时间的对象；当有多条关键线路时，应找出组合直接费用率最小的一组关键工作，作为缩短持续时间的对象。

(4) 对于选定的压缩对象(一项关键工作或一组关键工作)，首先要比较其直接费用率或组合直接费用率与工程间接费用率的大小，然后再进行压缩。压缩方法有以下几种。

① 如果被压缩对象的直接费用率或组合直接费用率大于工程间接费用率，说明压缩关键工作的持续时间会使工程总费用增加，此时应停止缩短关键工作的持续时间，在此之前的方案即为优化方案。

② 如果被压缩对象的直接费用率或组合直接费用率等于工程间接费用率，说明压缩关键工作的持续时间不会使工程总费用增加，故应缩短关键工作的持续时间。

③ 如果被压缩对象的直接费用率或组合直接费用率小于工程间接费用率，说明压缩关键工作的持续时间会使工程总费用减少，故应缩短关键工作的持续时间。

(5) 当需要缩短关键工作的持续时间时，其缩短值的确定必须符合下列两条原则。

①缩短后工作的持续时间不能小于其最短持续时间。

② 缩短持续时间的工作不能变成非关键工作。

(6) 计算关键工作持续时间缩短后相应的总费用。

优化后工程总费用=初始网络计划的费用+直接费增加费−间接费减少费用　　　(3-41)

(7) 重复上述(3)～(6)步，直至计算工期满足要求工期或被压缩对象的直接费用率或组合直接费用率大于工程间接费用率为止。

(8) 计算优化后的工程总费用。

【案例 3.5】

某网络计划，其各工作的持续时间如图 3-41 所示，直接费用如表 3-5 所示。已知间接费费率为 120 元/d，试进行费用优化。

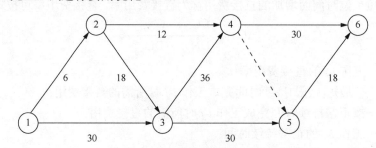

图 3-41　某施工网络计划

表 3-5　各工作持续时间及直接费用率

工作	正常时间		极限时间		费率/%
	时间/d	费用/元	时间/d	费用/元	
①-②	6	1 500	4	2 000	250
①-③	30	7 500	20	8 500	100
②-③	18	5 000	10	6 000	125
②-④	12	4 000	8	4 500	125

续表

工作	正常时间		极限时间		费率/%
	时间/d	费用/元	时间/d	费用/元	
③-④	36	12 000	22	14 000	143
③-⑤	30	8 500	18	9 200	58
④-⑥	30	9 500	16	10 300	57
⑤-⑥	18	4 500	10	5 000	62

【解】

(1) 按工作的正常持续时间确定计算工期和关键线路。计算工期和关键线路如图 3-42 所示。计算工期 $T=96$(d)，关键线路为①→③→④→⑥。此时初始网络计划的费用为 52 500 元，由各工作作业时间乘以其直接费费率加上初始工期乘以间接费费率得到。

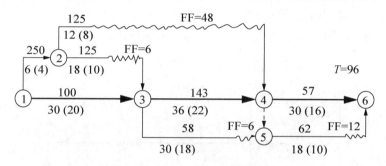

图 3-42 正常持续时间的网络计划

(2) 根据关键线路上各关键工作直接费费率压缩工期。

由于①→③、③→④、④→⑥工作的直接费费率分别为 100 元/d、143 元/d 和 57 元/d，首先压缩关键工作④→⑥共 12d，得到如图 3-43 所示的网络计划。

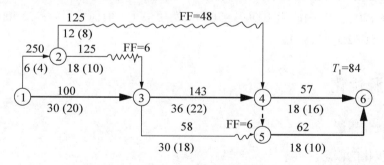

图 3-43 第一次压缩后的网络计划

这样网络计划有两条关键线路①→③→④→⑥和①→③→④→⑤→⑥，增加直接费用 $57×12=684$(元)。

(3) 第二次压缩。选取压缩①→③工作、压缩③→④工作、同时压缩④→⑥工作和⑤→⑥工作三种情况，这三种情况的直接费费率分别为 100 元/d、143 元/d、119 元/d。①→③工作直接费费率为 100 元/d，相比最小，所以应压缩①→③工作 6 d，如图 3-44 所示为第二次压缩后的网络计划，增加直接费用 $100×6=600$(元)。

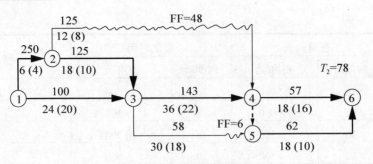

图 3-44 第二次压缩后的网络计划

(4) 第三次压缩。由于有同时压缩①→③工作和①→②工作、同时压缩①→③工作和②→③工作、压缩③→④工作、同时压缩④→⑥工作和⑤→⑥工作四种情况，这四种情况的直接费费率分别为 350 元/d、225 元/d、143 元/d、119 元/d。四种情况直接费费率(或组合直接费费率)最小的是同时压缩④→⑥工作和⑤→⑥工作，因此应选取同时压缩④→⑥工作和⑤→⑥工作 2d。如图 3-45 所示为第三次压缩后的网络计划。

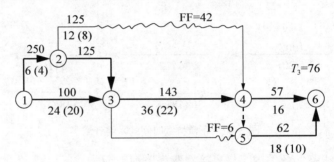

图 3-45 第三次压缩后的网络计划

增加直接费用 119×2=238(元)。若再压缩，关键工作直接费费率(组合直接费费率)均大于间接费费率 120 元/d，因此当工期 $T_3=76$ 时，费用最优。最优费用为：52 500＋684＋600＋238-120×20 = 51 622(元)。

3.4.3 资源优化

1. 资源优化概述

1) 资源优化的概念

资源是指完成一项计划任务所需投入的人力、材料、机械设备和资金等。完成一项工程任务所需要的资源量基本上是不变的，不可能通过资源优化将其减少。资源优化的目的是通过改变工作的开始时间和完成时间，使资源按照时间分布符合优化目标。

2) 资源优化的前提条件

资源优化的前提条件如下。

(1) 在优化过程中，不改变网络计划中各项工作之间的逻辑关系。

(2) 在优化过程中，不改变网络计划中各项工作的持续时间。

(3) 网络计划中各项工作的资源强度(单位时间所需资源数量)为常数,而且是合理的。

(4) 除规定可中断的工作外,一般不允许中断工作,应保持其连续性。为简化问题,这里假定网络计划中的所有工作需要同一种资源。

3) 资源优化的分类

在通常情况下,网络计划的资源优化分为两种,即"资源有限,工期最短"的优化和"工期固定,资源均衡"的优化。前者是通过调整计划安排,在满足资源限制的条件下,使工期延长最短的过程;而后者是通过调整计划安排,在工期保持不变的条件下,使资源需用量尽可能均衡的过程。

2. "资源有限,工期最短"的优化步骤

"资源有限,工期最短"的优化一般可按以下步骤进行。

(1) 按照各项工作的最早开始时间安排进度计划,并计算网络计划每个时间单位的资源需用量。

(2) 从计划开始日期起,逐个检查每个时段(每个时间单位资源需用量相同的时间段)资源需用量是否超过所能供应的资源限量。如果在整个工期范围内每个时段的资源需用量均能满足资源限量的要求,则可行优化方案就编制完成;否则,必须转入下一步进行计划的调整。

(3) 分析超过资源限量的时段。如果在该时段内有几项工作平行作业,则采取将一项工作安排在与之平行的另一项工作之后进行的方法,以降低该时段的资源需用量。对于两项平行作业的工作 m 和工作 n 来说,为了降低相应时段的资源需用量,现将工作 n 安排在工作 m 之后进行,如图 3-46 所示。

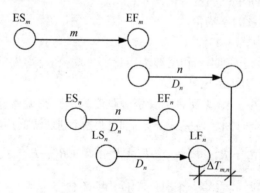

图 3-46 m、n 两项工作的排序

如果将工作 n 安排在工作 m 之后进行,则网络计划的工期延长值为:

$$\begin{aligned}
\Delta T_{m,n} &= EF_m + D_n - LF_n \\
&= EF_m - (LF_n - D_n) \\
&= EF_m - LS_n
\end{aligned} \tag{3-42}$$

式中:$\Delta T_{m,n}$——将工作 n 安排在工作 m 之后进行时网络计划的工期延长值;

EF_m——工作 m 的最早完成时间;

D_n——工作 n 的持续时间;

LF_n——工作 n 的最迟完成时间；

LS_n——工作 n 的最迟开始时间。

这样，在有资源冲突的时段中，对平行作业的工作进行两两排序，即可得出若干个 $\Delta T_{m,n}$，选择其中最小的 $\Delta T_{m,n}$，将相应的工作 n 安排在工作 m 之后进行，既可降低该时段的资源需用量，又使网络计划的工期延长最短。

(4) 对调整后的网络计划安排重新计算每个时间单位的资源需用量。

(5) 重复上述(2)～(4)步，直至网络计划整个工期范围内每个时间单位的资源需用量均满足资源限量为止。

3. "工期固定，资源均衡"的优化

安排建设工程进度计划时，需要使资源需用量尽可能地均衡，使整个工程每单位时间的资源需用量不出现过多的高峰和低谷，这样不仅有利于工程建设的组织与管理，而且可以降低工程费用。

"工期固定，资源均衡"的优化方法有很多种，如方差值最小法、极差值最小法、削高峰法等。这里仅介绍方差值最小法。

1) 方差值最小法的基本原理

现假设已知某工程网络计划的资源需用量，则其方差为：

$$\sigma^2 = \frac{1}{T} \sum_{t=1}^{T} (R_t - R_m)^2 \tag{3-43}$$

式中：σ^2——资源需用量方差；

T——网络计划的计算工期；

R_t——第 t 个时间单位的资源需用量；

R_m——资源需用量的平均值。

式(3-42)可以简化为式(3-43)。

由式(3-43)可知，由于工期 T 和资源需用量的平均值 R_m 均为常数，为使方差 σ^2 最小，必须使资源需用量的平方和最小。

对于网络计划中某项工作 k 而言，其资源强度为 r_k。在调整计划前，工作 k 从第 i 个时间单位开始，到第 j 个时间单位完成，则此时网络计划资源需用量的平方和为：

$$\sum_{t=1}^{T} R_t^2 = R_1^2 + R_2^2 + \cdots + R_i^2 + R_{i+1}^2 + \cdots + R_j^2 + R_{j+1}^2 + \cdots + R_T^2 \tag{3-44}$$

若将工作 k 的开始时间右移一个时间单位，即工作 k 从第 $i+1$ 个时间单位开始，到第 $j+1$ 个时间单位完成，则此时网络计划资源需用量的平方和为：

$$\sum_{t=1}^{T} R_t^2 = R_1^2 + R_2^2 + \cdots + (R_i - r_k)^2 + R_{i+1}^2 + \cdots + R_j^2 + (R_{j+1} + r_k)^2 + \cdots + R_T^2 \tag{3-45}$$

比较式(3-45)和式(3-44)可以得到，当工作 k 的开始时间右移一个时间单位时，网络计划资源需用量平方和的增量 Δ 为：

$$\Delta = (R_i - r_k)^2 - R_i^2 + (R_{j+1} + r_k)^2 - R_{j+1}^2$$

即

$$\Delta = 2(r_k R_{j+1} + r_k - R_i) \tag{3-46}$$

如果资源需用量平方和的增量 Δ 为负值，说明工作 k 的开始时间右移一个时间单位能

使资源需用量的平方和减小，也就使资源需用量的方差减小，从而使资源需用量更均衡。因此，工作 k 的开始时间能够右移的判别式是：

$$\Delta = 2(r_k R_{j+1} + r_k - R_i) \leqslant 0 \tag{3-47}$$

由于工作 k 的资源强度 r_k 不可能为负值，故判别式(3-47)可以简化为：

$$R_{j+1} + r_k - R_i \leqslant 0$$

即

$$R_{j+1} + r_k \leqslant R_i \tag{3-48}$$

判别式(3-48)表明，当网络计划中工作 k 完成时间之后的一个时间单位所对应的资源需用量 R_{j+1} 与工作 k 的资源强度 r_k 之和不超过工作 k 开始时所对应的资源需用量 R_i 时，将工作 k 右移一个时间单位能使资源需用量更加均衡。这时，就应将工作 k 右移一个时间单位。

同理，如果判别式(3-49)成立，说明将工作 k 左移一个时间单位能使资源需用量更加均衡。这时，就应将工作 k 左移一个时间单位。

$$R_{i-1} + r_k \leqslant R_j \tag{3-49}$$

如果工作 k 不满足判别式(3-48)或判别式(3-49)，说明工作 k 右移或左移一个时间单位不能使资源需用量更加均衡，这时可以考虑在其总时差允许的范围内，将工作 k 右移或左移数个时间单位。

向右移时，判别式为

$$[(R_{j+1} + r_k) + (R_{j+2} + r_k) + (R_{j+3} + r_k) + \cdots] \leqslant [R_i + R_{i+1} + R_{i+2} + \cdots] \tag{3-50}$$

向左移时，判别式为

$$[(R_{i-1} + r_k) + (R_{i-2} + r_k) + (R_{i-3} + r_k) + \cdots] \leqslant [R_j + R_{j-1} + R_{j-2} + \cdots] \tag{3-51}$$

2) 优化步骤

按方差值最小的优化原理，"工期固定，资源均衡"的优化一般可按以下步骤进行。

(1) 按照各项工作的最早开始时间安排进度计划，并计算网络计划每个时间单位的资源需用量。

(2) 从网络计划的终点节点开始，按工作完成节点编号值从大到小的顺序依次进行调整。当某一节点同时作为多项工作的完成节点时，应先调整开始时间较迟的工作。在调整工作时，一项工作能够右移或左移的条件如下。

① 工作具有机动时间，在不影响工期的前提下能够右移或左移。

② 工作满足判别式(3-48)或判别式(3-49)，或者满足判别式(3-50)或判别式(3-51)。只有同时满足以上两个条件，才能调整该工作，将其右移或左移至相应的位置。

③ 当所有的工作均按上述顺序自右向左调整了一次之后，为使资源需用量更加均衡，再按上述顺序自右向左进行多次调整，直至所有的工作既不能右移也不能左移为止。

3.5　比较流水原理进度计划与网络计划

流水原理进度计划与网络计划是两种安排进度计划的方法。通过对这两种进度计划的比较，揭示两种安排进度计划的实质。

3.5.1　流水原理进度计划的核心

一般来说，流水施工的施工组织方式强调连续、均衡和有节奏，其中连续是流水施工的核心。

(1) 连续施工在流水施工中包含两方面的含义：一方面保证每一个施工过程在各施工段上连续施工，或者说专业工作队连续施工，或者说专业工作队不窝工，现称其为"工艺连续"；另一方面是指相邻施工过程在同一施工段尽可能保持连续施工，或者说相邻施工过程至少在一个施工段上不空闲，或者说尽可能使工作面不空闲，现称其为"空间连续"。

这种连续施工的特点决定了流水施工所安排的进度计划，根据后面的案例，这种连续施工的核心思想决定了流水施工进度计划的计算工期。

(2) 均衡施工是流水施工相对于顺序施工和平行施工在资源供应方面的优点体现，改善了顺序施工在同一时间内投入资源过少和平行施工在同一时间内投入资源过大的缺点，避免了施工期间劳动力和建筑材料使用的不均衡性，给资源的组织供应和运输等都带来了方便，可以达到节约使用资源的目的。

(3) 有节奏施工是针对流水施工几种不同施工组织形式而言的。流水施工根据流水节拍的不同分为等节奏流水、异节奏流水和分别流水。有节奏施工是尽量使流水节拍安排得大致相等，使工人工作时间有一定的规律性，这种规律性可以带来良好的施工秩序、和谐的施工气氛和可观的经济效果。

横道图计划正是流水施工核心思想的具体应用。横道图又称横线图、甘特图，它是利用时间坐标上横线条的长度和位置来反映工程各施工过程的相互关系和进度。横道图的左边列出各施工过程(或工程对象)的名称，右边则用横线条表示工作进度线，用来表示各施工过程在时间和空间上的进展情况。横道图计划的优点是较易编制、简单、明了、直观、易懂；因为有时间坐标，各项工作的施工起讫时间、作业持续时间、工作进度、总工期以及流水作业的情况等都表示得清楚明确，一目了然；对人力和资源的计算也便于据图叠加。它的缺点主要是不能全面地反映出各工作相互之间的关系和影响，不便于进行各种时间计算，不能客观地突出工作的重点(影响工期的关键工作)，也不能从图中看出计划中的潜力所在。这些缺点的存在，对改进和加强施工管理工作是不利的。

3.5.2　网络计划的核心

(1) 网络计划是由网络图表达任务构成、工作顺序并加注工作时间参数的进度计划。一般网络计划的优点是把施工过程中的各有关工作组成一个有机的整体，因而能全面而明确地反映出各工作之间相互制约和相互依赖的关系。它可以进行各种时间计算，能在工作繁多、错综复杂的计划中找出影响工程进度的关键工作，便于管理人员集中精力抓施工中的主要矛盾，确保按期竣工。同时，通过利用网络计划中反映出来的各工作的机动时间，可以更好地运用和调配资源。在计划的执行过程中，当某一工作因故提前或拖后时，能从计划中预见到它对其他工作及总工期的影响程度，便于及早采取措施以充分利用有利的条件或有效地消除不利的因素。此外，它还可以利用现代化的计算工具——计算机，对复杂的计划进行绘图、计算、检查、调整与优化。它的缺点是从图上很难清晰地看出流水作业的情况，也难以根据一般网络图算出资源需要量的变化情况。

（2）时标网络计划结合了横道图和一般网络计划的优点，在一般网络计划的基础上加注时间坐标，既简单、明了、直观，又能全面而明确地反映出各工作之间的相互关系、清晰的关键工作以及各工作的机动时间。

（3）无论是一般网络计划，还是时标网络计划，都强调施工过程之间相互制约和相互依赖的关系，这种关系称为逻辑关系。这种逻辑关系根据施工工艺和施工组织的要求分为工艺逻辑和组织逻辑，正是这种逻辑关系的存在，网络计划各工作之间才有主次之分，从而有关键工作的重点保证和非关键工作上机动时间的利用。总之，施工过程之间的逻辑关系决定了网络计划的计算工期，是网络计划的核心。

3.5.3　流水原理进度计划与网络计划的比较

（1）土木工程组织施工中，常用的进度计划表达形式有两种：横道图与网络计划。横道图与网络计划尽管施工内容完全一样，但两者用不同的计划方法，在进度计划安排上侧重点不同，造成计算工期存在差异。

（2）专业工作队在分段施工中，网络计划强调逻辑关系(工艺逻辑和组织逻辑)，流水施工进度计划强调施工连续，连续施工除隐含网络计划要求的工艺逻辑和组织逻辑关系外，还要求专业工作队连续施工的"工艺连续"以及保证工作面不空闲的"空间连续"，这样加大流水步距，导致按流水施工进度计划的计算工期变长。按流水施工进度安排的计算工期 $T_流$ 与按网络计划安排的计算工期 $T_网$ 的大小关系为

$$T_流 \geq T_网 \tag{3-52}$$

思考与练习

1. 什么是网络图？什么是网络计划？
2. 双代号网络图绘制规则有哪些？
3. 什么是关键线路？对于双代号网络计划和单代号网络计划如何判断关键线路？
4. 简述双代号网络计划中工作计算法的计算步骤。
5. 时标网络计划有什么特点？
6. 简述网络计划优化的分类。
7. 简述网络计划与流水原理进度计划的不同之处。

第 4 章 施工进度控制

本章导读

本章主要介绍施工进度计划监测与调整的系统过程、实际进度与计划进度的比较方法、施工进度计划的控制措施、施工进度计划的调整方法和施工进度计划的应用。

学习目标

- ◆ 了解施工进度计划监测与调整的系统过程。
- ◆ 熟悉横道图比较法、S 曲线比较法和前锋线比较法。
- ◆ 掌握施工进度计划中的组织、经济、技术和管理等控制措施。
- ◆ 熟悉进度计划的调整方法。
- ◆ 熟悉施工进度计划在工期索赔和综合索赔中的应用。

4.1 施工进度控制概述

为保证建设工程进度计划得到有效的实施和控制，必须对施工进度计划进行系统监测与调整。

4.1.1 利用进度监测

在建设工程实施过程中，应经常地、定期地对进度计划的执行情况跟踪检查，发现问题后，及时采取措施加以解决。进度监测系统过程如图 4-1 所示。

1) 进度计划的实施

根据进度计划的要求，制定各种措施，按预定的计划进度安排建设工程的各项工作。

2) 实际进度数据的收集及加工处理

对进度计划的执行情况进行跟踪检查是计划执行信息的主要来源，是进度分析和调整的依据，也是进度控制的关键步骤。跟踪检查的主要工作是定期收集反映工程实际进度的有关数据，收集的数据应当全面、真实、可靠，不完整或不正确的进度数据将导致判断不准确或决策失误。为了进行实际进度与计划进度的比较，必须对收集到的实际进度数据进行加工处理，形成与计划进度具有可比性的数据。例如，对检查时段实际完成工作量的进度数据进行整理、统计和分析，确定本期累计完成的工作量、本期已完成的工作量占计划工作量的百分比等。

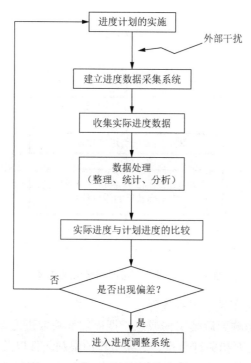

图4-1 建设工程进度监测系统过程

3) 实际进度与计划进度的比较

将实际进度数据与计划进度数据进行比较，可以确定建设工程实际执行状况与计划目标之间的差距。为了直观地反映实际进度偏差，通常采用表格或图形进行实际进度与计划进度的对比分析，从而得出实际进度比计划进度超前、滞后还是一致的结论。

若实际的进度与计划进度不一致，则应对计划进行调整或对实际工作进行调整，使实际进度与计划进度尽可能一致。

4.1.2 利用进度调整

在建设工程实施进度监测过程中，一旦发现实际进度偏离计划进度，即出现进度偏差时，必须认真分析产生偏差的原因及其对后续工作和总工期的影响，必要时采取合理、有效的进度计划调整措施，确保进度总目标的实现。进度调整的系统过程如图4-2所示。

1) 分析进度偏差产生的原因

通过对实际进度与计划进度的比较，发现进度偏差时，为了采取有效措施调整进度计划，必须深入现场进行调查，分析产生进度偏差的原因。

2) 分析进度偏差对后续工作及总工期的影响

当查明进度偏差产生的原因后，要分析进度偏差对后续工作和总工期的影响程度，以确定是否采取措施调整进度计划。

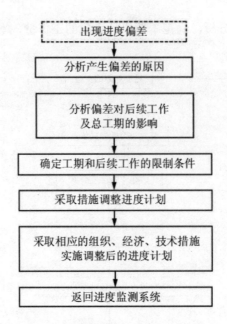

图 4-2　建设工程进度调整系统过程

3) 确定后续工作和总工期的限制条件

当出现的进度偏差影响到后续工作或总工期而需要采取进度调整措施时，应当首先确定可调整进度的范围，主要指关键节点、后续工作的限制条件以及总工期允许变化的范围。这些限制条件往往与合同条件、自然因素和社会因素有关，需要认真分析后确定。

4) 采取措施调整进度计划

采取进度调整措施，应以后续工作和总工期的限制条件为依据，确保要求的进度目标得到实现。

5) 实施调整后的进度计划

计划调整之后，应采取相应的组织、经济、技术和管理措施执行，并继续监测其执行情况。

4.2　施工进度控制的常用方法

实际进度与计划进度的比较是建设工程进度监测的主要环节，常用的进度比较方法有横道图比较法、S 曲线比较法和前锋线比较法。

4.2.1　横道图比较法

横道图比较法是指将项目实施过程中检查实际进度收集到的数据，经加工整理后直接用横道线平行绘于原计划的横道线处，进行实际进度与计划进度的比较的方法。采用横道图比较法，可以形象、直观地反映实际进度与计划进度的比较情况。

1. 匀速进展横道图比较法

匀速进展是指在工程项目中，每项工作在单位时间内完成的任务量都是相等的，即工作的进展速度是均匀的。此时，每项工作累计完成的任务量与时间成线性关系。

采用匀速进展横道图比较法时，其步骤如下。

(1) 编制横道图进度计划。

(2) 在进度计划上标出检查日期。

(3) 将检查收集到的实际进度数据经加工整理后按比例用涂黑的粗线标于计划进度的下方，如图 4-3 所示。

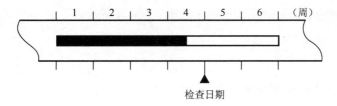

图 4-3　匀速进展横道图比较

(4) 对比分析实际进度与计划进度。

① 如果涂黑的粗线右端落在检查日期左侧，表明实际进度拖后。

② 如果涂黑的粗线右端落在检查日期右侧，表明实际进度超前。

③ 如果涂黑的粗线右端与检查日期重合，表明实际进度与计划进度一致。

需要强调的是，该方法仅适用于工作从开始到结束的整个过程中，其进展速度均为固定不变的情况。如果工作的进展速度是变化的，则不能采用这种方法进行实际进度与计划进度的比较，否则会得出错误的结论。

2. 非匀速进展横道图比较法

当工作在不同单位时间里的进展速度不相等时，累计完成的任务量与时间的关系就不可能是线性关系。此时，应采用非匀速进展横道图比较法进行工作实际进度与计划进度的比较。

非匀速进展横道图比较法在用涂黑粗线表示工作实际进度的同时，还要标出其对应时刻完成任务量的累计百分比，并将该百分比与其同时刻计划完成任务量的累计百分比相比较，判断工作实际进度与计划进度之间的关系。

采用非匀速进展横道图比较法时，其步骤如下。

(1) 绘制横道图进度计划。

(2) 在横道线上方标出各主要时间工作的计划完成任务量累计百分比。

(3) 在横道线下方标出相应时间工作的实际完成任务量累计百分比。

(4) 用涂黑粗线标出工作的实际进度，从开始之日标起，同时反映出该工作在实施工程中的连续与间断情况。

(5) 比较同一时刻实际完成任务量累计百分比和计划完成任务量累计百分比，判断工作实际进度与计划进度之间的关系。

① 如果同一时刻横道线上方累计百分比大于横道线下方累计百分比，表明实际进度拖

后，拖欠的任务量为二者之差。

② 如果同一时刻横道线上方累计百分比小于横道线下方累计百分比，表明实际进度超前，超前的任务量为二者之差。

③ 如果同一时刻横道线上、下方两个累计百分比相等，表明实际进度与计划进度一致。

由于工作进展速度是变化的，因此图中的横道线无论是计划的还是实际的，只能表示工作的开始时间、完成时间和持续时间，并不表示计划完成的任务量和实际完成的任务量。此外，采用非匀速进展图比较法，不仅可以进行某一时刻(如检查日期)实际进度与计划进度的比较，而且还能进行某一时间段实际进度与计划进度的比较。当然，这需要实施部门按规定的时间记录当时的任务完成情况。

例如，某编制的非匀速进展横道图比较图如图 4-4 所示。

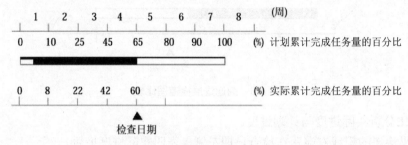

图 4-4　非匀速进展横道图比较

图 4-4 所反映的信息：横道线上方标出的土方开挖工作每周计划完成任务量的百分比分别为 10%、15%、20%、20%、15%、10%、10%；计划累计完成任务量的百分比分别为 10%、25%、45%、65%、80%、90%、100%；横道线下方标出第 1 周至检查日期第 4 周每周实际完成任务量的百分比分别为 8%、14%、20%、18%；实际累计完成任务量的百分比分别为 8%、22%、42%、60%；每周实际进度百分比分别为拖后 2%、拖后 1%、正常、拖后 2%；各周累计拖后分别为 2%、3%、3%、5%。

横道图比较法比较简单、形象直观、易于掌握、使用方便，但由于其以横道计划为基础，因而带有不可克服的局限性。在横道计划中，各项工作之间的逻辑关系表达不明确，关键工作和关键线路无法确定，一旦某些工作实际进度出现偏差时，难以预测其对后续工作和工程总工期的影响，也就难以确定相应的进度计划调整方法。因此，横道图比较法主要用于工程项目中某些工作实际进度与计划进度的局部比较。

4.2.2　S 曲线比较法

S 曲线比较法是以横坐标表示时间，纵坐标表示累计完成任务量，绘制一条按计划时间累计完成任务量的 S 曲线，然后将工程项目实施过程中各检查时间实际累计完成任务量的 S 曲线也绘制在同一坐标系中，进行实际进度与计划进度比较的一种方法。

从整个工程项目实际进展全过程来看，单位时间投入的资源量一般是开始和结束时较少，中间阶段较多。与其相对应，单位时间完成的任务量也呈同样的变化规律，如图 4-5 所示。随工程进展累计完成的任务量则应呈 S 形变化，如图 4-6 所示。由于其形似英文字母"S"，因而得名 S 曲线，S 曲线可以反映整个工程项目进度的快慢信息。

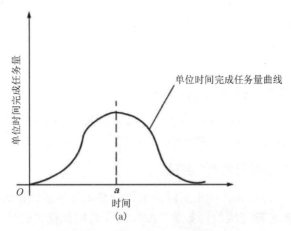

图 4-5　单位时间完成任务量曲线

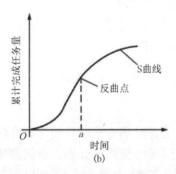

图 4-6　时间与累计完成任务量关系曲线

同横道图比较法一样，S 曲线比较法也是在图上进行工程项目实际进度与计划进度的直观比较。在工程项目实施过程中，按照规定时间将检查收集到的实际累计完成任务量绘制在原计划 S 曲线图上，即可得到实际进度 S 曲线，如图 4-7 所示。通过比较实际进度 S 曲线和计划进度 S 曲线，可以获得如下信息。

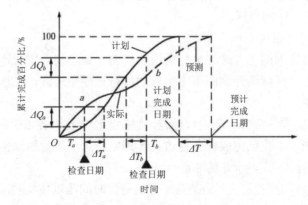

图 4-7　S 曲线比较图

1. 工程项目的实际进展状况

如果工程实际进展点落在计划 S 曲线左侧，表明此时实际进度比计划进度超前，如

图 4-7 中的 a 点；如果工程实际进展点落在计划 S 曲线右侧，表明此时实际进度拖后，如图 4-7 中的 b 点；如果工程实际进展点正好落在计划 S 曲线上，则表示此时实际进度与计划进度一致。

2. 工程项目实际进度超前或拖后的时间

在 S 曲线比较图中可以直接读出实际进度比计划进度超前或拖后的时间。如图 4-7 所示，ΔT_a 表示 T_a 时刻实际进度超前的时间；ΔT_b 表示 T_b 时刻实际进度拖后的时间。

3. 工程项目实际超额或拖欠的任务量

在 S 曲线比较图中也可直接读出实际进度比计划进度超额或拖欠的任务量。如图 4-7 所示，ΔQ_a 表示 T_a 时刻超额完成的任务量，ΔQ_b 表示 T_b 时刻拖欠的任务量。

4. 后期工程进度预测

如果后期工程按原计划速度进行，则可做出后期工程计划 S 曲线。如图 4-7 中虚线所示，从而可以确定工期拖延预测值 ΔT。

4.2.3 前锋线比较法

前锋线比较法是通过绘制某检查时刻工程项目实际进度前锋线，进行工程实际进度与计划进度比较的方法，它主要适用于时标网络计划。所谓前锋线，是指在原时标网络计划上，从检查时刻的时标点出发，用点画线依次将各项工作实际进展位置点连接而成的折线。前锋线比较法就是通过实际进度前锋线与原进度计划中各工作箭线交点的位置来判断工作实际进度与计划进度的偏差，进而判定该偏差对后续工作及总工期影响程度的一种方法。

采用前锋线比较法进行实际进度与计划进度的比较，其步骤如下。

1) 绘制时标网络计划图

工程项目实际进度前锋线在时标网络计划图上标示。为清楚起见，可在时标网络计划图的上方和下方各设一时间坐标。

2) 绘制实际进度前锋线

一般从时标网络计划图上方时间坐标的检查日期开始绘制，依次连接相邻工作的实际进展位置点，最后与时标网络计划图下方坐标的检查日期相连接。工作实际进展位置点的标定方法有以下两种。

(1) 按该工作已完成任务量比例进行标定：假设工程项目中各项工作均为匀速进展，根据实际进度检查时刻该工作已完成任务量占其计划完成总任务量的比例，在工作箭线上从左至右按相同的比例标定其实际进展位置点。

(2) 按尚需作业时间进行标定：当某些工作的持续时间难以按实物工程量来计算而只能凭经验估算时，可以先估算出检查时刻到该工作全部完成尚需作业的时间，然后在该工作箭线上从右向左逆向标定其实际进展位置点。

3) 进行实际进度与计划进度的比较

前锋线可以直观地反映出检查日期有关工作实际进度与计划进度之间的关系。对某项工作来说，其实际进度与计划进度之间的关系可能存在以下三种情况。

(1) 工作实际进展位置点落在检查日期的左侧，表明该工作实际进度拖后，拖后时间为二者之差。

(2) 工作实际进展位置点与检查日期重合，表明该工作实际进度与计划进度一致。

(3) 工作实际进展位置点落在检查日期的右侧，表明该工作实际进度超前，超前的时间为二者之差。

4) 预测进度偏差对后续工作及总工期的影响

通过实际进度与计划进度的比较确定进度偏差后，还可以根据工作的自由时差和总时差预测该进度偏差对后续工作及项目总工期的影响。由此可见，前锋线比较法既适用于工作实际进度与计划进度之间的局部比较，又可用来分析和预测工程项目整体进度状况。值得注意的是，以上比较是针对匀速进展的工作。

【案例 4.1】

某工程项目时标网络计划如图 4-8 所示。该计划执行到第 6 周末检查实际进度时，发现工作 A 和 B 已经全部完成，工作 D、E 分别完成计划任务量的 20% 和 50%，工作 C 尚需 3 周完成，试用前锋线法进行实际进度与计划的比较。

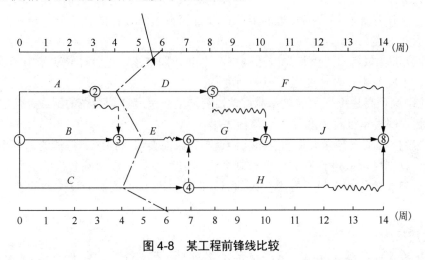

图 4-8 某工程前锋线比较

【解】根据第 6 周末实际进度的检查结果绘制前锋线，如图 4-8 中点画线所示。通过比较可以看出：

(1) 工作 D 实际进度拖后 2 周，将使其后续工作 F 的最早开始时间推迟 2 周，并使总工期延长 1 周。

(2) 工作 E 实际进度拖后 1 周，既不影响总工期，也不影响其后续工作的正常进行。

(3) 工作 C 实际进度拖后 2 周，使总工期延长 2 周，并将使其后续工作 G、H、J 的最早开始时间推迟 2 周。

由于工作 G、J 开始时间的推迟，从而使总工期延长 2 周。

综上所述，如果不采取措施加快进度，该工程项目的总工期将延长 2 周。

4.3　施工进度控制的措施和调整

4.3.1　进度控制措施

施工进度计划的控制措施包括组织措施、经济措施、技术措施和管理措施，其中最重要的措施是组织措施，最有效的措施是经济措施。

1. 组织措施

施工进度计划控制的组织措施包括以下内容。

(1) 系统的目标决定了系统的组织，组织是目标能否实现的决定性因素，因此应首先建立项目的进度控制目标体系。

(2) 充分重视健全项目管理的组织体系，在项目组织结构中应有专门的工作部门和符合进度控制岗位资格的专人负责进度控制工作。进度控制的主要工作环节包括进度目标的分析和论证、编制进度计划、定期跟踪进度计划的执行情况、采取纠偏措施，以及调整进度计划，这些工作任务和相应的管理职能应在项目管理组织设计的任务分工表和管理职能分工表中标示并落实。

(3) 建立进度报告、进度信息沟通网络、进度计划审核、进度计划实施中的检查分析、图纸审查、工程变更和设计变更管理等制度。

(4) 应编制项目进度控制的工作流程，如确定项目进度计划系统的组成，确定各类进度计划的编制程序、审批程序和计划调整程序等。

(5) 进度控制工作包含大量的组织和协调工作，而会议是组织和协调的重要手段，建立进度协调会议制度，应进行有关进度控制会议的组织设计，以明确会议的类型，各类会议的主持人及参加单位和人员，各类会议的召开时间、地点，各类会议文件的整理、分发和确认等。

2. 经济措施

施工进度计划控制的经济措施包括以下几方面。

(1) 为确保进度目标的实现，应编制与进度计划相适应的资源需求计划(资源进度计划)，包括资金需求计划和其他资源(人力和物力资源)需求计划，以反映工程实施的各时段所需要的资源。通过对资源需求的分析，可发现所编制的进度计划实现的可能性，若资源条件不具备，则应调整进度计划；同时考虑可能的资金总供应量、资金来源(自有资金和外来资金)以及资金供应的时间。

(2) 及时办理工程预付款及工程进度款支付手续。

(3) 在工程预算中应考虑加快工程进度所需要的资金，其中包括为实现进度目标将要采取的经济激励措施所需要的费用，如对应急赶工给予优厚的赶工费用及对工期提前给予奖励等。

(4) 对工程延误收取误期损失赔偿金。

3. 技术措施

施工进度计划控制的技术措施包括以下两方面。

(1) 不同的设计理念、设计技术路线、设计方案会对工程进度产生不同的影响。在设计工作的前期，特别是在设计方案评审和选用时，应对设计技术与工程进度的关系做分析比较。

(2) 采用技术先进和经济合理的施工方案，改进施工工艺和施工技术、施工方法，选用更先进的施工机械。

4. 管理措施

建设工程项目进度控制的管理措施涉及管理的思想、管理的方法、管理的手段、承发包模式、合同管理和风险管理等。在理顺组织关系的前提下，科学和严谨的管理显得十分重要。施工进度计划采取相应的管理措施时必须注意以下问题。

(1) 建设工程项目进度控制在管理观念方面存在的主要问题是：缺乏进度计划系统的观念，分别编制各种独立而互不联系的计划，形成不了计划系统；缺乏动态控制的观念，只重视计划的编制，而不重视及时地进行计划的动态调整；缺乏进度计划多方案比较和选优的观念。合理的进度计划应体现资源的合理使用、工作面的合理安排、有利于提高建设质量、有利于文明施工和有利于合理地缩短建设周期，因此对于建设工程项目进度控制必须有科学的管理思想。

(2) 用工程网络计划的方法编制进度计划必须很严谨地分析和考虑工作之间的逻辑关系，通过工程网络的计算可发现关键工作和关键路线，也可以知道非关键工作可利用的时差，工程网络计划的方法有利于实现进度控制的科学化，是一种科学的管理方法。

(3) 重视信息技术(包括相应的软件、局域网、互联网以及数据处理设备)在进度控制中的应用。虽然信息技术对进度控制而言只是一种管理手段，但它的应用有利于提高进度信息处理的效率，有利于提高进度信息的透明度，有利于促进进度信息的交流和项目各参与方的协同工作。

(4) 承发包模式的选择直接关系到工程实施的组织和协调。为了实现进度目标，应选择合理的合同结构，以避免过多的合同交界面而影响工程的进展。

(5) 加强合同管理和索赔管理，协调合同工期与进度计划的关系，保证合同中进度目标的实现，同时严格控制合同变更，尽量减少由于合同变更而引起的工程拖延。

(6) 为实现进度目标，不但应进行进度控制，还应注意分析影响工程进度的风险，并在分析的基础上采取风险管理措施，以减少进度失控的风险量。常见的影响工程进度的风险有组织风险、管理风险、合同风险、资源(包括人力、物力和财力)风险及技术风险等。

4.3.2　进度控制调整

在工程项目实施过程中，当通过实际进度与计划进度的比较发现有进度偏差时，应根据偏差对后续工作及总工期的影响，采取相应的调整方法或措施对原进度计划进行调整，以确保工期目标的顺利实现。

1. 分析进度偏差对后续工作及总工期的影响

进度偏差的大小及其所处的位置不同，对后续工作和总工期的影响程度是不同的，分析时需要利用网络计划中工作总时差和自由时差的概念进行判断。分析步骤如下。

1) 分析出现进度偏差的是否为关键工作

如果出现进度偏差的工作位于关键线路上，即该工作为关键工作，则无论其偏差有多大，都将对后续工作和总工期产生影响，必须采取相应的调整措施；如果出现偏差的工作是非关键工作，则需要根据进度偏差值与总时差和自由时差的关系做进一步分析。

2) 分析进度偏差是否超过总时差

如果工作的进度偏差大于该工作的总时差，则此进度偏差必将影响其后续工作和总工期，必须采取相应的调整措施；如果工作的进度偏差未超过该工作的总时差，则此进度偏差不影响总工期。至于对后续工作的影响程度，还需要根据偏差值与其自由时差的关系做进一步分析。

3) 分析进度偏差是否超过自由时差

如果工作的进度偏差大于该工作的自由时差，则此进度偏差将对其后续工作的最早开始时间产生影响，此时应根据后续工作的限制条件确定调整方法；如果工作的进度偏差未超过该工作的自由时差，则此进度偏差不影响后续工作，因此原进度计划可以不做调整。

2. 进度计划的调整方法

1) 缩短某些工作的持续时间

通过检查分析，如果发现原有进度计划已不能适应实际情况时，为了确保进度控制目标的实现或需要确定新的计划目标，就必须对原进度计划进行调整，以形成新的进度计划，作为进度控制的新依据。

这种方法的特点是不改变工作之间的先后顺序，通过缩短网络计划中关键线路上工作的持续时间来缩短工期，并考虑经济影响，其实质是一种工期费用优化。通常优化过程中需要采取一定的措施来达到目的，具体措施包括以下几方面。

(1) 组织措施，如增加工作面，组织更多的施工队伍；增加每天的施工时间(如采用三班制等)；增加劳动力和施工机械的数量等。

(2) 技术措施，如改进施工工艺和施工技术，缩短工艺技术间歇时间；采用更先进的施工方法，以减少施工过程的数量(如将现浇框方案改为预制装配方案)；采用更先进的施工机械，加快作业速度等。

(3) 经济措施，如实行包干奖励；提高奖金数额；对所采取的技术措施给予相应的经济补偿等。

(4) 其他配套措施，如改善外部配合条件；改善劳动条件；实施强有力的调度等。

一般来说，不管采取哪种措施，都会增加费用。因此，在调整施工进度计划时，应利用费用优化的原理选择费用增加量最小的关键工作作为压缩对象。

2) 改变某些工作间的逻辑关系

当工程项目实施中产生的进度偏差影响到总工期，且有关工作的逻辑关系允许改变时，不改变工作的持续时间，可以改变关键线路和超过计划工期的非关键线路上的有关工作之间的逻辑关系，以达到缩短工期的目的。例如，将顺序进行的工作改为平行作业，对于大型建设工程，由于其单位工程较多且相互间的制约比较小，可调整的幅度比较大，所以容易采用平行作业的方法调整施工进度计划。而对于单位工程项目，由于受工作之间工艺关系的限制，可调整的幅度比较小，所以通常采用搭接作业以及分段组织流水作业等方法来调整施工进度计划，从而有效地缩短工期。但不管是平行作业还是搭接作业，建设工程单位时间内的资源需求量都将会增加。

3）其他方法

除了分别采用上述两种方法来缩短工期外，有时由于工期拖延得太长，当采用某种方法进行调整，其可调整的幅度又受到限制时，还可以同时利用缩短工作持续时间和改变工作之间的逻辑关系等两种方法对同一施工进度计划进行调整，以满足工期目标的要求。

4.4　施工进度控制案例

在建设工程施工过程中，施工进度计划主要用来控制施工进度，同时也常应用于工期索赔和工期费用综合索赔方面。

4.4.1　工期索赔

在建设工程施工过程中，工期的延长分为工程延误和工程延期两种。虽然它们都是使工程拖期，但由于性质不同，因而业主与承包单位所承担的责任也不同。如果工期的延长是由于承包商的原因或承担责任的拖延，则属于工程延误，由此造成的一切损失由承包单位承担，承包单位需承担赶工的全部额外费用。同时，业主还有权对承包单位施行误期违约罚款。如果工期的延长是非承包商应承担的责任，则应属于工程延期，这样承包单位不仅有权要求延长工期，而且还有权向业主提出赔偿费用的要求，以弥补由此造成的额外损失，即可以进行工期索赔。因此，监理工程师是否将施工过程中工期的延长批准为工程延期、是否给予工期索赔或工期与费用同时索赔，对业主和承包单位都十分重要。

1. 工程延期的可能因素

(1) 不可抗力：是指合同当事人不能预见、不能避免并且不能克服的客观情况，如异常恶劣的气候、地震、洪水、爆炸、空中飞行物坠落等。

(2) 监理工程师发出工程变更指令导致工程量增加。

(3) 业主的要求，业主应承担的工作如场地、资料等提供延期以及业主提供的材料、设备有问题。

(4) 不利的自然条件，如地质条件的变化。

(5) 文物及地下障碍物。

(6) 合同所涉及的任何可能造成工程延期的原因，如延期交图、设计变更、工程暂停、对合格工程的破坏检查等。

2. 工程延期索赔成立的条件

(1) 合同条件。工程延期成立必须符合合同条件。导致工程拖延的原因确实属于非承包

商责任，否则不能认为是工程延期，这是工程延期成立的一条根本原则。

(2) 影响工期。发生工程延期的事件，还要考虑是否造成实际损失、是否影响工期。当这些工程延期事件处在施工进度计划的关键线路上，必将影响工期。当这些工程延期事件发生在非关键线路上，且延长的时间并未超过其总时差时，即使符合合同条件，也不能批准工程延期成立；若延长的时间超过总时差，则必将影响工期，应批准工程延期成立，工程延期的时间为某项拖延时间与其总时差的差值。

(3) 及时性原则。发生工程延期事件后，承包商应对延期事件发生后的各类有关细节进行记录，并按合同约定及时向监理工程师提交工程延期申请及相关资料，以便为合理确定工程延期时间提供可靠依据。

【案例 4.2】

某施工网络计划如图 4-9 所示，在施工过程中发生以下事件。

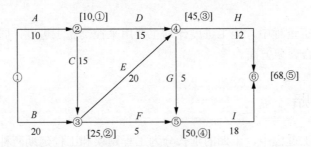

图 4-9　某工程施工计划

A 工作因业主原因晚开工 2 d。

B 工作承包商只用 18 d 便完成。

H 工作由于不可抗力影响晚开工 3 d。

G 工作由于工程师指令晚开工 5 d。

试问，承包商可索赔的工期为多少天？

【解】 (1) 求合同状态下的工期 T_c。利用网络计划的标号法可求得 $T_c = 68(d)$，如图 4-9 所示。

(2) 求可能状态下的工期 T_k。即求非承包商应承担责任干扰事件影响下的工期，如图 4-10 所示。

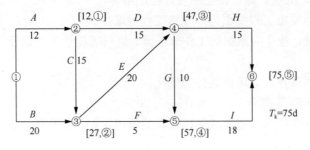

图 4-10　可能状态工期计算

由图上计算知，$T_k=75(d)$。

(3) 求 ΔT。

$$\Delta T = T_k - T_c = 75 - 68 = 7(d)$$

即承包商可索赔的工期为 7 d。

4.4.2 工期费用综合索赔

在施工管理过程中，承包商不仅可以利用进度计划进行工期索赔，而且可以利用进度计划进行费用索赔及要求业主给予提前竣工奖等补偿。利用进度计划进行工期费用综合索赔的具体方法及步骤可以参考以下示例。

【案例 4.3】

某施工单位与业主按 GF—1999—0201 合同签订施工承包工程合同，施工进度计划得到监理工程师的批准，如图 4-11 所示(单位：d)。

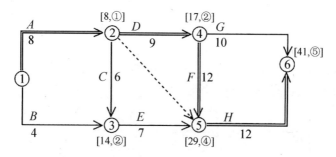

图 4-11　某进度计划

施工中，A、E 使用同一种机械，其台班费为 500 元/台班，折旧(租赁)费为 300 元/台班，假设人工工资为 40 元/工日，窝工费为 20 元/工日。合同规定提前竣工奖为 1000 元/d，延误工期罚款 1500 元/d(各工作均按最早时间开工)。

施工中发生了以下情况。

(1) A 工作由于业主原因晚开工 2 d，致使 11 人在现场停工待命，其中 1 人是机械司机。

(2) C 工作原工程量为 100 个单位，相应合同价为 2000 元，后设计变更工程量增加了 100 个单位。

(3) D 工作承包商只用了 7 d。

(4) G 工作由于承包商原因晚开工 1 d。

(5) H 工作由于不可抗力原因增加 4 d 作业时间，场地清理用了 20 工日。

问在此计划执行中，承包商可索赔的工期和费用各为多少？

【解】

1) 工期顺延计算

(1) 合同工期计算如图 4-12 所示，$T_c = 41(d)$。

(2) 可能状态下的工期 A 作业持续时间：8 + 2 = 10(d)；C 工作持续时间：6 + 6 = 12(d)；H 工作持续时间：12 + 4 = 16(d)；计算如图 4-12 所示，可能状态下工期为 $T_k = 45$ d。

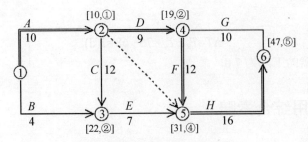

图 4-12 可能状态下的工期计算

(3) 可索赔工期为：47-41 = 6(d)。

2) 费用索赔(或补偿)的计算

(1) A 工作：(11-1)×20 + 2×300 = 1000(元)

(2) C 工作：$2000 \times \dfrac{100}{100} = 2000$(元)

(3) 清场费：20×40 = 800(元)

(4) 机械闲置的增加：按原合同计划，闲置时间为 14-8 = 6(d)。考虑了非承包商的原因闲置时间：22-10 = 12(d)。

增加闲置时间：12 - 6 = 6(d)；费用补偿：6×300 = 1800(元)。

3) 实际状态的工期计算如图 4-13 所示。

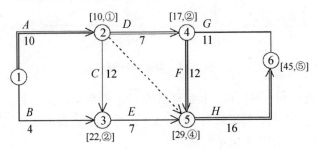

图 4-13 实际状态的工期计算

实际状态工期为 $t = 45$(d)。

$\Delta t = t - T_k = 45 - 47 = -2$，小于零，说明工期提前。提前奖：2×1000=2000(元)，所以可索赔及奖励的费用补偿为：1000+2000+800+1800+2000=7600(元)。

思考与练习

1. 简述施工进度监测的系统过程。

2. 建设工程实际进度与计划进度的比较方法有哪些？各有什么特点？

3. 通过比较实际进度 S 曲线和计划进度 S 曲线，可以获得哪些信息？

4. 施工进度计划的控制措施有哪些方面？各方面的主要内容有哪些？

5. 如何分析进度偏差对后续工作及总工期的影响？

第 5 章   施工组织总设计

本章导读

施工组织总设计(也称施工总体规划),是以整个建设项目或群体工程为对象编制的,是整个建设项目或群体工程施工准备和施工的全局性、指导性文件。本章概述了施工组织总设计编制的程序及依据;施工部署的主要内容;施工总进度计划编制的原则、步骤和方法;暂设工程的组织;施工总平面图设计的原则、步骤和方法;施工组织总设计的评价方法。

学习目标

◆ 了解施工组织总设计(也称施工总体规划)的编制原则、依据和内容。

◆ 了解并能根据相关资料编写具有一定深度的施工组织总设计。

◆ 熟悉施工总进度计划编制的原则、步骤和方法。

◆ 熟悉施工总平面图设计的原则、步骤和方法。

◆ 掌握暂设工程的组织方法。

5.1   施工组织总设计编制的原则、依据及内容

5.1.1   施工组织总设计编制的原则

编制施工组织总设计应遵循以下基本原则。

(1) 严格遵守工期定额和合同规定的工程竣工及交付使用期限。总工期较长的大型建设项目,应根据生产的需要,安排分期分批建设、配套投产或交付使用,从实质上缩短工期,尽早地发挥建设投资的经济效益。

在确定分期分批施工的项目时,必须注意使每期交工的一套项目都可以独立地发挥效用,使主要的项目同有关的附属辅助项目同时完工,以便完工后可以立即交付使用。

(2) 合理安排施工程序与顺序。建筑施工有其本身的客观规律,按照反映这种规律的程序组织施工,能够保证各项施工活动相互促进、紧密衔接,避免不必要的重复工作,加快施工速度,缩短工期。

(3) 贯彻多层次技术结构的技术政策,因时因地制宜地促进技术进步和建筑工业化的

发展。

(4) 从实际出发，做好人力、物力的综合平衡，组织均衡施工。

(5) 尽量利用正式工程、原有或就近的已有设施，以减少各种暂设工程；尽量利用当地资源，合理安排运输、装卸与储存作业，减少物资运输量，避免二次搬运；精心进行场地规划布置，节约施工用地，不占或少占农田，防止施工事故，做到文明施工。

(6) 实施目标管理。编制施工组织总设计的过程，也就是提出施工项目目标及实现办法的规划过程。因此，必须遵循目标管理的原则，使目标分解得当，决策科学，实施有法。

(7) 与施工项目管理相结合。进行施工项目管理，必须事先进行规划，使管理工作按规划有序地进行。施工项目管理规划的内容应在施工组织总设计的基础上进行扩展，使施工组织总设计不仅服务于施工和施工准备，而且服务于经营管理和施工管理。

5.1.2　施工组织总设计的编制依据

为了保证施工组织总设计的编制工作顺利进行和提高其编制水平及质量，使施工组织总设计更能结合实际、切实可行，并能更好地发挥其指导施工安排、控制施工进度的作用，应以如下资料作为编制依据。

1. 计划批准文件及有关合同的规定

如国家(包括国家计委及部、省、市计委)或有关部门批准的基本建设或技术改造项目的计划、可行性研究报告、工程项目一览表、分批分期施工的项目和投资计划；建设地点所在地区主管部门有关批件；施工单位上级主管部门下达的施工任务计划；招投标文件及签订的工程承包合同中的有关施工要求的规定；工程所需材料、设备的订货合同以及引进材料、设备的供货合同等。

2. 设计文件及有关规定

如批准的初步设计或扩大初步设计、设计说明书、总概算或修正总概算和已批准的计划任务书等。

3. 建设地区的工程勘察资料和调查资料

勘察资料的范围主要包括地形、地貌、水文、地质、气象等自然条件。

调查资料主要有可能为建设项目服务的建筑安装企业、预制加工企业的人力、设备、技术与管理水平等情况，工程材料的来源与供应情况、交通运输情况以及水电供应情况等建设地区的技术经济条件和当地政治、经济、文化、科技、宗教等社会调查资料。

4. 现行的规范、规程和有关技术标准

现行的规范、规程和有关技术标准主要有施工及验收规范、质量标准、工艺操作规程、HSE 强制标准、概算指标、概预算定额、技术规定和技术经济指标等。

5. 类似资料

类似资料如类似、相似或近似建设项目的施工组织总设计实例、施工经验的总结资料

及有关的参考数据等。

5.1.3　施工组织总设计的内容

根据工程性质、规模、建筑结构的特点、施工的复杂程度和施工条件的不同，施工组织总设计的内容也有所不同，但一般应包括以下主要内容。

(1) 工程概况。

(2) 施工部署和主要工程项目施工方案。

(3) 施工总进度计划。

(4) 施工准备工作计划。

(5) 施工资源需要量计划。

(6) 施工总平面图。

(7) 主要技术组织措施。

(8) 主要技术经济指标。

施工组织总设计是整个工程项目或群体建筑全面性和全局性的指导施工准备和组织施工的技术文件，通常应该遵循如图 5-1 所示的编制程序。

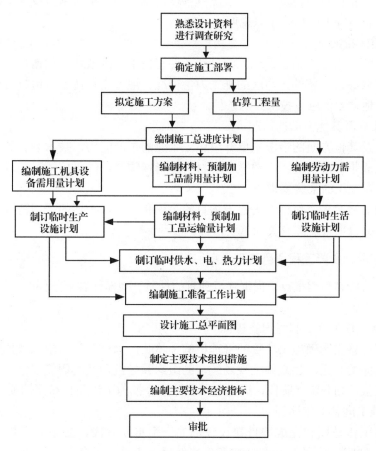

图 5-1　施工组织总设计编制程序框图

5.2 施工组织部署及计划安排

5.2.1 施工组织部署

施工部署是在充分了解工程情况、施工条件和建设要求的基础上，对整个建设工程进行全面安排和解决工程施工中的重大问题的方案，是编制施工总进度计划的前提。

1. 工程概况

施工组织设计中的工程概况，实际上是一个总的说明，是对拟建项目或建筑群体工程所做的一个简明扼要、重点突出的文字介绍。

1) 建设项目特点

建设项目特点主要介绍建设地点、工程性质、建设规模、总占地面积、总建筑面积、总工期、分期分批投入使用的项目及期限；主要工种工程量、设备安装及其吨位；总投资额、建筑安装工作量、工厂区与生活区的工程量；生产流程和工艺特点；建筑结构类型与特点、新技术与新材料的特点及应用情况等各项内容。为了更清晰地反映这些内容，也可以利用附图或表格等不同形式予以说明。

2) 建设地区特征

建设地区特征主要介绍建设地区的自然条件和技术经济条件，如地形、地貌、水文、地质和气象资料等自然条件，地区的施工力量情况、地方企业情况、地方资源供应情况、水电供应和其他动力供应等技术经济条件。

3) 施工条件及其他方面的情况

施工条件及其他方面的情况主要介绍施工企业的生产能力，技术装备和管理水平，市场竞争力和完成指标的情况，主要设备、材料、特殊物资等的供应情况，以及上级主管部门或建设单位对施工的某些要求等。

其他方面的情况主要包括有关建设项目的决议和协议，土地的征用范围、数量和居民搬迁时间等与建设项目实施有关的重要情况。

2. 施工部署和主要工程项目施工方案

施工部署的内容和侧重点，根据建设项目的性质、规模和客观条件的不同而有所不同。一般包括以下内容。

1) 明确施工任务分工和组织安排

施工部署应首先明确施工项目的管理机构、体制，划分各参与施工单位的任务，明确各承包单位之间的关系，建立施工现场统一的组织领导机构及其职能部门，确定综合的和专业的施工队伍，划分施工阶段，确定各单位分期分批的主攻项目和穿插项目。

2) 编制施工准备工作计划

施工准备工作是顺利完成项目建设任务的一个重要阶段，必须从思想上、组织上、技术上和物资供应等方面做好充分准备，并做好施工准备工作计划。其主要内容有以下几方面。

(1) 安排好场内外运输，施工用主干道，水、电来源及其引入方案。

(2) 安排好场地平整方案和全场性的排水、防洪。

(3) 安排好生产、生活基地。在充分掌握该地区情况和施工单位情况的基础上，规划混凝土构件预制，钢、木结构制品及其他构配件的加工，仓库及职工生活设施等。

(4) 安排好各种材料的库房、堆场用地和材料货源的供应及运输。

(5) 安排好冬、雨季施工的准备。

(6) 安排好场区内的宣传标志，为测量放线做准备。

3) 主要项目施工方案的拟订

施工组织总设计中要对一些主要工程项目和特殊的分项工程项目的施工方案予以拟订。这些项目通常是建设项目中工程量大、施工难度大、工期长、在整个建设项目中起关键作用的单位工程项目以及影响全局的特殊分项工程。其目的是为了进行技术和资源的准备工作，同时也为了施工进程的顺利开展和现场的合理布置。其内容应包括以下几方面。

(1) 施工方法。要求兼顾技术的先进性和经济的合理性。

(2) 工程量。对资源的合理安排。

(3) 施工工艺流程。要求兼顾各工种、各施工段的合理搭接。

(4) 施工机械设备。能使主导机械满足工程需要，又能发挥其效能，使各大型机械在各工程上进行综合流水作业，减少装、拆、运的次数，辅助配套机械的性能应与主导机械相适应。

其中，施工方法和施工机械设备应重点组织安排。

4) 确定工程开展程序

根据建设项目总目标的要求，确定合理的工程建设项目开展程序，主要考虑以下几个方面。

(1) 在保证工期的前提下，实行分期分批建设。这样，既可以使每一个具体项目迅速建成，尽早投入使用，又可在全局上取得施工的连续性和均衡性，以减少暂设工程数量，降低工程成本，充分发挥项目建设投资的效果。

一般大型工业建设项目(如冶金联合企业、化工联合企业等)都应在保证工期的前提下分期分批建设。这些项目的每一个车间都不是孤立的，它们分别组成若干个生产系统，在建造时，需要分几期施工，各期工程包括哪些项目，要根据生产工艺要求、建设部门要求、工程规模大小和施工难易程度、资金状况、技术资源情况等确定。同一期工程应是一个完整的系统，以保证各生产系统能够按期投入生产。例如，某大型发电厂工程，由于技术、资金、原料供应等原因，工程分两期建设。一期工程安装 2 台 20 万 kW 国产汽轮机组和各种与之相适应的辅助生产、交通、生活福利设施。建成后投入使用，两年之后再进行第二期工程建设，安装一台 60 万 kW 国产汽轮机组，最终形成 100 万 kW 的发电能力。

(2) 各类项目的施工应统筹安排，保证重点，确保工程项目按期投产。一般情况下，应优先考虑的项目包括以下几方面。

① 按生产工艺要求，需先期投入生产或起主导作用的工程项目。

② 工程量大，施工难度大，需要工期长的项目。

③ 运输系统、动力系统，如厂内外道路、铁路和变电站。

④ 供施工使用的工程项目，如各种加工厂、搅拌站等附属企业和其他为施工服务的临

时设施。

⑤ 生产上优先使用的机修、车库、办公及家属宿舍等生活设施。

(3) 一般工程项目均应按先地下后地上、先深后浅、先干线后支线的原则进行安排。例如，地下管线和筑路的程序，应先铺管线后筑路。

(4) 应考虑季节对施工的影响。例如，大规模土方和深基础土方施工一般要避开雨季，寒冷地区应尽量使房屋在入冬前封闭，在冬季转入室内作业和设备安装。

5.2.2 施工总进度计划安排

施工总进度计划是以拟建项目交付使用时间为目标而确定的控制性施工进度计划，它是控制整个建设项目的施工工期及其各单位工程施工期限和相互搭接关系的依据。正确地编制施工总进度计划，是保证各个系统以及整个建设项目如期交付使用、充分发挥投资效果、降低建筑成本的重要条件。

施工总进度计划一般按下述步骤进行。

1. 计算工程项目及全工地性工程的工程量

施工总进度计划主要起控制总工期的作用，因此在列工程项目一览表时，项目划分不宜过细。通常按分期分批投产顺序和工程开展顺序列出工程项目，并突出每个交工系统中的主要工程项目。一些附属项目及一些临时设施可以合并列出。

根据批准的总承建工程项目一览表，按工程开展程序和单位工程计算主要实物工程量。此时，计算工程量的目的是为了选择施工方案和主要的施工运输机械；初步规划主要施工过程和流水施工；估算各项目的完成时间；计算劳动力及技术物资的需要量。这些工程量只需粗略地计算即可。

计算工程量，可按初步(或扩大初步)设计图纸并根据各种定额手册进行计算。常用的定额、资料有以下几方面。

(1) 万元、十万元投资工程量，劳动力及材料消耗扩大指标。这种定额规定了某一种结构类型建筑每万元或每十万元投资中劳动力消耗数量、主要材料消耗量。根据图纸中的结构类型，即可估算出拟建工程分项需要的劳动力和主要材料消耗量。

(2) 概算指标和扩大结构定额。这两种定额都是预计定额的进一步扩大(概算指标是以建筑物的每 $100m^3$ 体积为单位；扩大结构定额是以每 $100m^2$ 建筑面积为单位)。

查定额时，分别按建筑物的结构类型、跨度、高度分类，查出这种建筑物按拟定单位所需的劳动力和各项主要材料的消耗量，从而推出拟计算项目所需要的劳动力和材料的消耗量。

(3) 已建房屋、构筑物的资料。在缺少定额手册的情况下，可采用已建类似工程实际材料和劳动力的消耗量，按比例估算。由于和拟建工程完全相同的已建工程是比较少见的，因此在利用已建工程的资料时，一般应进行必要的调整。

除建设项目本身外，还必须计算主要的全工地性工程的工程量，例如铁路及道路长度、地下管线长度、场地平整面积等，这些数据可以从建筑总平面图上求得。最后将按上述方法计算出的工程量填入统一的工程项目一览表，如表 5-1 所示。

表 5-1　工程项目一览表

工程分类	工程项目名称	结构类型	建筑面积/km²	栋数/个	概算投资/万元	主要实物工程量							
						场地平整/km²	土方工程/km³	铁路铺设/km	……	砖石工程/km³	钢筋混凝土工程/km³	装饰工程/km²	……
全工地性工程													
主体项目													
辅助项目													
永久住宅													
临时建筑													
合计													

2. 确定各单位工程(或单个建筑物)的施工期限

单位工程的工期可参阅工期定额(指标)予以确定。工期定额是根据我国各部门多年来的经验，经分析汇总而成。单位工程的施工期限与建筑类型、结构特征、施工方法、施工技术和管理水平以及现场的施工条件等因素有关，故确定工期时应予以综合考虑。

3. 确定单位工程的开工时间、竣工时间和相互搭接关系

在施工部署中已确定了总的施工程序和各系统的控制期限及搭接时间，但对每一建筑物何时开工、何时竣工尚未确定。解决这一问题时，主要考虑下述诸因素。

(1) 同一时期的开工项目不宜过多，以免人力、物力的分散。

(2) 尽量使劳动力和技术物资消耗量在全工程上均衡。

(3) 做到土建施工、设备安装和试生产之间在时间的综合安排上以及每个项目和整个建设项目的安排上比较合理。

(4) 确定一些次要工程作为后备项目，用以调剂主要项目的施工进度。

4. 编制施工总进度计划

施工总进度计划可以用横道图表示，也可以用网络图表示，用网络图表示时，应优先采用时标网络图。采用时标网络图比横道图更加直观、易懂、一目了然、逻辑关系明确，并能利用电子计算机进行编制、调整、优化、统计资源消耗数量、绘制并输出各种图表，因此应广泛地推广使用。

由于施工总进度计划只是起控制各单位工程或各分部工程的开工时间、竣工时间的作用，因此不必过细，以单位工程或分部工程作为施工项目名称即可，否则会给计划的编制和调整带来不便。

施工总进度计划的绘制步骤是：首先，根据施工项目的工期和相互搭接时间，编制施工总进度计划的初步方案；其次，在进度计划的下面绘制投资、工作量、劳动力等主要资源消耗动态曲线图，并对施工总进度计划进行综合平衡、调整，使之趋于均衡；最后，绘

制成正式的施工总进度计划。施工总进度计划可参照表 5-2。

表 5-2　施工总进度计划

序号	施工项目	建筑指标		设备安装指标/t	总劳动量/工日	施工总进度							
		单位	数量			第一年				第二年			
						1	2	3	4	1	2	3	4

5.3　施工总平面图设计

施工总平面图是在拟建项目施工场地范围内，按照施工布置和施工总进度计划的要求，将拟建项目和各种临时设施进行合理部署的总体布置图，是施工组织总设计的重要内容，也是现场文明施工、节约施工用地、减少各种临时设施数量、降低工程费用的先决条件。

5.3.1　施工总平面图的设计内容、原则及资料

1. 内容

施工总平面图一般包含以下内容。

(1) 建设项目的建筑总平面图上一切地上、地下的已有和拟建建筑物、构筑物以及其他设施的位置和尺寸。

(2) 一切为全工地施工服务的临时设施的布置位置，包括以下几方面。

① 施工用地范围、施工用道路。

② 加工厂及有关施工机械的位置。

③ 各种材料仓库、堆场及取土弃土的位置。

④ 办公、宿舍、文化福利设施等建筑的位置。

⑤ 水源、电源、变压器、临时给水排水管线、通信设施、供电线路及动力设施的位置。

⑥ 机械站、车库的位置。

⑦ 一切安全、消防设施的位置。

(3) 永久性及半永久性坐标位置、取土弃土的位置。

2. 原则

施工总平面图设计的总原则是：平面紧凑合理，方便施工流程，运输方便通畅，降低临建费用，便于生产生活，保护生态环境，保证安全可靠。其具体内容包括以下几方面。

(1) 平面紧凑合理是指少占农田，减少施工用地，充分调配各方面的布置位置，使其合理有序。

(2) 方便施工流程是指施工区域的划分应尽量减少各工种之间的相互干扰，充分调配人力、物力和场地，保持施工均衡、连续、有序。

（3）运输方便畅通是指合理组织运输，减少运输费用，保证水平运输和垂直运输畅通无阻，保证不间断施工。

（4）降低临建费用是指充分利用现有的建筑，作为办公、生活福利等用房，尽量少建临时性设施。

（5）便于生产生活是指尽量为生产工人提供方便的生产生活条件。

（6）保护生态环境是指需要注意保护施工现场及周围环境，如能保留的树木应尽量保留，对文物及有价值的物品应采取保护措施，对周围的水源不应造成污染，垃圾、废土、废料、废水不随便乱堆、乱放、乱泄等，做到文明施工。

（7）保证安全可靠是指安全防火、安全施工，尤其不要出现影响人身安全的事故。

3. 资料

（1）设计资料，包括建筑总平面图，地形地貌图，区域规划图，建设项目范围内有关的一切已有的和拟建的各种地上、地下设施及位置图。

（2）建设地区资料，包括当地的自然条件和经济技术条件，当地的资源供应状况和运输条件等。

（3）建设项目的建设概况，包括施工方案、施工进度计划，以便了解各施工阶段的情况，合理地规划施工现场。

（4）物资需求资料，包括建筑材料、构件、加工品、施工机械、运输工具等物资的需要量表，以规划现场内部的运输线路和材料堆场等位置。

（5）各构件加工厂、仓库、临时性建筑的位置和尺寸。

5.3.2　施工总平面图的设计步骤

1. 运输线路的布置

设计全工地性的施工总平面图，首先应解决大宗材料进入工地的运输方式。比如，铁路运输需将铁轨引入工地；水路运输需考虑增设码头、仓储和转运问题；公路运输需考虑运输路线的布置问题等。

1）铁路运输

一般大型工业企业都设有永久性铁路专用线，通常提前修建，以便为工程项目施工服务。由于铁路的引入，将严重影响场内施工的运输和安全，因此一般先将铁路引到工地两侧，当整个工程进展到一定程度，工程可分为若干个独立施工区域时，才可以把铁路引到工地中心区。此时，铁路对每个独立的施工区都不应有干扰，应位于各施工区的外侧。

2）水路运输

当大量物资由水路运输时，就应充分利用原有码头的吞吐能力。当原有码头吞吐能力不足时，应考虑增设码头，其码头的数量不应少于 2 个，且宽度应大于 2.5 m，一般用石或钢筋混凝土结构建造。

一般码头距工程项目施工现场有一定距离，故应考虑在码头修建仓储库房以及考虑从码头到工地的运输问题。

3) 公路运输

当大量物资由公路运进现场时，由于公路布置较为灵活，一般将仓库、加工厂等生产性临时设施布置在最方便、最经济合理的地方，而后再布置通向场外的公路线。

2. 仓库与材料堆场的布置

仓库与材料堆场的布置通常考虑设置在运输方便、位置适中、运距较短并且安全防火的地方，并应区别不同材料、设备和运输方式来设置。

仓库和材料堆场的布置应考虑下列因素。

(1) 尽量利用永久性仓储库房，以便节约成本。

(2) 仓库和堆场位置距离使用地应尽量接近，以减少二次搬运的工作。

(3) 当有铁路时，尽量布置在铁路线旁边，并且留够装卸前线，而且应设在靠工地一侧，避免内部运输跨越铁路。

(4) 根据材料用途设置仓库和材料堆场。

砂、石、水泥等应在搅拌站附近；钢筋、木材、金属结构等应在相应的加工厂附近；油库、氧气库等应布置在相对僻静、安全的地方；设备尤其是笨重设备应尽量在车间附近；砖、瓦和预制构件等直接使用材料应布置在施工现场，吊车控制半径范围之内的区域。

3. 加工厂布置

加工厂一般包括混凝土搅拌站、构件预制厂、钢筋加工厂、木材加工厂、金属结构加工厂等。布置这些加工厂时主要考虑的问题是：来料加工和成品、半成品运往需要地点的总运输费用最小；加工厂的生产和工程项目的施工互不干扰。

(1) 搅拌站布置。根据工程的具体情况可采用集中、分散或集中与分散相结合三种方式布置。当现浇混凝土量大时，宜在工地设置现场混凝土搅拌站；当运输条件好时，采用集中搅拌最有利；当运输条件较差时，则宜采用分散搅拌。

(2) 预制构件加工厂布置。一般建在空闲区域，既能安全生产，又不影响现场施工。

(3) 钢筋加工厂。根据不同情况，采用集中或分散布置。对于冷加工、对焊、点焊的钢筋网等宜集中布置；设置中心加工厂，其位置应靠近构件加工厂；对于小型加工件，利用简单机具即可加工的钢筋，可在靠近使用地分散设置加工棚。

(4) 木材加工厂。根据木材加工的性质、加工的数量，选择集中布置或分散布置。一般原木加工批量生产的产品等加工量大的应集中布置在铁路、公路附近，简单的小型加工件可分散布置在施工现场，搭设几个临时加工棚。

(5) 金属结构、焊接、机修等车间的布置，由于相互之间在生产上联系密切，应尽量集中布置在一起。

4. 布置内部运输道路

根据各加工厂、仓库及各施工对象的相对位置，对货物周转运行图进行反复研究，区分主要道路和次要道路，进行道路的整体规划，以保证运输畅通、车辆行驶安全、节省造价。在布置内部运输道路时应考虑以下几方面。

(1) 尽量利用拟建的永久性道路。将它们提前修建或先修路基，铺设简易路面，项目完成后再铺路面。

(2) 保证运输畅通。道路应设两个以上的进出口，避免与铁路交叉，一般厂内主干道应设成环形。主干道应为双车道，宽度不小于 6 m；次要道路为单车道，宽度不小于 3 m。

(3) 合理规划拟建道路与地下管网的施工顺序。在修建拟建永久性道路时，应考虑道路下的地下管网，避免将来重复开挖，尽量做到一次性到位，节约投资。

5. 消防要求

根据工程防火要求，应设立消防站，一般设置在易燃建筑物(如木材、仓库等)附近，并须有通畅的出口和消防车道，其宽度不宜小于 6 m，与拟建房屋的距离不得大于 25 m，也不得小于 5 m；沿道路布置消火栓时，其间距不得大于 10 m，消火栓到路边的距离不得大于 2 m。

6. 行政与生活临时设施设置

1) 临时性房屋设置原则

临时性房屋一般有办公室、汽车库、职工休息室、开水房、浴室、食堂、商店、俱乐部等，布置时应考虑以下几方面。

(1) 全工地性管理用房(办公室、门卫等)应设在工地入口处。

(2) 工人生活福利设施(商店、俱乐部、浴室等)应设在工人较集中的地方。

(3) 食堂可布置在工地内部或工地与生活区之间。

(4) 职工住房应布置在工地以外的生活区，一般以距工地 500～1000 m 为宜。

2) 办公及福利设施的规划与实施

在工程项目建设中，办公及福利设施的规划应根据工程项目建设中的用人情况来确定。

(1) 确定人员数量。一般情况下，直接生产工人(基本工人)数用下式计算：

$$R = n \frac{T}{t} \times K_2 \tag{5-1}$$

式中：R——需要工人数

n——直接生产的基本工人数；

T——工程项目年(季)度所需总工作日；

t——年(季)度有效工作日；

K_2——年(季)度施工不均衡系数，取 1.1～1.2。

家属视工地情况而定，工期短、距离近的家属少安排一些，工期长、距离远的家属多安排一些。

(2) 确定办公及福利设施的临时建筑面积。当工地人员确定后，可按实际人数确定建筑面积。

$$S = N \times P \tag{5-2}$$

式中：S——建筑面积(m^2)；

N——工地人员实际数；

P——建筑面积指标。

7. 工地临时供水系统的设置

设置临时性水电管网时，应尽量利用可用的水源、电源。一般排水干管和输电线沿主干道布置；水池、水塔等储水设施应设在地势较高处；总变电站应设在高压电入口处；消防站应布置在工地出入口附近，消火栓沿道路布置；过冬的管网要采取保温措施。

工地用水主要有三种类型：生活用水、生产用水和消防用水。工地供水确定的主要内容有：确定用水量、选择水源、设计配水管网。

1) 确定用水量

(1) 生产用水。生产用水包括工程施工用水和施工机械用水。

施工工程用水量按下式计算：

$$q_1 = k_1 \sum \frac{Q_1 N_1}{T_1 b} \times \frac{K_2}{8 \times 3600} \qquad (5\text{-}3)$$

式中：q_1——施工工程用水量(L/s)；

K_1——未预见的施工用水系数(1.05~1.15)；

Q_1——年(季)度工程量(以实物计量单位表示)；

N_1——施工用水定额；

T_1——年(季)度有效工作日(d)；

b——每天工作班数(次)；

K_2——用水不均衡系数。

施工机械用水量按下式计算：

$$q_2 = K_1 \sum Q_2 \times N_2 \times \frac{K_3}{8 \times 3600} \qquad (5\text{-}4)$$

式中：q_2——施工机械用水量(L/s)；

K_1——未预见施工用水系数(1.05~1.15)；

Q_2——同种机械台数(台)；

N_2——用水定额；

K_3——用水不均衡系数。

(2) 生活用水量。生活用水量包括现场生活用水和生活区生活用水。

施工现场生活用水量按下式计算：

$$q_3 = \frac{P_1 \times N_3 \times K_4}{b \times 3 \times 3600} \qquad (5\text{-}5)$$

式中：q_3——生活用水量(L/s)；

P_1——高峰人数(人)；

N_3——生活用水定额，视当地气候、工种而定，一般取 100~120 L/(人·昼夜)；

K_4——生活用水不均衡系数；

b——每天工作班数(次)。

生活区生活用水量按下式计算：

$$q_4 = \frac{P_2 \times N_4 \times K_5}{24 \times 3600} \qquad (5\text{-}6)$$

式中：q_4——生活区生活用水量(L/s)；

P_2——居民人数(人)；

N_4——生活用水定额；

K_5——用水不均衡系数。

(3) 消防用水量。消防用水量 q_5 包括居民生活区消防用水和施工现场消防用水，应根据工程项目的大小及居住人数的多少来确定。

(4) 总用水量。由于生产用水、生活用水和消防用水不同时使用，日常只有生产用水和生活用水，消防用水是在特殊情况下产生的，故总用水量不能简单地将几项相加，而应考虑有效组合，既要满足生产用水和生活用水，又要有消防储备。一般可分为以下三种组合。

当 $q_1+q_2+q_3+q_4 \leqslant q_5$ 时，取 $Q=\dfrac{1}{2}(q_1+q_2+q_3+q_4)$

当 $q_1+q_2+q_3+q_4 > q_5$ 时，取 $Q=q_1+q_2+q_3+q_4$

当工地面积小于 5 公顷，并且 $q_1-q_2+q_3+q_4 < q_5$ 时，取 $Q=q_5$。

当总用水量 Q 确定后，还应增加 10%，以补偿不可避免的水管漏水等损失，则：

$$Q_\text{总}=1.1Q$$

2) 水源选择和确定供水系统

(1) 水源选择。

工程项目工地临时供水水源的选择，有供水管道供水和天然水源供水两种方式。最好的方式是采用附近居民区现有的供水管道供水，只有当工地附近没有现成的供水管道或现成的供水管道无法使用以及供水量难以满足施工要求时，才使用天然水源供水(如江、河、湖、井等)。

选择水源应考虑的因素有：水量是否充足、可靠，能否满足最大需求量的要求；能否满足生活饮用水、生产用水的水质要求；取水、输水、净水设施是否安全、可靠；施工、运转、管理和维护是否方便。

(2) 确定供水系统。

供水系统由取水设施、净水设施、储水构筑物、输水管道、配水管道等组成。通常情况下，综合工程项目的首建工程应是永久性供水系统，只有在工程项目的工期紧迫时，才修建临时供水系统，如果已有供水系统，可以直接从供水源接输水管道。

(3) 确定取水设施。

取水设施一般由取水口、进水管和水泵组成。取水口距河底(或井底)一般不小于 0.25～0.9 m，在冰层下部边缘的距离不小于 0.25 m。给水工具一般使用离心泵、隔膜泵和活塞泵三种。所用的水泵应具有足够的抽水能力和扬程。

(4) 确定贮水构筑物。

贮水构筑物一般有水池、水塔和水箱。在临时供水时，如水泵不能连续供水，需设置贮水构筑物，其容量由每小时消防用水量决定，但不得少于 10～20 m³。贮水构筑物的高度应根据供水范围、供水对象位置及水塔本身位置来确定。

(5) 确定供水管径。

供水管径的计算公式如下：

$$D=\sqrt{\frac{4Q \times 1000}{\pi \times v}} \tag{5-7}$$

式中：D——配水管内径；

Q——用水量(L/s)；

v——管网中水流速度(m/s)。

根据已确定的管径和水压的大小，可选择配水管，一般干管为钢管或铸铁管，支管为钢管。

8. 工地临时供电系统的布置

工地临时供电的组织包括：用电量的计算、电源的选择、确定变压器、配电线路设置和导线截面面积的确定。

1) 工地总用电量的计算

施工现场用电一般可分为动力用电和照明用电。在计算用电量时，应考虑以下因素。

(1) 全工地动力用电功率。

(2) 全工地照明用电功率。

(3) 施工高峰用电量。工地总用电量按下式计算：

$$P = 1.05 \sim 1.10 \left(K_1 \frac{\sum P_1}{\cos\phi} + K_2 \sum P_2 + K_3 \sum P_3 + K_4 \sum P_4 \right) \tag{5-8}$$

式中：P——供电设备总需要容量(kW)；

$\quad\quad P_1$——电动机额定功率(kW)；

$\quad\quad P_2$——电焊机额定功率(kW)；

$\quad\quad P_3$——室内照明容量(kW)；

$\quad\quad P_4$——室外照明容量(kW)；

$\quad\quad \cos\phi$——电动机的平均功率因数(在施工现场最高为 0.75～0.78，一般为 0.65～0.75)；

$\quad\quad K_1$、K_2、K_3、K_4——需求系数。

其他机械动力设备以及工具用电可参考有关定额。

由于照明用电量远小于动力用电量，故当单班施工时，其用电总量可以不考虑照明用电。

2) 电源选择的几种方案

(1) 完全由工地附近的电力系统供电。

(2) 若工地附近的电力系统数量不足，工地需增设临时电站以补充不足部分。

(3) 如果工地属于新开发地区，附近没有供电系统，则应由工地自备临时动力设施供电。

根据实际情况确定供电方案。一般情况下是将工地附近的高压电网引入工地的变压器进行调配。其变压器功率可按下式计算：

$$P = K \left(\frac{\sum P_{max}}{\cos\phi} \right) \tag{5-9}$$

式中：P——变压器的功率(kW)；

$\quad\quad K$——功率损失系数，取 1.05；

$\quad\quad \sum P_{max}$——各施工区的最大计算负荷(kW)；

$\quad\quad \cos\phi$——功率因数。

根据计算结果，应选取略大于该结果的变压器。

3) 选择导线截面

导线的自身强度必须能防止受拉或机械性损伤而折断，导线还必须耐受因电流通过而产生的温升，导线还应使得电压损失在允许范围之内，这样导线才能正常传输电流，保证各方用电的需要。

选择导线应考虑如下因素。

(1) 按机械强度选择。

导线在各种敷设方式下，应按其强度需要，保证必需的最小截面，以防拉折而断。可根据有关资料进行选择。

(2) 按照允许电压降选择。

导线满足所需要的允许电压，其本身引起的电压降必须限制在一定范围内。导线承受负荷电流长时间通过所引起的温升，其自身电阻越小越好，使电流通畅，温度则会降低。因此，导线的截面是关键因素，可由下式计算：

$$S = \frac{\sum P \times L}{C \times \varepsilon} \tag{5-10}$$

式中：S——导线截面面积(mm^2)；

　　　P——负荷电功率或线路输送的电功率(kW)；

　　　L——输送电线路的距离(m)；

　　　C——系数，视导线材料、送电电压及调配方式而定，参考表 5-3；

　　　ε——容许的相对电压降(即线路的电压损失%)，一般为 2.5%～5%。其中：照明电路中容许电压降不应超过 2.5%～5%；电动机电压降不应超过±5%，临时供电可到±8%。

表 5-3　按允许电压降计算时的 C 值

线路额定电压/V	线路系统及电流种类	系数 C 值铜线	系数 C 值铝线
380/220	三相四线	77.00	46.30
220		12.80	7.75
110		3.20	1.90
36		0.34	0.21

以上三个条件选择的导线，取截面面积最大的作为现场使用的导线，通常导线的选取先根据计算负荷电流的大小来确定，而后根据其机械强度和允许电压损失值进行复核。

(3) 负荷电流的计算。三相四线制线路上的电流可按下式计算：

$$I = \frac{P}{\sqrt{3} \times V \times \cos\phi} \tag{5-11}$$

式中：I——电流值(A)；

　　　P——功率(W)；

　　　V——电压(V)；

　　　$\cos\phi$——功率因素。

导线制造厂家根据导线的容许温升，制定了各类导线在不同敷设方式下的持续容许电流值，在选择导线时，导线中的电流不得超过此值。

9. 施工总平面图设计方法综述

综上所述，外部交通、仓库、加工厂、内部道路、临时房屋、水电管网等布置应系统考虑，多种方案进行比较，当确定之后采用标准图绘制在总平面图上，比例一般为 1：1000 或 1：2000。如图 5-2 所示是某个工程项目的施工总平面图。应该指出，上述各设计步骤不是截然分开各自孤立进行的，而是相互联系、相互制约的，需要综合考虑、反复修正才能确定下来。当有几种方案时，还应进行方案比较。

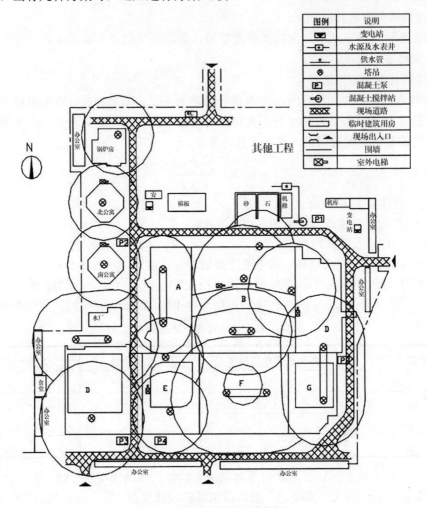

图 5-2　某施工总平面图实例

5.3.3　施工总平面图的科学管理

施工总平面图设计完成之后，就应认真贯彻其设计意图，发挥其应有的作用，因此现场对总平面图的科学管理是非常重要的，否则就难以保证施工的顺利进行。施工总平面图的管理包括以下几方面。

(1) 建立统一的施工总平面图管理制度。划分总平面图的使用管理范围，做到责任到人，严格控制材料、构件、机具等物资占用的位置、时间和面积，不准乱堆乱放。

(2) 对水源、电源、交通等公共项目实行统一管理。不得随意挖路断道，不得擅自拆迁建筑物和水电线路，当工程需要断水、断电、断路时要申请，经批准后方可着手进行。

(3) 对施工总平面布置实行动态管理。在布置中，由于特殊情况或事先未预测到的情况需要变更原方案时，应根据现场实际情况，统一协调，修正其不合理的地方。

(4) 做好现场的清理和维护工作，要经常检修各种临时性设施，明确负责部门和人员。

5.4 施工组织总设计的技术经济评价

施工组织总设计是整个建设项目或群体施工的全局性、指导性文件，其编制质量的高低对工程建设的进度、质量和经济效益影响较大。因此，对施工组织总设计应进行技术经济评价。技术经济评价的目的是：对施工组织总设计通过定性及定量的计算分析，论证在技术上是否可行、在经济上是否合理。对照相应的同类型有关工程的技术经济指标，反映所编的施工组织总设计的最后效果，并应反映在施工组织总设计文件中，作为施工组织总设计的考核评价和上级审批的依据。

5.4.1 施工组织总设计的技术经济评价的指标体系

施工组织总设计中常用的技术经济评价指标有：施工工期、工程质量、劳动生产率、材料使用指标、机械化程度、工厂化程度、降低成本指标等。其体系如表 5-4 所示。

表 5-4 施工组织总设计技术经济指标体系

施工组织总设计技术经济指标体系	工期指标	总工期/d		
		施工准备期/d		
		部分投产期/d		
		±0.00 以上工期/d		
		分部工程工期/d	基础工期	
			结构工期	
			装修工期	
	质量指标	优良品率/%		
	劳动指标	劳动力均衡系数		
		用工	总工日	
			各分部工程用工日	
			单方用工	工程项目单方用工日/(工日/m²)
				分部工程单方用工日/(工日/m²) 基础
				结构
				装修
		劳动生产率/(元/工日)	生产工人日产值	
			建安工人日产值	
		节约工日总量/工日		
	机械化施工程度/%			

续表

施工组织总设计技术经济指标体系	工厂化施工程度/%				
	材料使用指标	主要材料节约量	钢材/t		
			木材/m³		
			水泥/t		
		主要材料节约率/%			
	降低成本指标	降低成本额/元			
		降低成本率/%			
	临时工程投资比例/%				
	其他指标				

主要指标的计算方式如下。

1) 工期指标

(1) 总工期(d)：从工程破土动工到竣工的全部日历天数。

(2) 施工准备期(d)：从施工准备开始到主要项目开工日止。

(3) 部分投产期(d)：从主要项目开工到第一批项目投产使用日止。

2) 质量指标

这是施工组织设计中确定的控制目标。其计算公式为：

$$质量优良品率 = \frac{优良工程个数(或面积)}{施工项目总个数(或总面积)}(\%) \tag{5-12}$$

3) 劳动指标

(1) 劳动力均衡系数(%)，它表示整个施工期间使用劳动力的均衡程度。

$$劳动力均衡系数 = \frac{施工高峰人数}{施工期平均人数}(\%) \tag{5-13}$$

(2) 单方用工(工日/m²)，它反映劳动的使用和消耗水平。

$$单方用工 = \frac{总工数}{建筑面积}(工日 / m^2) \tag{5-14}$$

(3) 劳动生产率(元/工日)，它表示每个生产工人或建安工人每工日所完成的工作量。

$$劳动生产率 = \frac{总工作量}{总工数}(元 / 工日) \tag{5-15}$$

4) 机械化施工程度(%)

机械化施工程度用机械化施工所完成的工作量与总工作量之比来表示。

$$机械化施工程度 = \frac{机械化施工完成的工作量}{总工作量}(\%) \tag{5-16}$$

5) 工厂化施工程度(%)

工厂化施工程度是指在预制加工厂里施工完成的工作量与总工作量之比。

$$工厂化施工程度 = \frac{预制加工厂完成的工作量}{总工作量}(\%) \tag{5-17}$$

6) 材料使用指标

(1) 主要材料节约量。主要材料节约量是指靠施工技术组织措施实现的材料节约量。

$$主要材料节约量=预算用量-施工组织设计计划用量$$

(2) 材料节约率(%)。

$$主要材料节约率 = \frac{主要材料节约量}{主要材料预算用量}(\%) \tag{5-18}$$

7) 降低成本指标

(1) 降低成本额(元)。

降低成本额是指靠施工技术组织措施实现的降低成本金额。

(2) 降低成本率(%)。

$$降低成本率 = \frac{降低成本额}{总工作量}(\%) \tag{5-19}$$

8) 临时工程投资比例

临时工程投资比例是指全部临时工程投资费用与总工作量之比，表示临时设施费用的支出情况。

$$临时工程投资比例 = \frac{全部临时工程投资额}{总工作量}(\%) \tag{5-20}$$

5.4.2　施工组织总设计技术经济评价方法

每一项施工活动都可以采用不同的施工方法和应用不同的施工机械，不同的施工方法和不同的施工机械对工程的工期、质量和成本费用等的影响都不同。因此，在编制施工组织总设计时，应根据现有的以及可能获得的技术和机械情况，拟订几个不同的施工方案，然后从技术上、经济上进行分析比较，从中选出最合理的方案，把技术上的可能性与经济上的合理性统一起来，以最少的资源消耗获得最佳的经济效果，多快好省地完成施工任务。

对施工组织设计进行技术经济分析，常用的有两种方法：定性分析法和定量分析法。施工组织总设计的技术经济分析以定性分析法为主、定量分析法为辅。

1. 定性分析法

定性分析法是根据实际施工经验对不同的施工方案进行分析比较。定性分析法主要凭借经验进行分析、评价，虽比较方便，但精确度不高，也不能优化，决策易受主观因素的制约，常在施工实践经验比较丰富的情况下采用。

2. 定量分析法

定量分析法是对不同的施工方案进行一定的数学计算，将计算结果进行优劣比较。如有多个计算指标的，为便于分析、评价，常常对多个计算指标进行加工，形成单一(综合)指标，然后进行优劣比较。

5.5 施工组织总设计案例

5.5.1 编制依据

本工程需要首先编制以下内容。

(1) 工程设计施工图纸及总平面图。

(2) 对现场和周边环境的调查。

(3) 现行国家和浙江省各种相关的施工操作规程、施工规范和施工质量验收标准。

(4) 现行国家和浙江省关于建设工程施工安装技术法规和安装技术标准。

(5) 国家工期定额和建设单位对本工程提出的施工工期及质量要求。

(6) 公司 ISO 9002 国际质量体系标准，质量手册体系运行程序等。

(7) 公司有关施工技术、施工质量、安全生产技术管理、文明施工、环境保护等文件。

(8) 工程规模、工程特点、各节点部位的技术要求、施工要点、类似工程的施工经验及公司的技术力量和机械装备。

(9) 公司对本工程确立的施工质量、工期、安全生产、文明施工的管理目标。

5.5.2 工程概况

1. 工程地点及地貌

大酒店工程紧靠南龙公路，交通十分便利，三通一平已经完成，场地比较开阔。

2. 建筑形式

本酒店平面几何形状为"角尺"形，东西向长度为 40.27 m，南北向长度为 38.08 m；东侧面房为框架结构，西侧面房为混合结构，共计层数为五层。框架部分层高为 3.8 m，混合结构部分层高为 3.2 m，室内外高差为 0.6 m，总高度为 89 m(室外地坪至檐口标高；建筑面积为 7 899.78 m^2。

3. 工程结构

本工程分为东侧房和西侧房两部分，东侧房为四层框架结构，西侧房为五层混合结构，设计抗震设防烈度为七级，建筑场地类别按三类。

1) 地基基础及地下室

基础采用震动沉管灌注桩(桩基施工已有专业施工单位完成)，东侧房基础桩下为钢筋混凝土独立桩承台，桩承台之间有钢筋砼地梁连接，西侧房基础为条形有筋桩承台，基础承台及梁下均铺 100 厚素砼垫层，混凝土强度等级，基础垫层为 C10，±0.000 以下基础采用 C20 混凝土，砖基础为 MU10 标准砖，砂浆为 M7.5 水泥砂浆。

2) 主体结构

该工程设计为框架填充墙与砖混结构两种结构形式。

(1) 框架填充结构混凝土柱梁均采用C30，现浇板采用C25，填充内外墙均采用MU100标准砖，M5.0混合砂浆砌筑，柱与砌体连接处须沿墙高每隔500 mm设2Φ6的拉接筋。

(2) 混合结构混凝土构造柱，圈梁及现浇梁、板均采用C20砼。砖为MU100标准砖，M7.5混合砂浆砌筑。

(3) 沉降观察点设置：观察点做法参见(省标DBJ—1—90)。

4. 工程装饰

1) 屋面工程

(1) 所有平屋面做法：20厚1∶2.5水泥砂浆抹平，挤塑保温25厚，高分子卷材一层，20厚1∶2.5水泥砂浆找平，高分子涂膜，20厚水泥砂浆找平层。

(2) 坡屋面做法：红色小型波形，20厚1∶3∶9混合砂浆，15厚1∶2.5水泥砂浆找平(掺3%防水剂)。

2) 楼地面工程

一层地面为20厚1∶2水泥砂浆，压实抹光，60厚C15混凝土，100厚碎石压实，素土夯实。

框架部分楼地面为10厚1∶2水泥砂浆面层压实抹光，15厚1∶3水泥砂浆找平层，钢筋混凝土楼板上清理干净。

砖混部分楼面为15厚1∶2水泥砂浆面层压实抹光，40厚C20细石砼混凝土，楼板上清理干净。

卫生间、厨房为10厚1∶2水泥砂浆面层压实抹光，15厚1∶3水泥砂浆找平层，楼板上清理干净。

楼梯间为10厚1∶2水泥砂浆面层压实抹光，15厚1∶3水泥砂浆找平层，楼板上清理干净。

3) 外墙装饰

外墙面做法：6厚1∶2.5水泥砂浆粉面压实抹光，水刷带出小麻面，12厚1∶3水泥砂浆打底，外墙刷乳胶漆，外墙柱面包裹陶立克柱、科林斯柱及奥尼克柱等花瓶柱，梁口采用线板，安装方式参见南京倍立达欧陆装饰艺术工程有限公司产品，所有的窗均装饰窗套及外窗台板。

4) 顶棚装饰

乳胶漆顶棚为板底抹水泥砂浆：6厚1∶2.5水泥砂浆粉刷面，6厚1∶3水泥砂浆粉面，6厚1∶3水泥砂浆打底，刷素水泥砂浆一道(内掺水重为3%的107胶砼)，楼板底清理干净。

5. 门窗工程

门：采用木质镶板门、木质三合板门及铝合金门三种。

窗：采用铝合金窗及玻璃幕窗。

所有的门窗立樘除施工图注明外，一般均立墙中，木门与开启方向墙面平，所有的木门、木装修及预埋构件均须防蚁防腐处理，木门做一底二度醇酸调和清漆。

6. 室外工程

(1) 散水(宽600 mm)。自上而下：20厚1∶2厚水泥砂浆面；80厚C15混凝土；70厚碎石垫层；素土夯实。纵向每6～12 m设10宽伸缩缝，内填1∶2沥青砂浆横向找坡3%。

(2) 水泥砂浆台阶：20 厚 1∶2 水泥砂浆压实抹光，60 厚 C15 混凝土，100 厚碎石垫层，素土夯实。

7. 安装工程

1) 给排水

(1) 室外、室内生活给水管采用聚丙烯管(PPR)，接管方式为热熔连接。

室内排水管坡度：D=50，I=0.020。

D=75，I=0.015。

通气管：I=0.002 坡向逆通气帽方向。

(2) 阀门：DN≤50 冷水管采用截止阀。

(3) 生活给水工作压力为 0.60 MPa。

(4) 雨水斗采用 87 型，直径同主管管径。

2) 电气

(1) 本楼的照明由设在各楼层配电箱内引出。

(2) 各层所暗敷于墙内或楼板内的线路均穿 G 管(管壁厚度大于等于 2.5 mm)。

(3) 插座支路均为 ZRBV-2.5 mm^2。

(4) 照明配电箱均为嵌墙暗装，安装高度均为底边距地 1.4 m。

3) 防雷

(1) 本工程按二类防雷建筑物标准设计防雷措施。

(2) 为防直击雷，屋顶设避雷带保护(详见屋顶防雷平面图，利用柱内外侧两根≥Φ16 主钢筋焊接连通做避雷引下线。

(3) 突出屋面的金属物件须与屋顶避雷带可靠连通，进出建筑物的各种金属管道应与接地系统可靠连通。

4) 消防

(1) 消防箱：内设 ϕ19 直流水枪，DN65，L=25 m 水龙带，起泵按钮。

(2) 自喷喷头：设吊顶处的采用装饰型喷头 ϕ30 mm。

(3) 机房楼设置二氧化碳气体消防，但人员密集的房间二氧化碳气体不进入，仅设置磷酸氨盐灭火器。

5) 暖通

(1) 本工程空调采用电信机房专用的风冷空调机组，空调室外机分层设置于各层专用阳台上。

(2) 移动机房、固定机房等采用恒温恒湿机组。

(3) 本空调送风系统采用侧送下回。

(4) 本工程各专业机房设有新风系统。

(5) 一层值班室及消控室空调采用一拖多系统。

(6) 地下库房设有机械通风系统，换气次数为 6 次/h。部分为库房进风为货物入口，自然渗入，部分库房为机械送风。

(7) 地下一层各设备用房及一层配电间均设有机械送风系统，换气次数为 10 次/h。

(8) 所有的卫生间均设有机械排风系统，换气次数为 10 次/h。

(9) 地下库房均设有机械排烟系统，排烟量为 60 m^3/h，并设有排烟量 50%的补风量，补风为机械补风或库房入口自然补风，排烟经管井至屋顶排放。

(10) 所有排烟口距离所在防烟分区的最远点不超过 30 m。

(11) 本工程有外窗的楼梯间为封闭楼梯间，对无外窗的楼梯间采用防烟楼梯间，设有正压送风系统。消防前室设有正压送风系统，楼梯间的正压风口为隔层设置，前室的正压风口为层层设置。

(12) 地下室所有的风管均采用耐火等级不小于 2 h 的无机不燃玻璃钢风管,空调系统风管均采用镀锌钢板制作。空调系统风管保温材料用环保型橡塑类保温材料,厚度为 13 mm。

5.5.3 施工条件

本工程紧靠南龙公路，交通十分方便，三通一平已经完成，场地比较开阔，路况较好，施工用机械设备、施工材料等均可由南龙公路进出施工现场。

据现场查看，施工场地比较空阔，这样有利于施工临时设施的搭设、施工材料的堆放、场地布置和工作展开。另外，建筑单位可提供桩基施工时搭设的临时活动用房数间，为前期进场工作的顺利和争取时间创造了有利条件，为整个工程施工进度、创标化、文明工地提供了优越的环境条件。

工程施工临时道路已通，施工临时用水、用电在施工单位进场前已由建设单位接至施工现场，供水管径 DN50，供电容量为 100 kW，现场已基本平整，现场围护措施(砖砌围墙已做好，即"三通一平一围"工作已完成。

该项目征地、用地、建房等相关手续均办理，项目建设资金按计划已逐步到位，工程施工图纸设计(土建、安装)已由建筑设计研究院完成，工程前期施工条件已经具备。

该工程基础桩基工程已由专业单位完成，施工单位一旦中标即可进行基础土方开挖施工。

该工程基础及主体结构施工正值冬、春多雨季节，且气温较低，故应特别做好冬、雨季施工的准备工作及相关的施工技术措施。

施工单位已将本工程项目施工所需的劳动力、机械设备及主要材料等均在场外落实，待中标即可进场。

5.5.4 施工的组织部署和协调管理

1. 施工组织部署

组织施工以土建工程为主，水、电、暖安装及装饰工程配合施工，协调业主所指定或认可的各专业施工班、单位的施工。

整体工程分结构施工期，水、电、暖通安装和装饰施工期。水、电、暖通调试及装饰期，通过平衡协调及调度，紧密地组织成一体。

一切施工协调管理(人、材、物)首先要满足施工进度计划要求，并及时调整，确保工程总施工进度计划的实施。

组织计划施工内容有土建工程，水、电、暖通、通信、装饰、调试等工程。

各施工专业班组、单位应无条件地服从施工总计划。

2. 施工协调管理

需要与设计单位(部门)协调的工作如下。

(1) 如果中标,我们应立即与设计院联系,进一步了解设计意图及工程要求,根据设计意图提出我们的施工方案。向设计单位提交的施工方案中,包括施工可能出现的各种结构情况,协助设计单位完善设计内容和设备物资选型。

(2) 积极参与设计的深化工作。

(3) 主持施工图审查,协助业主会同设计单位、供应商(制造商)提出建议,完善设计内容和设备物资选型。

(4) 组织地方专业主管部门与设计师的联系,向设计方提供需要主管部门协助的专项工程,如外配电、水、通信、市政、污水处理、环保、广播电视等。

(5) 对施工中出现的情况,除按设计师、监理的要求及时处理外,还应积极修正可能出现的设计错误,并会同业主、设计师、监理、施工方按照总进度与整体效果要求,验收样板产品,进行部位验收、中途质量验收、竣工验收等。

(6) 根据业主指令,组织设计方参加机电设备、装饰材料、卫生洁具等的选型、选材和订货,参加新材料的定样采购。

与监理师的协调如下。

(1) 在施工全过程中,严格按照业主及监理师批准的"施工大纲""施工组织设计"对施工单位进行质量管理。在各专业施工班组单位"自检"和项目工程施工"专检"的基础上,接受监理工程师的验收和检查,并按照监理要求予以整改。

(2) 贯彻公司已建立的质量控制、检查、管理制度,并据此对各专业施工班组予以监控,确保产品达到优良。公司对整个工程产品质量负有最终责任。任何下属分包单位、专业施工班组的工作失职、失误均视为本公司的工作失误。因而,杜绝现场施工分包单位、专业班组、个人不服从监理工作的不正常现象发生,监理工程师的一切指令都必须无条件地全面落实、执行。

(3) 所有进入现场使用的成品、半成品、设备、材料、器具均主动向监理提交产品合格证或质保单,应按规定在使用前进行物理、化学试验检测的材料,主动递交检测结果报告,使所使用的材料、设备不给工程造成浪费或造成返工。

(4) 按部位或分项工序检测的质量,严格执行上道工序不合格、下道工序不施工的准则,使监理能顺利地开展工作。对可能出现的意见不一的情况,遵循先执行监理的指导、后予以磋商统一的原则,在现场质量管理工作中,维护好监理师的权威性。

与业主间的协调如下。

(1) 施工单位会同业主(发包方代表)对拟定的分包单位予以考察并采用竞争录用的方法,使所选择的分包单位无论是资质还是管理经验均符合工程要求。

(2) 责成分包单位所选用的材料、设备必须在事前征得业主代表的审定,严禁擅自使用材料和劣质材料。

(3) 严格按照制定的总平面布置图按图就位,且按公司制定的现场标准化施工的文明管理规定,做好施工现场的标准化工作。

(4) 本公司将以各个指令,组织指挥各专业施工班组科学合理地进行作业生产,协调施工中所产生的各类矛盾,以合同中明确的责任来追究贻误方的责任,尽可能地减少施工中出现的责任模糊和推诿扯皮现象而贻误工程或造成经济损失。

(5) 应不断地加强教育与管理，加强员工对产品的保护意识，做到上道工序对下道工序的负责，完工产品对业主负责，使产品不污、不损。

协调方式如下。

(1) 按总进度制定的控制节点，组织协调工作会议，检查本节点实施的情况，制定、修正、调整下一个节点的实施要求。

(2) 施工单位会同业主代表定期或不定期地组织对工程节点、工程质量、现场标准化、安全生产、计量状况、工程技术资料、原材料及电器具等的检查，并制定必要的奖罚制度，奖优罚劣。另外，对检查结果做好书面记录并进行汇总、总结，在总结中不断改进、提高。

(3) 公司项目管理部门以周为单位，提出工程简报，向业主和各有关单位反映、通报工程进展状况及需要解决的问题，使有关各方了解工程的进行情况，及时解决施工中出现的困难和问题。根据工程进展，我们还将不定期地召开各种协调会议，协助业主与社会各业务部门的关系，以确保工程进度。

5.5.5　施工现场临时设施

1. 临时用地、用房

临时用地、用房如表 5-5 所示。

表 5-5　临时用地、用房表

序号	名称	面积/m^2	备注
1	二层现场办公室	75	
2	木工棚	100	
3	钢筋工棚	100	
4	门卫	16	
5	钢筋、模板堆场	200	
6	砂石堆场	200	
7	砖堆场	150	
8	水泥仓库	50	
9	厕所、浴室	60	
10	二层职工宿舍	200	
11	食堂	75	
12	标准养护室	15	

2. 施工用电

1) 日常用电

业主提供的电源在施工现场的西面。本方案施工用电沿施工区域环行布置，采用五芯电缆，从业主提供的电源处接入现场，并且设数只分配电箱，对焊机则从总配电箱直接接

出，自成回路。

为满足现场昼夜施工的要求，在现场四周布置外围照明灯。

$$总用电量 \ P=K_1P_1+K_2P_2+K_3P_3+K_4P_4 \qquad (5\text{-}21)$$

式中：P_1——机电总功率；

P_2——电焊机总功率；

P_3——照明设备总功率；

P_4——生活用电总功率；

K_1——取 0.5，K_2 取 0.5，K_3 取 0.6，K_4 取 0.6。

所以 P=0.6×160+0.6×139+0.6×40+0.6×30=221(kW)

业主提供的用电量为 315 kW，从计算结果来看，完全满足施工场所所需的电量。

2) 临时供电系统施工说明

为了保障施工现场临时用电安全，本工程施工现场临时用电安全技术规范根据国标 JGJ—59—99 标准实施。低压配电：根据工程特点，符合实际民政部安排变压器负荷分配原则，生活用电、办公用电、施工用电在配电时分开。电线敷设根据施工现场采用埋地、沿墙、沿柱架空的敷设方式。

基础尚未开工前，设立临时接地装置，保障施工现场安全用电。施工中用结构钢筋连接地体。

3) 施工用水

根据业主提供的给水管 50DN 进口头子，根据总平面图布置，沿工地四周敷设并接到各施工点及生活区。

场内到各施工点用水用 Φ25 镀锌管，埋入地下 0.4 m 深。在施工场地周边的水管每隔 25 m 左右设一个数 3/4 水龙头。

施工期间、用水高峰期，业主提供给水管出现流量不足，不能满足现场施工用水要求的，可通过下列措施(途径)解决。

(1) 设置增压泵。

(2) 修筑若干个一定容量的临时蓄水池。

(3) 利用就近河道用潜水泵抽水。

(4) 现场附近挖掘深井，用深井泵抽水。

4) 场内排水

沿施工便道内侧设置环型砖砌明沟(明沟平均深 0.4 m，宽为 0.3 m，路口及部分影响美观处做暗沟。暗沟用 Φ230 钢筋砼管或铸铁砌筑，泛水 5%。

场地积水的出口设置沉淀池，积水处理经三级过滤池沉淀后方能排入场外市政雨水管道，沉淀池派人定时清理。工地厕所设置化粪池一个，由环卫工人定期清理。

5.5.6　施工进度计划

本工程计划于 2020 年 11 月 20 日开工，至 2020 年 5 月 20 日竣工，施工总工期为 180 日历天。

5.5.7　主要分部分项工程施工方法

1．工程测量方案

1）测量原则

根据建设单位提供的规划红线坐标、地界线及水准点，要严格按照设计施工图纸进行建筑物定位，控制网布设，高程引测和沉降观测。

2）测量工作难点

根据本工程的平面布置及结构特点，对于测量定位和控制精度均有较高的要求，轴线控制精度更要引起高度重视，并且加强轴线复核工作，以减少人为绝对误差，对建筑标高也应重视。

3）轴线定位及控制网布设

整个工程的纵横轴线是根据建筑总平面布置图确定的，施工进场后，根据由设计单位、监理单位及施工单位三方认可的控制坐标进行测定。本工程用导线测量建立施工平面控制网，能根据建筑物定位需要灵活地布置网点，便于控制点的使用和保存，导线应根据施工总平面图布置，点位应选在设计中的静空地带，所选之点要便于使用、安全和长期保存。导线点选定之后，应及时埋设标桩，各条导线应均匀地分布于整个施工区域，每个环形控制面积应尽可能均匀，导线网应构成互相联系的环形，构成严密平差图形。控制点用钢钉钉入短木桩再浇素砼固定，四周放置显著警示，以防止破坏或位移。

轴线定位还应做好建筑物轴线定位复核工作，每次复核测量数据应存档备查，并请建设单位、监理单位及设计单位检验及签字。

4）高程引测

现场施工的水准点根据业主单位提供的水准点用水平仪引测到场地周围稳定的建筑物或半永久窨井控制点内，用三角警示标识为标记，并绘出平面图作为资料入档。

5）垂直引测

根据原始平面图控制轴线，设一控制网，每栋楼设置结构垂直测量控制点位置预埋铁板，在铁板上用刻针划出十字和冲出中心点，预埋件离地 2～5 cm，以防楼地面受积水侵蚀，并要特别保护，浇捣混凝土后，再用经纬仪复核，然后把基准点精确地定下来。垂直测量控制点进行特别保护，在每层楼板上对应位轩留洞，洞口尺寸为 150 mm×150 mm，以便向上传递控制点引测轴线。洞口上覆盖铁板，不使用时盖住洞口。

6）沉降观测

(1) 沉降点的布设：严格按设计要求进行沉降点的布设，利用国家高程水准点进行沉降观测，并做往返闭合沉降校核。

(2) 沉降观测方法：原则上结构阶段每完成两层结构以后进行一次沉降观测，装饰阶段每月进行一次沉降观测，直至竣工。

(3) 沉降观测仪器：苏州仪器厂水准仪，作为符合式导线观测，测量也不应少于一个测回，控制闭合误差值。

7）精度要求

中线测量横向限差±4 mm，纵向每 100 m 限差±10 mm。

沉降限差：观测点相对于起算点的高程中误差为 2 mm，或每千米高差全中误差小于 10 mm。

8) 本工程使用的测量仪器的品种与精度

测量仪器的选择和测量要点如下。

本工程结构施工选用一台激光测距仪，2 台 DJK-6 经纬仪，2 台 TDS3 级水平仪，建筑的平面轴线、垂直度控制用经纬仪，场地、平台面的标高控制，沉降观察均利用 TDS3 水平仪。仪器的精度在使用前均进行校核，必须满足出厂指标的要求，并在使用的有效期限内。另外，还要配备相应的水准尺和 50 m 钢卷尺。

2. 施工段划分

根据本工程设计的结构特点及建设单位对施工的工期、质量要求等情况，将该工程平面东侧、西侧设置分为两个施工段。各工种施工班组在这两个施工段上进行流水作业，垂直向以层为施工段，基础、主体结构混凝土浇筑在每一个施工段上必须连续浇筑(不设施工缝，并一次性浇筑完毕)。

3. 土方工程

1) 土方施工准备工作

(1) 土方开挖前，应做好回填土部位、回填标高控制。

(2) 在施工区域内设置临时排水沟，将地面水排走或排至低处，再用水泵排走或疏通原有排水泄洪系统，使地面不积水。

(3) 设置区域测量控制网，包括基线和水平基准点，做好轴线桩的测量工作及校核，进行土方工程的测量工作。

2) 土方开挖

(1) 根据施工现场的周边情况及"工程地质勘察报告"，在确保施工质量、施工工期、安全生产的前提下，采用经济实用的施工方法。

(2) 考虑到本工程挖土施工进度，并为确保工程桩质量，采用机械挖土配合人工修挖的方式。

(3) 基坑开挖。严禁用挖土机或其他器械撞击露出基坑的桩。

(4) 挖土方每边留工作面 800 mm，土方边坡放坡系数为 1：0.5，基槽四周挖设 150 mm×200 mm 的排水沟，排水沟坡度为 0.5%，适当部位设集水井，以便下雨天及时排水之用。

(5) 挖土时应严格控制基底标高。方法：用水准仪引出水平标高，用柱桩随土方开挖随设置水平标高控制点，按基坑每二平方设置一个水平控制柱桩，如局部挖深应用碎石回填至标高。

(6) 挖土时应密切注意土质情况，如不符合设计要求，应立即向设计单位反映，及时采取措施。

(7) 土方开挖后，由施工单位工程师组织设计、监理人员按照地质报告、设计图纸对基坑进行验槽。若无异常情况，应尽快浇筑垫层混凝土，并尽早组织底板(基础施工)，不得长期晾槽。

3) 工程桩处理

根据招标文件提供：工程桩 Φ377 沉管桩 225 根，确保工程桩截桩质量及施工进度，桩顶与承台的连接按图施工。

4) 基础回填要求

选择含水量符合压实要求的黏性土或原土，回填前，应将基坑中的积水抽干，清除垃圾，基坑回土采用人工回填，分层夯实，每 300 mm 一层夯实，每层至少夯压三遍，回土宜从基坑两边同时回填，回填时必须做好地下结构、地下设施的成品保护。

4. 钢筋砼基础

1) 施工工序

施工准备→检查前一道工序→地基处理→浇筑混凝土垫层→弹线→绑扎钢筋(包括柱筋)→支模→隐蔽验收→浇筑混凝土→养护→砖基础→隐蔽验收及技术处复核→回填土方→其他后续工序。

2) 施工准备

(1) 认真学习图纸，领会设计意图，了解防水工程的构造情况。

(2) 编制和选择经济管理施工方案。

(3) 制定技术管理系统、制定技术措施，编号工艺规程，进行技术交底。

(4) 进行原材料检验，按设计进行配合比试验，确定施工配合比。

(5) 将需要的工具机械、设备和计量器具准备就绪。

3) 浇筑垫层

按设计要求浇筑 100 厚 C10 素混凝土垫层。

4) 弹线

将工程的定位轴线设到垫层表面，并同时弹出柱轴线及柱外框边线。经检查无误后，办理技术复核单。

5) 绑扎钢筋

用粉笔在垫层表面划出钢筋位置线，按照划线位置布置钢筋并进行绑扎。应先绑扎承台钢筋、承台梁钢筋，并先在梁底筋下垫好保护垫块，同时要绑好柱插筋。混凝土保护层厚度如下。

承台：底 50 mm，侧 35 mm。

地梁：35 mm。

柱：40 mm。

梁：35 mm。

6) 支模板

(1) 模板除了要求牢固和尺寸准确、表面平整以外，特别要求有足够的刚度和较小的吸水率。

(2) 为了确保施工质量、施工进度，本工程模板采用九合板，木档配钢管、钢支撑支模，柱间梁下脚手杆间距为 500 mm，梁两侧设两根脚杆，以便固定梁侧模板，立杆和模板交接处用扣件固定。

7) 浇混凝土

(1) 混凝土±0.000 以下采用 C20 砼。

(2) 在浇灌底板混凝土前，应认真检查基础钢筋及柱插筋的数量，位置是否正确，防雷接地系统是否满足要求，有无偏位及有无漏设。

(3) 浇筑混凝土前应事先拟订浇筑方案，方案内容应包括浇筑起始点和结束点的位置、浇筑方向、分段距离、分层厚度和劳动力组织。其浇捣方法保证前后混凝土结合的时间不超过初凝时间，并一次性浇筑完毕。

(4) 混凝土浇筑时除应使用插入式振捣器增加混凝土的密实度，同时应派专人用"木蟹"将表面打磨平整。

8) 混凝土的养护

在混凝土浇筑后 4～5 h 即应覆盖湿草袋等，并连续浇水养护不小于 14 h。

5. 主体结构工程

该工程结构为框架结构，每道施工工序、施工方法等均基本相同。主体工程每层的施工工序为：放线→绑扎安装柱钢筋→检查验收→立柱模板→立梁、板模板→绑扎安装梁、板钢筋→检查验收→浇混凝土→养护→拆模板→砌筑砖隔墙、围护墙。

上述施工工序的施工流向、垂直向以层为施工段，每层一次性浇筑完毕。主体浇框架结构混凝土设计为 C30 砼。

1) 模板支设

为了确保施工质量和施工进度，本工程模板、柱、梁采用组合钢模板，板采用九夹板、木档配钢管、钢支撑支模，有梁式全现浇楼、屋面支撑采用钢管满堂脚手架，柱间梁下立杆脚手杆的间距为 500 mm，梁两侧设两根脚手杆，以便固定梁侧模板，在梁间根据板跨度和荷载情况经计算再定脚手杆根数，立杆和模板交接处用扣件固定。

在现浇框架模板施工前，配置模板翻样图及支撑系统设计，绘制出模板排列图，再进行施工安装。

(1) 支撑质量要求如下。

① 模板支架必须具有足够的强度、刚性和稳定性。

② 模板的接缝不大于 2.5 mm。

模板的实测允许偏差如表 5-6 所示，其合格率严格控制在 90%以上。

表 5-6　模板实测允许偏差

项目名称	允许偏差/mm
轴线位移	5
标高	±5
截面尺寸	+4～-5
垂直度	3
表面平整度	5

(2) 模板安装技术措施。

① 根据本工程施工进度要求，计划配备模板三套以满足流水翻转。

② 柱模的下脚必须留有清理孔，以便于清理垃圾。

③ 跨度大于 6 m 的梁跨中按 L/300 要求起拱，且不小于 20 mm，跨度大于 2 m 的悬臂

梁，梁端上翘 $L/200$。

④ 模板工程验收重点控制刚度、垂直度、平整度，特别注意柱模、楼梯间等轴线位置的正确性。

2) 模板拆除

(1) 现浇钢筋混凝土梁、底板模拆除时所需的混凝土强度应满足表 5-7 的要求。

表 5-7　混凝土强度

结构名称	结构跨度	达到砼标准强度的百分率/%
板	<2	50
	2<, ≤8	75
梁	≤8	75
	≥8	100

梁、柱侧模拆除时，结构混凝土强度宜不低于 1.2 MPa，即砼强度能保证其棱角不因拆除模板面而损坏，就可拆模。

(2) 拆模顺序为后支先拆、先支后拆、先拆非承重模板后拆承重模板，并做到不损伤构件及模板。

(3) 全现浇框架、肋形楼板应先拆除柱模板，再拆梁侧模、楼板底模，最后拆除梁底模板，拆除跨度较大的梁下支柱时，应先从跨中开始分别向两侧端拆，侧立模板的拆除应按自上而下的原则进行。

(4) 当上层模板正在浇筑砼时，下一层楼板的支柱不得拆除，再下一层楼板支柱仅可拆除一部分，跨度 4 m 及 4 m 以上的梁均应保留支柱，其间距不得大于 2 m，其余再下一层楼的楼板支柱，当楼板砼达到设计强度时，方可全部拆除。

(5) 模板拆除要注意讲究技巧，不得硬撬、用力过猛，防止损坏结构和模板。

(6) 拆下的模板，不得乱丢乱扔，高空脱模要轻轻吊放，木模要及时起钉，修理校正变形的和损坏的楼板及配件，板面应刷隔离剂，背面补涂脱落的防锈漆。

(7) 已拆除的结构，应在混凝土达到强度等级后才允许承受全部的计算荷载。

3) 钢筋安装

(1) 钢筋绑扎前应熟悉施工图纸，核对成品钢筋的级别、直径、形状、尺寸和数量，核对配料表及料单。

(2) 对柱、梁、板相交的结构部位，事先研究好穿插就位的顺序及模板、水电等其他专业的配合的先后顺序。

(3) 楼板内上下层钢筋的间距用 $\phi 10$ 钢筋马凳来控制，数量每平方米不少于一只。

(4) 凡直径为 $\phi 25$ 框架梁、柱的钢筋应采用机械连接，直径 $\phi 22$ 及 $\phi 20$ 的钢筋应优先采用焊接接头 5 d，再在两端各焊 3d 焊缝(本工程框架梁柱的钢筋不采用冷搭接)。

(5) 所有钢筋接头均应隔根错开，且接头间净距大于 30 d，并不小于 600 mm，焊接接头的钢筋面积不得超过该处受力钢筋总面积的 50%，绑扎接头的钢筋面积不得超过该处受力钢筋总面积的 50%。

(6) 钢筋的锚固长度。框架梁、柱：Lae=35 d(Ⅱ 级钢)；板：Lae=25 d(Ⅰ 级钢)或 Lae=30 d(Ⅱ 级钢)；搭接长度 Le=1.2 Lae(25%的搭接率)。

(7) 梁的底部纵筋不得在跨中部位接头，面筋不得在支座附近设接头。

(8) 板中预埋管线上面无楼板钢筋时，按设计要求沿管长方向，加设 Φ6@200 钢筋网片，宽度为 400 mm。

(9) 厕所、洗手间周边内侧(除门外)均按设计要求用混凝土翻起 180 mm，宽同墙厚的坎，内配 2Φ8，Φ6@200 箍筋。

(10) 梁、柱箍筋应与受力钢筋垂直设置，钢筋必须呈封闭型，开口处设置 135 度弯头，弯钩长度不小于 10d(d 为箍筋直径)，箍筋转角与受力钢筋的交叉点均应扎牢，箍筋平直部分与纵向交叉点可间隔扎牢，以防止骨架歪斜。楼板外围的两行纵横向钢筋的交接点，用铁丝全部扎牢，其余部分采用梅花型绑扎。

(11) 板、次梁与主梁交叉处，板的钢筋在上，次梁的钢筋居中，主梁的钢筋在下。

(12) 钢筋保护层，采用 60 mm×60 mm 预制砼块制成，梁柱侧面处用预埋铁丝固定，其砼块厚度：柱 40 mm，梁 35 mm，板、墙 20 mm。

(13) 钢筋工程的技术措施如下。

① 钢筋成品与半成品进场必须附出厂合格证及物理试验报告，进场后必须持牌，按规格分别堆放，进口钢筋除附合格证和复试报告外还须进行可焊性试验及化学分析，合格的方准使用。

② 对钢筋要重点验收，柱的插筋要采用加强箍电焊固定，以防止浇砼时移位。验收重点为控制钢筋的品种、规格、数量、绑扎、牢固、搭接长度等(逐根验收)，并认真填写隐蔽工程单，监理验收做到万无一失。

③ 钢筋绑扎后的允许偏差及预埋件偏差如表 5-8 所示。

表 5-8　钢筋安装及预埋件位置的允许偏差

项次	项目	允许偏差	检查方法
1	网的长度、宽度	±10	尺量检查
2	网眼尺寸焊接网	±10	尺寸连续三档取最大值
3	绑扎网	±20	
4	骨架的宽度、高度	±5	尺寸检查
5	骨架的长度	±10	
6	受力钢筋间距	±5	尺量两端中间各一点取最大值
	排距	±10	
7	箍筋焊接	±20	尺量连续三档取其最大值
	绑扎	±20	
8	钢筋弯起点位移	20	尺量检查
9	焊接预埋件中心线位移	5	
	水平高差	+3	
10	受力钢筋保护层梁、柱	±5	
	墙、板	±3	

注：1. 其中"网"的意思是指墙或板的绑扎或焊接。

2. 骨架是指梁、柱的箍筋外围尺寸。

4) 混凝土浇筑

(1) 混凝土浇筑前，应对模板其支撑、钢筋和预埋件进行细致检查，并做好自检和工序交接记录。钢筋的泥土油污、模板的垃圾等应清理干净，木模、九夹板应洒水湿润，缝隙应堵严，模板内的积水应排除干净。

(2) 混凝土浇筑采用商品砼。机械浇捣，混凝土标号 C30 微膨胀砼。

(3) 混凝土浇筑时应安排专人振捣，混凝土入模处每处配 3～5 个插入式振动器。

(4) 混凝土浇筑时确保快插慢拔，振动时间以不冒出气泡为止，插入间距 300 m，呈梅花状布置，插入深度为进下层 5～10 cm。

(5) 砼应连续浇筑以保证结构良好，浇筑时应掌握天气情况，尽量避免雨天施工，确保浇捣质量。

(6) 灌筑柱时，在底部先铺一层 50～100 mm 厚减半石子砼或去石子砂浆，以避免底部产生蜂窝，并保证接缝质量。

(7) 肋形梁板同时浇筑，先将梁的混凝土分层浇灌呈阶梯形向前推进，当达到板底标高时，再与板的混凝土一起浇捣。随着阶梯的不断延长，板的浇筑也不断地向前推进。

(8) 若在浇筑过程中，由于设备故障或其他无法抗拒的因素而无法连续浇筑时，必须按规范要求留置施工缝，施工缝位置宜设在次梁(板跨中 1/32 范围内)，施工缝留设必须垂直，严禁留斜缝。

5) 混凝土养护

(1) 混凝土浇筑后 12 h，即可进行养护工作。每天浇水不少于 3 次。夏天养护采用覆盖草包浇水养护，浇水次数应保持砼处于湿润状态。

(2) 养护时间一般为 7～14 d。

6) 框架结构施工质量控制的要点

(1) 模板工程质量控制的要点：为使模板制作及支撑达到质量标准，必须抓好以下几点。

① 学习结构施工图时，要把模板的尺寸、标高看透记住，抓好模板翻样工作，这是重要的技术准备。只有通过这两项技术工作发现问题、解决问题，才能使实际施工顺利进行。

② 对主要构件、承重模板必须事先进行模板侧压力的计算，如确定抵抗侧压力杆件或螺栓的数量和断面的大小。只有通过确切的计算，才能达到模板质量标准中保证项目内要求的强度、刚度、稳定性的要求。

③ 在实际支模施工中对柱子支模主要抓住断面尺寸、垂直度、柱身抗侧压力的紧固件等，则柱子模板的支撑就得到了控制。对梁的模板支撑主要应抓住断面尺寸、根据跨度大小的适度起拱，采取防止梁底模下沉的措施，如在基土上支模，土要夯实、防水浸、加垫板。若梁的高度较大，还应对侧模考虑防混凝土侧压力的措施，如加穿螺栓进行拉结等，只有这样才能保证构件尺寸和正确的外形。由于底模支撑不实，浇筑完混凝土后，等到混凝土达到拆模强度拆除模板后，梁出现鱼腹式的下曲现象，这种质量是不符合要求的。对楼板的模板，首先主要是控制竖向支撑的间距，防止模板下沉而造成板面呈锅底形，其次应抓住板缝的拼缝密合以防止大量漏浆。对墙体的模板主要掌握竖向垂直度，充分考虑混凝土的侧压力，根部要固定好，防止胀模或局部鼓肚。对楼梯模板，主要应抓住不发生梯段斜向模板，支撑要牢固，防止支点滑移。

(2) 钢筋工程质量控制的要点如下。

① 在学习结构施工图时，要把不同构件的配筋数量、规格、间距、尺寸弄清楚，并看清是否有矛盾，发现问题应在设计交底中解决。然后抓好钢筋翻样，检查配料单的准确性，不要把问题带到施工中去，应在技术准备中妥善解决。

② 注意本地区是否属于抗震设防地区，查清图纸是按几级抗震设计的，施工图上抗震的要求有什么说明，对钢筋构造方面有什么要求，只有这样才能使钢筋的支座和绑扎符合图纸要求和达到施工规范的规定。

③ 在实际施工中应注意的事项。

ⅰ 在制作加工中发生钢筋断裂，应进行抽样做化学分析，防止进场时抽检的力学性能合格而化学含量有问题。做好这方面的控制，则保证了钢材材质的完全合格性。

ⅱ 对柱子钢筋的绑扎，主要是抓住搭接部位和箍筋间距(尤其是加密区箍筋和加密区高度)，这对抗震地区尤为重要。若竖向钢筋采用焊接，要做抽样试验，从而保证钢筋接头的可靠性。

ⅲ 对梁钢筋的绑扎，主要抓住锚固长度和弯起点位置。对抗震结构则要重视梁柱节点处、梁端箍筋加密范围和箍筋间距。

ⅳ 对楼板钢筋，主要抓好防止支座负弯距钢筋被踩踏而失去作用，还要垫好保护层垫块。

ⅴ 对墙板钢筋，要抓好墙面保护层和内外皮钢筋的间距，撑好撑铁，防止两皮钢筋向墙壁中心靠近，这样对受力不利。

ⅵ 对楼梯钢筋，主要抓梯段板的钢筋的锚固，以及钢筋弯向不要弄错，防止弄错后在受力时出现裂缝。另外，钢筋规格、数量、间距等在进行隐蔽工程验收时要仔细核实。在一些规格不易辨认时，应用尺量。保证钢筋配置的正确，也就保证了结构的安全。

(3) 混凝土工程质量控制的要点如下。

① 学习结构施工图时，首先要记住各层次、不同构件的混凝土强度等级，这点很重要。由于弄错强度等级而出重大事故的事例并不少见。其次是抓好各强度等级的混凝土施工配合比，尤其是高强度混凝土配合比的提供量需要一定时间。

② 加强对水泥原材料的抽检，尤其是安定性的检验，主要是应抓好那些从未用过的水泥厂生产的水泥，忌用小水泥厂生产的水泥。因为水泥安定性不合格，而浇筑成的混凝土楼层被炸掉大返工的质量事故也是发生过的，因此加强对原材料的质量控制是很重要的一环。

③ 在施工过程中应抓住和控制的关键。

ⅰ 计量管理要严格，计量过程要准确。

ⅱ 搅拌时间要足够，严禁同时进行前边出料、后边进料。

ⅲ 取样做检验强度的试块，必须是同一盘或同一搅拌车运送来的，试块必须按规范规定制作，宁多勿少。不同构件的试块应分类制作，同时应标明时间、地点等。

ⅳ 抓好混凝土的养护工作。目前，对混凝土的养护工作往往在抢进度、抓产值的情形下被忽视。养护工作做不好会使混凝土的实际强度受影响。

ⅴ 对柱子浇筑首先应掌握与楼层梁、板浇筑的间隔时间。最好先浇柱，第二天再浇梁板。若要一起浇筑应在其间有 2 h 的柱混凝土自沉时间，防止节点处有细微缝的发生。其次要抓住柱底及柱顶两道施工缝的清理，防止夹渣。

ⅵ 梁的混凝土浇筑，尤其是梁高大于 60 cm 的，应分层浇筑和分层振捣。梁上若留施工缝的，一定要在施工处撑竖直模板，要避免自由流淌式的不规则施工缝。

ⅶ 楼板的浇筑，一定要用平板震动器，不能用插入式振捣器应付振捣。要使表面槎抹平整，既可防止表面收缩裂缝，又可节约面层的找平材料，还要防止钢筋被踩塌。

ⅷ 墙板的浇筑，重点是抓分层次均匀下料，分层次振捣密实。应禁止一处下料，用振捣器输送混凝土的做法。这种操作在拆模后就会被发现，即墙壁面上出现如山峰起伏的施工痕迹。

ⅸ 楼梯的混凝土浇筑，要抓防止踏步侧模被踩或振后下沉，同时避免过振而造成该侧模弯曲，拆模后呈弧形，装饰时还要费工凿去。另外，要注意施工缝接缝处的清理，防止夹渣。

7) 填充墙砌筑

(1) 砌体结构施工的工艺程序如下。

施工准备→墙体位置的测量放线→标志出门洞的位置在框架柱上划出皮数及门、窗洞口的竖向位置→理出预埋的拉结钢筋→找平第一皮砖(或砌块的基层)→对照划皮数杆砌端头墙体→拉通线砌中间部分墙体→砌到离顶部梁或板结构 180～200 mm 时暂定(中间间隙)2～3 d→砌顶部斜砖将下部砌体和顶上结构挤紧、砌内部分隔墙体→完成一层的砌筑。

(2) 墙体砌筑的施工准备如下。

① 熟悉施工图。

从施工图中了解围护结构墙体的位置，使用的砌体材料、墙体厚度、砂浆强度等级，以及抗震要求及构造。

② 制定施工方案和进行技术交底。

当围护结构施工较复杂时，应制定施工方案来指导施工；若属于一般情况，应根据图纸及规范要求写出交底书进行施工技术交底。施工方案的内容包括施工程序、施工流水、质量要求、安全措施等。技术交底主要是根据图纸要求及规范规定，对施工人员提出具体施工及操作的要求。

③ 填充墙的放线

填充墙的放线必须以框轴线为基准。首先，要把在支模时放的墨线找出来，若已模糊则应重新放出清晰的墨线，再按图纸找出墙的中心线和轴线之间的关系，放出墙的中心线和边线。不能用已浇筑好的柱边线或边梁侧作为墙的外边或砌筑依据，这是必须注意的事项。放好墙体线之后，按图上尺寸把门、窗洞口的位置在墙体线上做出标记，以便操作者结合画出的竖向门、窗口高度留出门、窗洞口。其次，根据砌体块材的尺寸，在框架柱上先用水准仪测出第一皮砌体的标高，并依次标高点按块体层次加灰缝厚度在柱子竖向侧面画出"皮数杆"，作为砌筑的标准。内部分隔墙体的皮数杆，应用木杆设立。但由于浇筑后的混凝土楼面不是很平整，如局部高了(尤其柱子根部)，水准仪测量时可能砌体第一皮底标高在柱子处画不上，或有的结构面低了，画上后离结构面层尺寸大于 20 mm，这些都要进行处理。高的要拉线检查，若两柱间均高，则要调整皮数尺寸，或底下一皮用薄的实心砖砌，使砖面的标高达到一致；结构面低于砌体第一皮下标高 20 mm 以上的，则要先用细石混凝土将低的部分找平至第一皮砌体下 10 mm，留出砌筑灰缝以便砌砖。总之，围护墙砌筑的放线，除了放出线，画出"皮数杆"，还要带有检查性地找准砌筑标高，使要砌的墙体水平缝一致，砌后外观整齐、美观，标高一致才好。

(3) 墙体的砌筑。

墙体的砌筑，由于每道墙体都是被框架柱分隔开的，因此形成每个间成为一个砌筑单元。砌筑时可由两个人负责一间进行砌筑及与该间墙体有交接的留槎。砌筑时应先检查放线及柱上画"皮数杆"的情况，拉线检查砌筑底面的标高及平整度。有问题的应弄清并修正，无误后才可正式砌筑。

砌筑时应使柱间墙体的咬槎组合达到满足砌体错缝要求及竖缝宽度不超出规范要求，然后在两端柱侧砌"头角"到一定高度(一般 50 cm)砌起一步架，换一个柱间砌筑，先砌段应搭架子备继续砌筑。再将主结构间的空隙用实心砖砌紧、塞严，俗称"鹅毛皮砖"，以达到填充墙与主结构连接牢固的目的。

砌筑时一定要按规范规定，把柱子上预留的与墙体拉结(连接的钢筋)$2\phi6$，竖向间距@500 砌入墙体，并按设计要求大于等于 700 且大于等于墙长的 1/5。

对砌体要求是横平竖直，砂浆饱满，上下没有通缝。与框架柱相碰处灰浆应挤满无透亮。与围护墙相接的内墙体，应尽量同时施工，倘若不能同时施工，则底部应留踏步斜槎，上部才能允许用直槎加拉结钢筋。

此外，框架结构填充围护、隔断的砌筑砂浆，要求每台班、每层按立方米量做好检测试块，应适当多做一、二组(每组以 6 块为宜)。

6. 屋面工程

1) 施工方法

水泥砂浆找平层施工前，首先要检查基层情况。如砼屋面板是否平整，有无露筋，对凸出部位应凿去，凹坑较大时应填补。当找平层覆盖在找坡层上时，还应检查找坡是否平整，若有松动则应重新铺设或嵌填平整，以保证找平层不因基层松动而开裂或空鼓，同时还应确定找坡是否正确，不准确时，应在铺设找平层之间修整。基层检查并修整后，应进行基层清理，以保证找平层与基层的牢固结合。当基层为混凝土时，要清扫、铲除基层上的灰疙瘩，冲洗扫刷干净，不得有积水。

2) 找平层施工

(1) 施工准备。在经检查处理后的基层上，先均匀地刷上一道素水泥砂浆，使找平层与基层更好地黏结，然后根据设计上所要求的坡度拉线用与找平层相同的水泥砂浆做灰饼控制厚度，出标筋。末沟、檐沟由分向水落口拉线。其上灰饼间距以 1.0~1.5 m 为宜，以保证屋面坡度的准确性。在基层上先进行弹线，安放好分格缝条(分格缝木条须浸湿，也可用塑料条)。木条安放要平直连续，高度同找平层厚度，宽度一般为 20 mm(有设计要求的须按设计要求留设)，木条上宽下窄，以便在找平层砂浆铺设后在终凝前能顺利取出。

(2) 施工顺序。砂浆应严格按设计规定的 1∶3 水泥砂浆配合比计量搅拌，搅拌应均匀，稠度应小于 5 cm。拌好的砂浆必须在 3 h 内用完。施工顺序在同一平面要先粉远的，后粉近的，应与供料前进线路反方向倒退操作，这样可以避免施工完的表面被人及车辆压坏。一个分包内的砂浆要一次铺足，不准留施工缝。严格掌握坡度，用 2 m 长的木刮尺刮平拍实，收水后压实抹平。天沟找坡层厚度超过 20 mm 时，一般先用细石混凝土垫铺，再用水泥砂浆找平。

(3) 养护。找平层铺抹 12 h 后，应充分浇水养护，尤其在高温季节，防止水分蒸发过快，造成干裂、起砂、起皮现象。养护要求不少于 7 d，养护初期 2～3 d 内尤为重要，切不可脱水。

3) 防水卷材施工

(1) 基层处理。对已施工好的基层要进行验收，基层应牢固、不空鼓、不裂缝、不起砂，表面应平整、光洁。若不符合要求应先行处理，若阴阳角未做成圆角的，要补做成圆角。基层的含水率应在 9%以下，基层表面若有油污、铁锈应刷洗干净。基层符合要求后，以聚氨酯底胶甲料∶乙料∶二甲苯=1∶1.5∶1.5～3 的配比调制好基层处理剂，用长柄滚刷洗进行涂刷，滚刷不到的地方可用漆刷刷涂，基层处理剂应涂刷均匀、不漏底。

(2) 铺贴附加层。对阴阳角、管道口等薄弱部位要增强处理，铺贴附加层。附加层可以用粘胶带铺贴，也可以用聚氨酯涂膜防水材料自理。涂膜材料可用甲料∶乙料=1∶1.5 配合调制后涂刷在薄弱部位，涂层边缘距薄弱部位中心应少于 20 cm，涂层厚度不小于 2 mm。基层处理剂涂刷后至少 4 h 才能铺卷材。涂膜附加层涂刷后 24 h 才能进行下一道工序。

(3) 铺贴卷材。在基层上按铺贴设计要求弹出铺贴线，按弹线情况裁割好卷材。卷材铺贴时，在坡面上应将长边垂直于排水方向，且沿排水的反方向顺序铺贴，在转角处和立面上卷材应自下而上铺贴。铺贴时，先将成品 CX—404 胶搅拌均匀，然后分别在基层表面涂刷，不得反复来回涂刷，以免"咬底"。涂胶时，卷材及基层周边厚度为 10 cm。

思考与练习

1. 施工组织总设计需要编制哪些计划？
2. 简述编制施工总平面图设计的内容和原则。
3. 施工组织总设计中的常用技术评价指标有哪些？
4. 施工组织设计进行技术经济分析的方法有哪些？各自的特点是什么？

第 6 章　单位工程施工组织设计

本章导读

本章主要介绍了单位工程施工组织设计编制的原则、依据和程序；详细介绍了单位工程施工组织设计的内容、资源需求计划编制方法；重点阐述了施工方案的选择、进度计划的编制步骤和方法、施工现场平面图布置的内容和步骤。

学习目标

◆ 了解单位工程施工组织设计编制的原则、依据和程序。

◆ 熟悉施工方案、施工顺序的选择方法。

◆ 熟悉砖混结构、现浇混凝土结构及单层装配式工业厂房的施工顺序。

◆ 掌握进度计划编制的步骤和方法。

◆ 掌握施工现场平面图布置的内容及步骤。

6.1　概　　述

单位工程施工组织设计是进行单位工程施工组织的文件，是计划书，也是指导书。如果说施工组织总设计是对群体工程而言的，相当于一个战役的战略部署，则单位工程施工组织设计就是每场战斗的战术安排。施工组织总设计要解决的是全局性的问题，而单位工程施工组织设计则是解决具体工程的具体问题。也就是说，单位工程施工组织是针对一个具体的拟建单位工程，从施工准备工作到整个施工的全过程进行规划，实行科学管理和文明施工，使投入施工中的人力、物力和财力及技术能最大限度地发挥其作用，使施工能有条不紊地进行，从而实现项目的质量、工期和成本目标。在第 1 章中讲过，施工组织设计从其作用上看总体有两大类：一类是施工企业在投标时所编写的施工组织设计；另一类是中标后编写的用于指导整个施工用的施工组织设计。本章主要介绍的是后者。

6.1.1　单位工程施工组织设计的作用和编写依据

1. 单位工程施工组织设计的作用

施工企业在施工前应针对每一个施工项目，编制详细的施工组织设计，其作用主要有以下几点。

1) 为施工准备工作做出详细的安排

施工准备是单位工程施工组织设计的一项重要内容。在单位工程施工组织设计中对以下的施工准备工作提出明确的要求或做出详细、具体的安排。

(1) 熟悉施工图纸，了解施工环境。

(2) 施工项目管理机构的组建、施工力量的配备。

(3) 施工现场"三通一平"工作(即水通、电通、路通及场地平整工作)的落实。

(4) 各种建筑材料及水电设备的采购和进场安排。

(5) 施工设备及起重机等的准备和现场布置。

(6) 提出预制构件、门、窗以及预埋件等的数量和需要日期。

(7) 确定施工现场临时仓库、工棚、办公室、机具房以及宿舍等的面积，并组织进场。

2) 对项目施工过程中的技术管理做出具体安排

单位施工组织设计是指导施工的技术文件，可以针对以下几个主要方面的技术方案和技术措施做出详细的安排，用以指导施工。

(1) 结合具体工程特点，提出切实可行的施工方案和技术手段。

(2) 各分部分项工程以及各工种之间的先后施工顺序和交叉搭接。

(3) 对各种新技术及较复杂的施工方法所必须采取的有效措施与技术规定。

(4) 设备安装的进场时间以及与土建施工的交叉搭接。

(5) 施工中的安全技术和所采取的措施。

(6) 施工进度计划与安排。

从施工的角度看，单位工程施工组织设计是科学地组织单位工程施工的重要技术、经济文件，也是建筑企业管理科学化特别是施工现场管理的重要措施之一。同时，它也是指导施工和施工准备工作的技术文件，是现场组织施工的计划书、任务书和指导书。

2. 单位工程施工组织设计的编写依据

单位工程施工组织设计编写的主要依据有以下几方面。

(1) 施工组织总设计。当单位工程为建筑群的一个组成部分时，则该建筑物的施工组织设计必须按照施工组织总设计的各项指标和任务要求来编制，如进度计划的安排应符合总设计的要求等。

(2) 施工现场条件和地质勘察资料。如施工现场的地形、地貌，地上与地下障碍物，以及水文地质、交通运输道路、施工现场可占用的场地面积等。

(3) 工程所在地的气象资料。如施工期间的最低气温、最高气温及延续时间，雨季、雨量等。

(4) 施工图及设计单位对施工的要求。其中包括单位工程的全部施工图样、会审记录和相关标准图等有关设计资料。较复杂的工业建筑、公共建筑和高层建筑等，还应了解设备图样和设备安装对土建施工的要求，设计单位对新结构、新技术、新材料和新工艺的要求。

(5) 材料、预制构件及半成品供应情况。主要包括工程所在地的主要建筑材料、构配件、半成品的供货来源、供应方式，以及运距和运输条件等。

(6) 劳动力配备情况。主要有两方面的资料：一方面是企业能提供的劳动力总量和各专业工种的劳动人数；另一方面是工程所在地的劳动力市场情况。

(7) 施工机械设备的供应情况。

(8) 施工企业年度生产计划对该工程项目的安排和规定的有关指标。如开工时间、竣工时间及其他项目穿插施工的要求等。

(9) 本项目相关的技术资料。主要包括标准图集、地区定额手册、国家操作规程及相关的施工与验收规范、施工手册等，以及企业相关的经验资料、企业定额等。

(10) 建设单位的要求。主要包括开工时间、竣工时间，对项目质量、建材以及其他的一些特殊要求等。

(11) 建设单位可能提供的条件。如现场"三通一平"情况、临时设施以及合同中约定的建设单位供应的材料、设备的时间等。

(12) 与建设单位签订的工程承包合同。

6.1.2 单位工程施工组织设计的编写原则和程序

1. 单位工程施工组织设计的编写原则

单位工程施工组织设计的编写应遵循以下原则。

1) 符合施工组织总设计的要求

若单位工程属于群体工程的一部分，则此单位工程施工组织设计在编制时应满足总设计对工期、质量及成本目标的要求。

2) 合理地划分施工段和安排施工顺序

为合理地组织施工，满足流水施工的要求，应将施工对象划分成若干个施工段(具体要求见第 2 章)。同时，按照施工客观规律和建筑产品的工艺要求安排施工顺序，这也是编制单位工程施工组织设计的重要原则。在施工组织设计中一般应将施工对象按工艺特征进行分解，借此组织流水作业，使不同的施工过程尽量平行搭接施工。同一施工工艺(施工过程)连续作业，从而缩短工期，不出现窝工现象。当然，在组织施工时，应注意安全。

3) 采用先进的施工技术和施工组织措施

先进的施工技术是提高劳动生产率，保证工程质量，加快施工进度，降低施工成本，减轻劳动强度的重要途径。但选用新技术应从企业实际出发，以实事求是的态度，在调查研究的基础上，经过科学分析和技术经济论证，既要考虑其先进性，更要考虑其适用性和经济性。

4) 专业工种的合理搭接和密切配合

由于建筑施工对象趋于复杂化、高技术化，因而完成一个工程的施工所需要的工种将越来越多，相互之间的影响以及对工程施工进度的影响也将越来越大。施工组织设计要有预见性和计划性，既要使各施工过程、专业工种顺利进行施工，又要使它们尽可能地实现搭接和交叉，以缩短工期。有些工程的施工中，一些专业工种既相互制约又相互依存，这就需要各工种间密切配合。高质量的施工组织设计应对此做出周密的安排。

5) 应对施工方案做技术经济比较

首先要对主要工种工程的施工方案和主要施工机械的选择方案进行论证和技术经济分

析，以选择经济上合理、技术上先进且切合现场实际、适合本项目的施工方案。

6) 确保工程质量、施工安全和文明施工

在单位工程施工组织设计中应根据工程条件拟定保证质量、降低成本和安全施工的措施，要求切合实际、有的放矢，同时提出文明施工及保护环境的措施。

2. 单位工程施工组织设计的编制程序

单位工程施工组织设计编制的一般程序如图 6-1 所示。

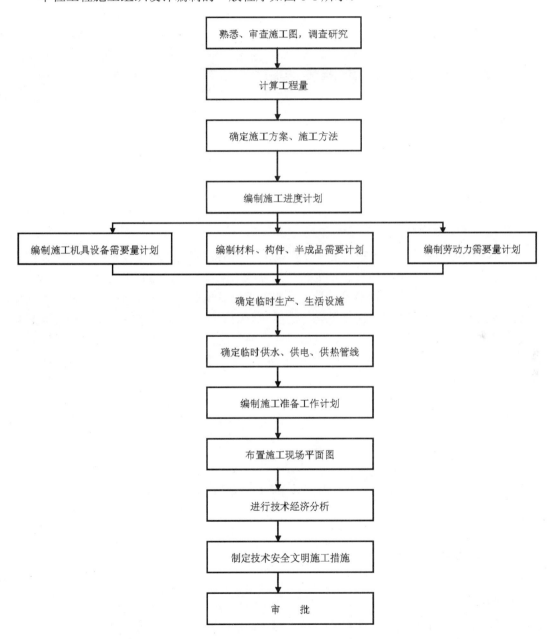

图 6-1　单位工程施工组织设计编制程序

6.1.3　单位工程施工组织设计的内容

1. 一般内容

单位工程施工组织设计的内容，根据工程性质、规模和复杂程度，其内容、深度和广度要求不同，因而在编制时应从实际出发，确定各种生产要素，如材料、机械、资金、劳动力等，使其真正起到指导建筑工程投标、指导现场施工的目的。单位工程施工组织设计较完整的内容一般包括以下几方面。

(1) 工程概况及施工条件分析。

(2) 施工方法与相应的技术组织措施，即施工方案。

(3) 施工进度计划。

(4) 劳动力、材料、构件和机械设备等需要量计划。

(5) 施工准备工作计划。

(6) 施工现场平面布置图。

(7) 保证质量、安全、降低成本以及文明施工等技术措施。

(8) 各项技术经济指标。

2. 各内容间的相关关系

单位工程施工组织设计各项内容中，劳动力、材料、构件和机械设备等需要量计划、施工准备工作计划、施工现场平面布置图是指导施工准备工作，为施工创造物质基础的技术条件。施工方案和进度计划则主要是指导施工过程，规划整个施工活动的文件。工程能否按期完工或提前交工，主要决定于施工进度计划的安排，而施工进度计划的制订又必须以施工准备、场地条件以及劳动力、机械设备、材料的供应能力和施工技术水平等因素为基础。反过来，各项施工准备工作的规模和进度、施工平面图的分期布置、各种资源的供应计划等又必须以施工进度计划为依据。因此，在编制单位工程施工组织设计时，应抓住关键环节，同时处理好各方面的相互关系，重点编制好施工方案、施工进度计划和施工平面布置图，即通常所说的"一图一案一表"。抓住三个重点，突出技术、时间和空间三大要素，其他问题就会迎刃而解了。

6.2　工程概况与施工条件

6.2.1　工程概况

1. 基本概况

单位工程施工组织设计一开始就应对工程的最基本情况，如建设单位、设计单位、监理单位、建筑面积、结构形式、装饰特点、造价等做简单介绍，使人一目了然。对这些基本情况可以做成工程概况表的形式，如表 6-1 所示。

表 6-1　XX 工程概况

建设单位		工程名称	
设计单位		开工日期	
监理单位		竣工日期	
施工单位		造价	
工程概况	建筑面积	工程投资额	
	建筑高度	现场概况	施工用水	
	建筑层数		施工用电	
	结构形式		施工道路	
	基础类型及深度		地下水位	

2. 建筑结构设计特点

建筑方面主要介绍拟建工程的建筑面积、建筑层数、建筑高度、平面形状及室内外装修等情况。结构方面主要介绍基础类型、埋置深度、结构类型、抗震设防烈度，是否采用新结构、新技术、新工艺和新材料等，由此说明需要施工解决的重点与难点问题，同时可以附上项目的建筑平面图、立体图、剖面图及结构布置图，使人阅读后对该工程的特点有所了解。同时，通过项目的建筑、结构及水电安装等特点分析，为制定施工方案及采取相应的技术措施提供依据，从而保证施工顺利地进行。

6.2.2　施工条件及分析

(1) 施工现场条件。在单位工程施工组织中，应简要地介绍和分析施工现场的"三通一平"情况，拟建工程的位置、地形、地貌、拆迁、障碍物清除及地下水位等情况，周边建筑物以及施工场地周边的人文环境等。不了解和不分析清楚这些情况，会影响施工组织与管理，会影响施工方案的制定。

(2) 气象资料分析。应对施工项目所在地的气象资料做全面收集与分析，如当地最低气温、最高气温及时间，冬雨季施工的起止时间和主导风向等，对这些因素应调查清楚，纳入施工组织设计的内容中，为制定施工方案与措施提供资料。

(3) 其他资源的调查与分析。包括工程所在地的原材料、劳动力、机械设备、半成品等的供应及价格情况，市政配套情况、水电供应情况、交通及运输条件、业主可提供的临时设施、协作条件等，这些资源条件直接影响项目的施工。

6.3　施工方案的选择

施工方案的选择是编制单位工程施工组织设计的重点，是整个单位工程施工组织设计的核心。它直接影响工程施工的质量、工期和经济效益，因而施工方案的选择是非常重要的工作。施工方案的选择主要包括施工顺序、施工组织、施工机械及主要的分部分项工程施工方法的选择等内容。

6.3.1 施工流向的确定

施工流向是指单位工程在平面上或竖向上施工开始的部位和进展的方向。对单位工程施工流向的确定一般遵循"四先四后"的原则，即先准备后施工、先地下后地上、先主体后围护、先结构后装饰的次序。

同时，针对具体的单位工程，在确定施工流向时应考虑以下因素：生产使用的先后，施工区段的划分，与材料、构件、土方的运输方向不发生矛盾，适应主导工程(工程量大、技术复杂、占用时间长的施工过程)的合理施工顺序。具体应注意以下几点。

(1) 工业厂房的生产工艺往往是确定施工流向的关键因素，故影响试车投产的工段应先施工。

(2) 建设单位对生产或使用要求在先的部位应先施工。

(3) 技术复杂、工期长的区段或部位应先施工。

(4) 当有高低跨并列时，应从并列处开始；屋面防水施工应按先低后高的顺序进行，当基础埋深不同时，应先深后浅。

(5) 根据施工现场条件确定。如土方工程边开挖边余土外运，施工的起点一般应选定在离道路较远的地方，由远而近地流向进行。对于装饰工程，一般分室内装饰和室外装饰。室外装饰通常是自上而下进行，但特殊情况下可以不按自上而下的顺序进行，如商业性建筑为满足业主营业的要求，可采取自中而下的顺序进行，以保证营业部分的外装饰先完成。这种顺序的不足之处是在上部进行外装饰时，容易损坏或污染下部的装饰。室内装饰可以采取主体封顶后自上而下进行，如图 6-2 所示，也可以采取自下而上进行，如图 6-3 所示。

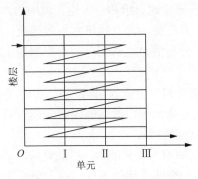

图 6-2 室内装饰自上而下的流向

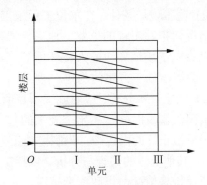

图 6-3 室内装饰自下而上的流向

6.3.2 施工顺序的选择

1. 考虑的因素

施工顺序是指各项工程或施工过程之间的先后次序。施工顺序应根据实际的工程施工条件和采用的施工方法来确定，没有一种固定不变的顺序，但这并不是说施工顺序是可以随意改变的。也就是说，建筑施工的顺序有其一般性，也有其特殊性。因而确定施工顺序应考虑以下因素。

(1) 遵循施工程序。施工顺序应在不违背施工程序的前提下确定。

(2) 符合施工工艺。施工顺序应与施工工艺顺序相一致，如现浇钢筋混凝土连梁的施工顺序为：支模板→绑扎钢筋→浇混凝土→养护→拆模板。

(3) 与施工方法和施工机械的要求相一致。不同的施工方法和施工机械会使施工过程的先后顺序有所不同。如建造装配式单层厂房，采用分件吊装法的施工顺序是：先吊装全部柱子，再吊装全部吊车梁，最后吊装所有屋架和屋面板。采用综合吊装法的顺序是：先吊装完一个节间的柱子、吊车梁、屋架和屋面板之后，再吊装另一个节间的构件。

(4) 考虑工期和施工组织的要求。如地下室的混凝土地坪，可以在地下室的楼板铺设前施工，也可以在楼板铺设后施工。但从施工组织的角度来看，前一方案便于利用安装楼板的起重机向地下室运送混凝土，因此宜采用此方案。

(5) 考虑施工质量和安全要求。如基础回填土，必须在砌体达到必要的强度以后才能开始，否则，砌体的质量将会受到影响。

(6) 不同地区的气候特点不同，安排施工过程应考虑到气候特点对工程的影响。如土方工程施工应避开雨季，以免基坑被雨水浸泡或遇到地表水而造成基坑开挖的难度。

现在以砖混结构建筑、钢筋混凝土结构建筑以及装配式工业厂房为例，分别介绍不同结构形式的施工顺序。

2. 砖混结构多层建筑施工顺序

多层砖混结构房屋的施工，一般可划分为三个阶段，即基础工程施工、主体工程施工和装饰工程施工。其一般的施工顺序如图 6-4 所示。

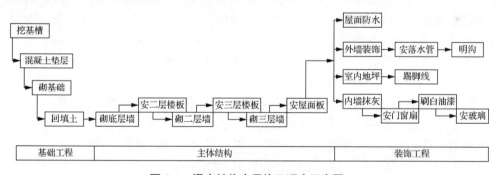

图 6-4 混合结构房屋施工顺序示意图

1) 基础工程施工顺序

基础工程施工顺序一般是：挖槽(坑)→混凝土垫层→基础施工→做防潮层→回填土。若有桩基，则在开挖前应施工桩基；若有地下室，则基础工程施工中应包括地下室的施工。

槽(坑)开挖完成后，立即验槽做垫层，其时间间隔不能太长，以防止地基土长期暴露，被雨水浸泡而影响其承载力，即所谓的"抢基础"。在实际施工中，若由于技术或组织上的原因不能立即验槽做垫层和基础，则在开挖时可留 20~30 cm 至设计标高，以保护地基土，待有条件进行下一步施工时，再挖去预留的土层。

对于回填土，由于回填土对后续工序的施工影响不大，可视施工条件灵活安排。原则上是在基础工程完工之后一次性分层夯填完毕，可以为主体结构工程阶段施工创造良好的工作条件，如它为搭外脚手架及底层砌墙创造了比较平整的工作面。特别是当基础比较深，回填土量较大的情况下，回填土最好在砌墙以前填完，在工期紧张的情况下，也可以与砌墙平行施工。

2) 主体结构工程施工

砖混结构主体施工的主导工序是砌墙和安装楼板，对于整个施工过程主要有：搭脚手架，砌墙，安装门窗框，吊装预制门窗过梁或浇筑钢筋混凝土圈梁，吊装楼板和楼梯，浇筑雨篷、阳台及吊装屋面等。它们在各楼层之间先后交替施工。在组织砖混结构单个建筑物的主体结构工程施工时，应把主体结构工程归并成砌墙和吊装楼板两个主导施工过程来组织流水施工，使主导工序能连续进行。

3) 装饰工程施工顺序

主体完工后，项目进入装饰施工阶段。该阶段分项工程多，消耗的劳动量大，工期也较长，本阶段对砖混结构施工的质量有较大的影响，因而必须确定合理的施工顺序与方法来组织施工。本阶段主要的施工过程有内外墙抹灰、安装门窗扇、安装玻璃和油漆、内墙刷浆、室内地坪、踢脚线、屋面防水、安装落水管、明沟、散水、台阶以及水、暖、电、卫等，其中主导工程是抹灰工程，安排施工顺序应以抹灰工程为主导，其余工程是交叉、平行、穿插地进行。

室外装饰的施工顺序一般为自上而下施工，同时拆除脚手架。

室内抹灰的施工顺序从整体上通常采用自上而下、自下而上、自中而下再自上而中三种施工方案。

(1) 自上而下的施工顺序。该顺序通常在主体工程封顶做好屋面防水层后，由顶层开始逐层向下施工。其优点是主体结构完成后，建筑物已有一定的沉降时间，且屋面防水已做好，可防止雨水渗漏，以保证室内抹灰的施工质量。此外，采用自上而下的施工顺序，交叉工序少，工序之间相互影响小，便于组织施工和管理，保证施工安全。其缺点是不能与主体工程搭接施工，因而工期较长。该施工顺序常用于多层建筑的施工。

(2) 自下而上的施工顺序。该顺序通常与主体结构间隔二到三层平行施工。其优点是可以与主体结构搭接施工，所占工期较短。其缺点是交叉工序多，不利于组织施工和管理，也不利于安全控制。另外，上面的主体结构施工用水，容易渗漏到下面的抹灰上，不利于室内抹灰的质量。该施工顺序通常用于高层、超高层建筑和工期紧张的工程。

(3) 自中而下再自上而中的施工顺序。该顺序是结合了上述两种施工顺序的优缺点。一般在主体结构进行到一半时，主体结构继续向上施工，而室内抹灰则向下施工，这样使得抹灰工程距离主体结构施工的工作面越来越远，相互之间的影响也越来越小。该施工顺序常用于层数较多的工程施工。

室内同一层的天棚、墙面、地面的抹灰施工顺序通常有两种：一种是地面→天棚→墙面，这种顺序室内清理简便，有利于保证地面施工质量，且有利于收集天棚、墙面的落地灰，节省材料。但地面施工完成以后，需要一定的养护时间才能施工天棚、墙面，因而工期较长。另外，还需注意地面的保护。另一种是天棚→墙面→地面，这种施工顺序的好处是工期短，但施工时如不注意清理落地灰，会影响地面抹灰与基层的黏结，造成地面起拱。

楼梯和过道是施工时运输材料的主要通道，它们通常在室内抹灰完成以后，再自上而下施工。楼梯、过道、室内抹灰全部完成以后，再进行门窗扇的安装，然后进行油漆工程，最后安装门窗玻璃。

3. 钢筋混凝土结构建筑施工顺序

现浇钢筋混凝土结构建筑是目前应用最广泛的建筑形式，其总体施工可分为三个阶段，即基础工程施工、主体工程施工及装饰与设备安装工程施工。

1) 基础工程施工

对于钢筋混凝土结构工程，其基础形式有桩基础、独立基础、筏形基础、箱形基础等，不同的基础其施工顺序(工艺)不同。

(1) 桩基础的施工顺序。对人工挖孔灌注桩，其施工顺序一般为：人工成孔→验孔→落放钢筋骨架→浇筑混凝土。对于钻孔灌注桩，其施工顺序一般为：泥浆护壁成孔→清孔→落放钢筋骨架→水下浇筑混凝土。对于预制桩，其施工顺序一般为：放线定桩位→设备及桩就位→打桩→检测。

(2) 独立基础的施工顺序。其施工顺序一般为：开挖基坑→验槽→做混凝土垫层→扎钢筋支模板→浇筑混凝土→养护→回填土。

(3) 箱形基础的施工顺序。其施工顺序一般为：开挖基坑→做垫层→箱底板钢筋、模板及混凝土施工→箱墙钢筋、模板、混凝土施工→箱顶钢筋、模板、混凝土施工→回填土。

在箱形、筏形基础施工中，土方开挖时应做好支护、降水等工作，防止塌方，对于大体积混凝土应采取措施防止裂缝产生。

2) 主体工程施工

对于主体工程的钢筋混凝土结构施工，总体上可以分为两大类构件：一类是竖向构件，如墙柱等；另一类是水平构件，如梁板等，因而其施工总的顺序为"先竖向再水平"。

(1) 竖向构件施工顺序。对于柱与墙，其施工顺序基本相同，即放线→绑扎钢筋→预留预埋→支模板及脚手架→浇筑混凝土→养护。

(2) 水平构件施工顺序。对于梁板，一般同时施工，其顺序为：放线→搭脚手架→支梁底模、侧模→扎梁钢筋→支板底模→扎模钢筋→预留预埋→浇筑混凝土→养护。

现在，随着商品混凝土的广泛应用，一般同一楼层的竖向构件与水平构件混凝土同时浇筑。

3) 装饰与设备安装工程施工

对于装饰工程，总体施工顺序与前面讲述的砖混结构装饰工程的施工顺序相同，即"先外后内，室外由上到下，室内既可以由上向下，也可以由下向上"。对于多层、小高层或高层钢筋混凝土结构建筑，特别是高层建筑，为了缩短工期，其装饰和水、电、暖、通设备是与主体结构施工搭接进行的，一般是主体结构做好几层后随即开始。装饰和水、电、暖、通设备安装阶段的分项工程很多，各分项工程之间、一个分项工程中的各个工序之间，均需按一定的施工顺序进行。虽然有许多楼层的工作面，可组织立体交叉作业，基本要求与混合结构的装修工程相同，但高层建筑的内部管线多，施工复杂，组织交叉作业尤其要注意相互关系的协调以及质量和安全问题。

4. 装配式钢筋混凝土单层工业厂房施工顺序

装配式钢筋混凝土单层工业厂房施工共分基础工程、预制工程及养护、结构安装工程与围护及装饰工程等主要阶段。由于基础工程与预制工程之间没有相互制约的关系，所以相互之间就没有既定的顺序，只要保证在结构安装之前完成，并满足吊装的强度要求即可。各施工阶段的工作内容与施工顺序如图 6-5 所示。

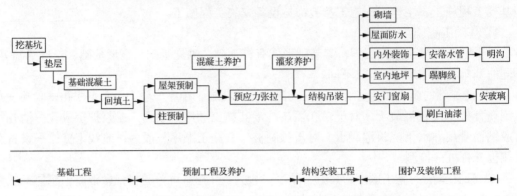

图 6-5　装配式钢筋混凝土单层工业厂房施工顺序示意图

1) 基础工程的施工顺序

装配式钢筋混凝土单层工业厂房的基础一般为现浇杯形基础。其基本施工顺序是：基坑开挖、做垫层、浇筑杯形基础混凝土、回填土。若是重型工业厂房基础，对土质较差的工程则需打桩或其他人工地基；如遇深基础或地下水位较高的工程，则需采取人工降低地下水位。

大多数单层工业厂房都有设备基础，特别是重型机械厂房，设备基础既深又大，其施工难度大，技术要求高，工期也较长。设备基础的施工顺序如何安排，会影响到主体结构的安装方法和设备安装的进度。若工业厂房内有大型设备基础时，其施工有以下两种方案。

(1) 开敞式。这是遵照先地下后地上的顺序，设备基础与厂房基础的土方同时开挖。由于开敞式的土方量较大，可用正铲挖掘机、反铲挖掘机以及铲运机开挖。这种施工方法工作面大，施工方便，并为设备提前安装创造条件。其缺点是对主体结构安装和构件的现场预制带来不便。当设备基础较复杂、埋置深度大于厂房柱基的埋置深度并且工程量大时，开敞式施工方法较适用。

(2) 封闭式。这是设备基础施工在主体厂房结构完成以后进行。这种施工顺序是先建厂房，后做设备基础。其优点是厂房基础和预制构件施工的工作面较大，有利于重型构件现场预制、拼装、预应力张拉和就位；便于各种类型的起重机开行路线的布置；可加速厂房主体结构施工。由于设备基础是厂房建成后施工，因此可利用厂房内的桥式吊车作为设备基础施工中的运输工具，并且不受气候的影响。其缺点是部分柱基回填土在设备基础施工时会被重新挖空，出现重复劳动，设备基础的土方工程施工条件差，只有当设备基础的工作量不大且埋置深度不超过厂房桩基的埋置深度时，才能采用封闭式施工。

2) 预制工程及养护的施工顺序

单层工业厂房的预制构件有现场预制和工厂预制两大类。首先确定哪些构件在现场预制，哪些构件在构件厂预制。一般来说，像单层工业厂房的牛腿柱、屋架等大型不方便运输的构件在现场预制；而屋面板、天窗、吊车染、支撑、腹杆及连系梁等在工厂预制。

预制工程及养护的施工顺序一般为：构件支模(侧模等)→绑扎钢筋(预埋件)→浇筑混凝土→养护。若是预应力构件，则应加上"预应力钢筋的制作→预应力筋张，拉锚固→灌浆"。

由于现场预制构件时间较长，为了缩短工期，原则上先安装的构件(如柱等)应先预制。但总体上，现场预制构件(如屋架、柱等)应提前预制，以满足一旦杯形基础施工完成，达到规定的强度后就可以吊装柱子，柱子吊装完成灌浆固定养护达到规定的强度后就可以吊装屋架，从而达到缩短工期的目的。

3) 结构安装工程施工顺序

装配式单层工业厂房的结构安装是整个厂房施工的主导施工过程，安装的一般顺序为：柱子安装校正固定→连系梁安装→吊车梁安装→屋盖结构安装(包括屋架、屋面板、天窗等)。在编制施工组织计划时，应绘制构件现场吊装就位图、起吊机的开行路线图，包括每次开行吊装的构件及构件编号图。

安装前应做好其他准备工作，包括构件强度核算、基础杯底抄平、杯口弹线、构件的吊装验算和加固、起重机稳定性及起重能力核算、起吊各种构件的索具准备等。

单层厂房安装顺序有两种：一种是分件吊装法，即先依次安装和校正全部柱子，然后安装屋盖系统等。这种方式起重机在同一时间安装同一类型构件，包括就位、绑扎、临时固定、校正等工序并且使用同一种索具，劳动组织不变，可提高安装效率。其缺点是增加起重机开行路线。另一种是综合吊装法，即逐个节间安装，连续向前推进。其方法是先安装四根柱子，立即校正后安装吊车梁与屋盖系统，一次性安装好纵向一个柱距的节间。这种方式可缩短起重机的开行路线，并且可为后续工序提前创造工作面，实现最大搭接施工。其缺点是安装索具和劳动力组织有周期性变化而影响生产率。上述两种方法在单层厂房安装工程中均有采用。一般实践中，综合吊装法应用相对较少。

对于厂房两端山墙的抗风柱，其安装通常也有两种方法：一种是随一般柱一起安装，即起重机从厂房一端开始，首先安装抗风柱，安装就位后立即校正固定；另一种方法是待单层厂房的其他构件全部安装完毕后，安装抗风柱，校正后立即与屋盖连接。

4) 围护、屋面及其他工程施工

围护、屋面及其他工程施工主要包括砌墙、屋面防水、地坪、装饰工程等，对这类工程可以组织平行作业，尽量利用工作面安排施工。一般当屋盖安装后先进行屋面灌缝，随即进行地坪施工，并同时进行砌墙，砌墙结束后紧接着进行内外粉刷。

屋面防水工程一般应在屋面板安装后马上进行。屋面板吊装固定之后随即可进行灌缝及抹水泥砂浆，做找平层。若做柔性防水层面，则应等找平层干燥后再开始做防水层，在做防水层之前应将天窗扇和玻璃安装好并油漆完毕，还要避免在刚做好防水层的屋面上行走和堆放材料、工具等物，以防损坏防水层。

单层厂房的门窗油漆可以在内墙刷白以后马上进行，也可以与设备安装同时进行。地坪应在地下管道、电缆完成后进行，以免凿开嵌补。

以上针对砖混结构、钢筋混凝土结构及装配式单层工业厂房施工的施工顺序安排做了一般说明，是施工顺序的一般规律。在实践中，由于影响施工的因素很多，各具体的施工项目其施工条件各不相同，在组织施工时应结合具体情况和本企业的施工经验，因地制宜地确定施工顺序组织施工。

6.3.3 施工方法的确定

1. 施工方法确定的原则

(1) 具有针对性。在确定某个分部分项工程的施工方法时，应结合本分项工程的情况来制定，不能泛泛而谈。例如，模板工程应结合本分项工程的特点来确定其模板的组合、支撑及加固方案，画出相应的模板安装图，不能只按施工规范谈安装要求。

(2) 体现先进性、经济性和适用性。选择某个具体的施工方法(工艺)首先应考虑其先进性，保证施工的质量。同时，还应考虑到在保证质量的前提下，该方法是否经济和适用，并对不同的方法进行经济评价。

(3) 保障性措施应落实。在拟定施工方法时，不仅要拟定操作过程和方法，而且要提出质量要求，并要拟定相应的质量保证措施和施工安全措施及其他可能出现意外情况的预防措施。

2. 施工方法选择

在选择主要的分部或分项工程施工时，应包括以下内容。

1) 土石方工程

(1) 计算土石方工程量，确定开挖或爆破方法，选择相应的施工机械。当采用人工开挖时应按工期要求确定劳动力数量，并确定如何分区分段施工。当采用机械开挖时应选择机械挖土的方式，确定挖掘机型号、数量和行走线路，以充分利用机械能力，达到最高的挖土效率。

(2) 地形复杂的地区进行场地平整时，确定土石方调配方案。

(3) 基坑深度低于地下水位时，应选择降低地下水位的方法，确定降低地下水所需的设备。

(4) 当基坑较深时，应根据土壤类别确定边坡坡度、土壁支护方法，确保安全施工。

2) 基础工程

(1) 基础需设施工缝时，应明确留设位置和技术要求。

(2) 确定浅基础的垫层、混凝土和钢筋混凝土基础施工的技术要求或有地下室时的防水施工技术要求。

(3) 确定桩基础的施工方法和施工机械。

3) 砌筑工程

(1) 应明确砖墙的砌筑方法和质量要求。

(2) 明确砌筑施工中的流水分段和劳动力组合形式等。

(3) 确定脚手架搭设方法和技术要求。

4) 混凝土及钢筋混凝土工程

(1) 确定混凝土工程施工方案，如滑模法、爬升法或其他方法等。

(2) 确定模板类型和支模方法。重点应考虑提高模板周转利用次数、节约人力和降低成本，对于复杂工程还需进行模板设计和绘制模板放样图或排列图。

(3) 钢筋工程应选择恰当的加工、绑扎和焊接方法。例如，钢筋做现场预应力张拉时，应详细地规定预应力钢筋的加工、运输、安装和检测方法。

(4) 选择混凝土的制备方案，如采用商品混凝土，还是现场制备混凝土。确定搅拌、运输及浇筑顺序和方法，选择泵送混凝土和普通垂直运输混凝土机械。

(5) 选择混凝土搅拌、振捣设备的类型和规格，确定施工缝的留设位置。

(6) 如采用预应力混凝土应确定预应力混凝土的施工方法、控制应力和张拉设备。

5) 结构吊装工程

(1) 根据选用的机械设备确定结构吊装方法，安排吊装顺序、机械位置、开行路线及构件的制作、拼装场地。

(2) 确定构件的运输、装卸、堆放方法，所需的机具、设备的型号、数量和对运输道路的要求。

6) 装饰工程

(1) 围绕室内外装修，确定采用工厂化、机械化施工方法。

(2) 确定工艺流程和劳动组织，组织流水施工。

(3) 确定所需的机械设备，确定材料堆放、平面布置和储存要求。

7) 现场垂直、水平运输

(1) 确定垂直运输量(有标准层的要确定标准层的运输量)，选择垂直运输方式，脚手架的选择及搭设方式。

(2) 确定水平运输方式及设备的型号、数量，配套使用的专用工具、设备(如混凝土车、灰浆车、料斗、砖车、砖笼等)，确定地面和楼层上水平运输的行驶路线。

(3) 合理地布置垂直运输设施的位置，综合安排各种垂直运输设施的任务和服务范围、混凝土后台上料方式。

6.3.4　施工机械的选择

选择施工机械时应注意以下几点。

(1) 选择主导工程的施工机械，如地下工程的土方机械，主体结构工程的垂直、水平运输机械，结构吊装工程的起重机械等。

(2) 在选择辅助施工机械时，必须充分发挥主导施工机械的生产效率，要使两者的台班生产能力协调一致，并确定出辅助施工机械的类型、型号和台数。例如，土方工程中自卸汽车的载重量应为挖掘机斗容量的整数倍，汽车的数量应保证挖掘机连续工作，使挖掘机的效率充分发挥。

(3) 为便于施工机械化管理，同一施工现场的机械型号应尽可能少。当工程量大而且集中时，应选用专业化施工机械；当工程量小而分散时，可选用多用途施工机械。

(4) 尽量选用施工单位的现有机械，以减少施工的投资额，提高现有机械的利用率，降低成本。当现有施工机械不能满足工程需要时，则购置或租赁所需的新型机械。

6.3.5　施工方案的评价

工程项目施工方案选择的目的是要求适合本工程的最佳方案，即方案在技术上可行、经济上合理，做到技术与经济相统一。对施工方案进行技术经济分析，就是为了避免施工方案的盲目性、片面性，在方案付诸实施之前就能分析出其经济效益，保证所选方案的科学性、有效性和经济性，达到提高质量、缩短工期、降低成本的目的，进而提高工程施工的经济效益。

1. 评价方法

施工方案技术经济分析方法可分为定性分析和定量分析两大类。

定性分析只能泛泛地分析各方案的优缺点，如施工操作上的难易和安全与否；可否为后续工序提供有利条件；冬季或雨季对施工影响的大小；是否可利用某些现有的机械和设备；能否一机多用；能否给现场文明施工创造有利条件等。这种评价方法受评价人的主观因素影响大，故只用于方案初步评价。

定量分析法是对各方案的投入与产出进行计算，如劳动力、材料及机械台班消耗、工期、成本等直接进行计算、比较，用数据说话，比较客观，让人信服。所以，定量分析是方案评价的主要方法。

2. 评价指标

(1) 技术指标。技术指标一般用各种参数表示，如深基坑支护中，若选用板桩支护，则指标有板桩的最小挖土深度、桩间距、桩的截面尺寸等。大体积混凝土施工时为了防止裂缝的出现，体现浇筑方案的指标有浇筑速度、浇筑厚度、水泥用量等。模板方案中的指标有模板面积、型号、支撑间距等。这些技术指标应结合具体的施工对象来确定。

(2) 经济指标。经济指标主要反映为完成任务必须消耗的资源量，由一系列价值指标、实物指标及劳动指标组成。例如，工程施工成本消耗的机械台班台数，用工量及其钢材、木材、水泥(混凝土)等材料消耗量等，这些指标能评价方案是否经济合理。

(3) 效果指标。效果指标主要反映采用该施工方案后预期达到的效果。效果指标有两大类：一类是工程效果指标，如工程工期、工程效率等；另一类是经济效果指标，如成本降低额或降低率、材料的节约量或节约率等。

6.4 单位工程施工进度计划安排

6.4.1 概述

1. 进度计划的作用与分类

1) 作用

单位工程施工进度计划是施工方案在时间上的具体反映，是指导单位工程施工的基本文件之一。它的主要任务是以施工方案为依据，安排单位工程中各施工过程的施工顺序和施工时间，使单位工程在规定的时间内，有条不紊地完成施工任务。

施工进度计划的主要作用是为编制企业季度、月度生产计划提供依据，也为平衡劳动力、调配和供应各种施工机械及各种物资资源提供依据，同时也为确定施工现场的临时设施数量和动力配备等提供依据。至于施工进度计划与其他各方面，如施工方法是否合理、工期是否满足要求等更是有着直接的关系，而这些因素往往是相互影响和相互制约的。因此，编制施工进度计划应细致地、周密地考虑这些因素。

2) 进度计划的类别

(1) 根据进度计划的表达形式，进度计划可以分为横道计划、网络计划和时标网络计划。其形式可参见第 2、3 章的内容。横道计划形象直观，能直观地知道工作的开始日期和结束日期，能按天统计资源消耗，但不能抓住工作间的主次关系，且逻辑关系不明确。网络计划能反映各工作间的逻辑关系，有利于重点控制，但工作的开始时间与结束时间不直观，也不能按天统计资源。时标网络计划结合了横道计划和普通网络计划的优点，是实践中应用较普遍的一种进度计划表达形式。

(2) 根据其对施工的指导作用的不同，进度计划可分为控制性施工进度计划和实施性施工进度计划两类。

控制性施工进度计划一般在工程的施工工期较长、结构比较复杂、资源供应暂无法全部落实的情况下采用，或者工程的工作内容可能发生变化和某些构件(结构)的施工方法暂时还不能全部确定的情况下采用。这时不可能也没有必要编制较详细的施工进度计划，往往就编制以分部工程项目为划分对象的施工进度计划，以便控制各分部工程的施工进度。但在进行分部工程施工前应按分项工程编制详细的施工进度计划，以便具体指导分部工程的现场施工。

实施性施工进度计划是对控制性施工进度计划的补充，是确定各分部工程施工时的施工顺序和施工时间的具体依据。该类施工进度计划的项目划分必须详细，各分项工程彼此间的衔接关系必须明确。它的编制可与编制控制性进度计划同时进行，有的可缓些时候，待条件成熟时再编制。对于比较简单的单位工程，一般可以直接编制出单位工程施工进度计划。

这两种计划形式是相互联系、互为依据的，在实践中可以结合具体情况来编制。若工程规模大，而且复杂，可以先编制控制性的计划，然后针对每个分部工程再编制详细的实施性的计划。

2. 进度计划编制依据

编制进度计划的主要依据有以下几方面。

(1) 施工总工期及开工日期、竣工日期。

(2) 经过审批的建筑总平面图、地形图、单位工程施工图、设备及基础图、适用的标准图及技术资料。

(3) 施工组织总设计对本单位工程的有关规定。

(4) 施工条件、劳动力、材料、构件及机械供应条件，分包单位情况等。

(5) 主要分部(项)工程的施工方案。

(6) 劳动定额、机械台班定额及本企业施工水平。

(7) 工程承包合同及业主的合理要求。

(8) 其他有关资料，如当地的气象资料等。

6.4.2 编制程序与步骤

1. 编制程序

单位工程施工进度计划编制的一般程序如图 6-6 所示。

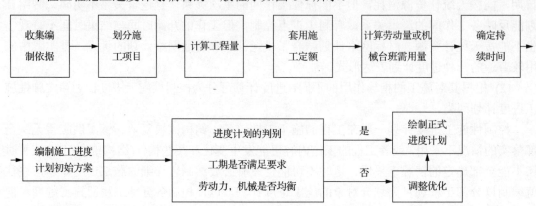

图 6-6 单位工程施工进度计划编制程序

2. 编制步骤

1) 划分施工过程

施工过程是进度计划的基本组成单元，其划分得粗与细、适当与否关系到进度计划的安排，因而应结合具体的施工项目来合理地确定施工过程。这里的施工过程主要包括直接在建筑物(或构筑物)上进行施工的所有分部分项工程，不包括加工厂的预制加工及运输过程，即这些施工过程不进入进度计划中，可以提前完成，不影响进度。在确定施工过程时，应注意以下几个问题。

(1) 施工过程划分的粗细程度，主要取决于进度计划的客观需要。编制控制性进度计划时，施工过程应划分得粗一些，通常只列出分部工程名称。编制实施性施工进度计划时，项目要划分得细一些，特别是其中的主导工程和主要分部工程，应尽量详细而且不漏项，以便于指导施工。

(2) 施工过程的划分要结合所选择的施工方案。施工方案不同，施工过程的名称、数量和内容也会有所不同。

(3) 适当地简化施工进度计划内容，避免工程项目划分过细、重点不突出。编制时可考虑将某些穿插性分项工程合并到主要分项工程中去，如安装门窗框可以并入砌墙工程。对于在同一时间内，由同一工程队施工的过程可以合并为一个施工过程，而对于次要的零星分项工程，可合并为"其他工程"一项。

(4) 水暖电卫工程和设备安装工程通常由专业施工队负责施工。因此，在施工进度计划中只要反映出这些工程与土建工程如何配合即可，不必细分，一般采用此项目穿插进行。

(5) 所有的施工过程应大致按施工顺序先后排列，所采用的施工项目名称可参考现行定额手册上的项目名称。

　　总之，划分施工过程要粗细得当，最后根据划分的施工过程列出施工过程一览表以供使用。

　　2) 计算工程量

　　工程量计算应严格按照施工图纸和工程量计算规则进行。当编制施工进度计划时如已经有了预算文件，则可直接利用预算文件中有关的工程量。若某些项目的工程量有出入但相差不大时，可结合工程项目的实际情况做一些调整或补充。计算工程量时应注意以下几个问题。

　　(1) 各分部分项工程的计算单位必须与现行施工定额的计量单位一致，以便计算劳动量和材料、机械台班消耗量时直接套用。

　　(2) 结合分部分项工程的施工方法和技术安全的要求计算工程量。例如，土方开挖应考虑土的类别、挖土的方法、边坡护坡处理和地下水的情况。

　　(3) 结合施工组织的要求，分层、分段计算工程量。

　　(4) 计算工程量时，尽量考虑编制其他计划时使用工程量数据的方便，做到一次计算多次使用。

　　3) 计算劳动量和机械台班数

　　计算完每个施工段各施工过程的工程量后，可以根据现行的劳动定额，计算相应的劳动量和机械台班数，可按下式计算：

$$P_i = \frac{Q_i}{S_i} = Q_i Z_i \tag{6-1}$$

式中：P_i——第 i 个施工过程的劳动量(台班)数量；

　　　　Q_i——第 i 个施工过程的工程量；

　　　　S_i——产量定额；

　　　　Z_i——时间定额。

　　对于"其他工程"项目的劳动量或机械台班量，可根据合并项目的实际情况进行计算。实践中，常根据工程特点，结合工地和施工单位的具体情况，以总劳动量的一定比例估算，一般约占总劳动量的 10%～20%。

　　当某一分项工程是由若干具有同一性质而不同类型的分项工程合并而成时，应根据各个不同分项工程的劳动定额和工程量，按合并前后总劳动量不变的原则计算合并后的综合劳动定额。其计算公式如下：

$$\bar{S} = \frac{\sum_{i=1}^{n} Q_i}{\dfrac{Q_1}{S_1} + \dfrac{Q_2}{S_2} + \cdots + \dfrac{Q_n}{S_n}} \quad \text{或} \quad \bar{Z} = \frac{Q_1 Z_1 + Q_2 Z_2 + \cdots + Q_n Z_n}{\sum_{i=1}^{n} Q_i} \tag{6-2}$$

式中：$\bar{S}$——综合产量定额；

　　　　$\bar{Z}$——综合时间定额；

　　　　$Q_1, Q_2, \cdots, Q_n$——合并前各分项工程的工程量；

　　　　$S_1, S_2, \cdots, S_n$——合并前各项工程的产量定额。

　　实际应用时应特别注意合并前各分项工程工作内容和工程量的单位。当合并前各分项工程的工作内容和工程量单位完全一致时，式(6-2)中的 $\sum Q_i$ 应等于各分项工程工程量之和。反之，应取与综合劳动定额单位一致，且工作内容也基本一致的各分项工程的工程量之和。综合劳动定额单位总是与合并前各分项工程中劳动定额的单位一致，最终取哪一单位为好，应视使用方便而定。

对于有些新技术或特殊的施工方法无定额可遵循，此时可将类似项目的定额进行换算，或采用三点估计法确定综合定额。三点估计法的计算式如下：

$$S = \frac{1}{6}(a + 4m + b) \tag{6-3}$$

式中：S——综合产量定额；

　　　a——最乐观估计的产量定额；

　　　b——最保守估计的产量定额；

　　　m——最可能估计的产量定额。

4) 确定各施工过程的持续时间(t)

计算出各施工过程的劳动量(或机械台班)后，可以根据现有的人力或机械来确定各施工过程的作业时间。

5) 编制进度计划初始方案

根据"施工方案的选择"中确定的施工顺序、各施工过程的持续时间、划分的施工段和施工层找出主导施工过程，按照流水施工的原则来组织流水施工，绘制初始的横道图或网络计划，以形成初始方案。

6) 施工进度计划的检查与调整

无论采用流水作业法还是网络计划技术，对施工进度计划的初始方案均应进行检查、调整和优化。其主要内容有以下几方面。

(1) 各施工过程的施工顺序、平行搭接和技术组织问题是否合理。

(2) 编制的计划工期能否满足合同规定的工期要求。

(3) 劳动力和物资资源方面是否能保证均衡、连续施工。

根据检查结果，对不满足要求的进行调整，如增加或缩短某施工过程的持续时间；调整施工方法或施工技术组织措施等。总之，通过调整，在满足工期的条件下，达到使劳动力、材料、设备需要趋于均衡，主要施工机械利用合理的目的。

在施工进度计划执行过程中，往往会因人力、物力及现场客观条件的变化而打破原定计划，因此在施工过程中应经常检查和调整施工进度计划。有关进度计划调整与优化的方法见第4章。

3. 进度计划的评价

施工进度计划编制得是否合理不仅直接影响工期的长短、施工成本的高低，而且还可能影响到施工的质量和安全。因此，对工程施工进度计划进行经济评价是非常必要的。

评价单位工程施工进度计划的优劣，实质上是评价施工进度计划对工期目标、工程质量、施工安全及工期费用等方面的影响。

具体评价施工进度计划的指标主要有以下几方面。

(1) 工期。工期包括总工期、主要施工阶段的工期、计划工期、定额工期或合同工期或期望工期。

(2) 施工资源的均衡性。施工资源是指劳动力、施工机具、周转材料、建筑材料及施工所需要的人、财、物等。

6.5　资源需求计划的编制

施工进度计划确定之后，可根据各工序及持续期间所需资源编制出材料、劳动力、构件、半成品、施工机具等资源需要量计划，作为有关职能部门按计划调配的依据，以利于及时组织劳动力和物资的供应，确定工地临时设施，以保证施工顺利地进行。

6.5.1　劳动力需要量计划

将各施工过程所需要的主要工种劳动力，根据施工进度的安排进行统计，就可编制出劳动力需要量计划表，如表 6-2 所示。它的作用是为施工现场的劳动力调配提供依据。

表 6-2　劳动力需要量计划表

序号	工种名称	总劳动量/工日	每月需要量/工日					
			1	2	3	4	5	6

6.5.2　主要材料需要量计划

主要材料需要量计划主要为组织备料、确定仓库或堆场面积及组织运输之用。其编制方法是将施工预算中工料分析表或进度表中各项过程所需用材料，按材料名称、规格、使用时间并考虑到各种材料消耗进行计算汇总而得，如表 6-3 所示。

表 6-3　主要材料需要量计划表

序号	材料名称	规格	需要量	供应时间	备注

6.5.3　构件和半成品需要量计划

建筑结构构件、配件和其他加工半成品的需要量计划主要用于落实加工订货单位，并按照所需规格、数量、时间，组织加工、运输和确定仓库或堆场面积，可根据施工图和施工进度计划编制，其形式如表 6-4 所示。

表 6-4 构件和半成品需要量计划表

序号	构件、配件及半成品名称	规格	图号	需要量		使用部位	加工单位	供应日期	备注
				单位	数量				

6.5.4 施工机械需要量计划

根据施工方案和施工进度计划确定施工机械的类型、数量、进场时间。其编制方法是将施工进度计划表中每个施工过程，每天所需的机械类型、数量和施工工期进行汇总，以得出施工机械的需要量计划，如表 6-5 所示。

表 6-5 施工机械需要量计划表

序号	机械名称	类型、型号	需要量		货源	使用起止时间	备注
			单位	数量			

6.6 施工现场平面图布置

单位工程施工现场平面图是用以指导单位工程施工的现场平面布置图，它涉及与单位工程有关的空间问题，是施工总平面图的组成部分。单位工程施工平面图设计的主要依据是单位工程的施工方案和施工进度计划，一般按 1∶100～1∶500 的比例绘制。

6.6.1 施工现场平面布置图的内容

如图 6-7 所示是某项目施工现场平面布置图。

从图 6-7 中可以看出，一般施工现场平面布置图应包括以下内容。

(1) 建筑总平面图上已建和拟建的地上和地下的一切建筑物、构筑物以及其他设施的位置和尺寸。

(2) 测量放线标桩位置、地形等高线和土方取弃场地。

(3) 起重机的开行路线及垂直运输设施的位置。

(4) 材料、加工半成品、构件和机具的仓库或堆场。

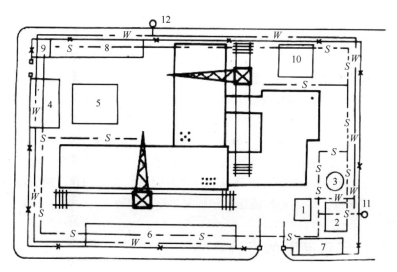

图 6-7 某项目施工现场平面布置

1—混凝土砂浆搅拌机；2—砂石堆场；3—水泥罐；4—钢筋车间；5—钢筋堆场；6—木工车间；

7—工具房；8—办公室；9—警卫室；10—红砖堆场；11—水源；12—电源。

(5) 生产、生活用品临时设施，如搅拌站、高压泵站、钢筋棚、木工棚、仓库、办公室、供水管、供电线路、消防设施、安全设施、道路以及其他需搭建或建造的设施。

(6) 场内施工道路与场外交通的连接。

(7) 临时给排水管线、供电管线、供气供暖管道及通信线路布置。

(8) 一切安全及防火设施的位置。

(9) 必要的图例、比例尺、方向及风向标记。

上述内容可根据建筑总平面图、施工图、现场地形图、现有水源、场地大小、可利用的已有房屋和设施、施工组织总设计、施工方案、进度计划等，经科学的计算、优化，并遵照国家有关规定进行设计。

6.6.2 施工现场平面图布置的原则

施工现场平面图在布置设计时，应满足以下原则。

(1) 在满足现场施工要求的前提下，布置紧凑，便于管理，尽可能地减少施工用地。

(2) 在确保施工顺利进行的前提下，尽可能地减少临时设施，减少施工用的管线，尽可能地利用施工现场附近的原有建筑作为施工临时用房，并利用永久性道路供施工使用。

(3) 最大限度地减少场内运输，减少场内材料、构件的二次搬运；各种材料按计划分期分批进场，充分利用场地；各种材料堆放的位置，根据使用时间的要求，尽量靠近使用地点，节约搬运劳动力和减少材料多次转运中的消耗。

(4) 临时设施的布置，应便利施工管理及工人生产和生活。办公用房应靠近施工现场，福利设施应在生活区范围之内。

(5) 生产、生活设施应尽量分区，以减少生产与生活的相互干扰，保证现场施工生产安全地进行。

(6) 施工平面布置要符合劳动保护、保安、防火的要求。

施工现场的一切设施都要利于生产，保证安全施工。要求场内道路畅通，机械设备的钢丝绳、电缆、缆绳等不能妨碍交通，如必须横过道路时应采取措施。有碍工人健康的设施(如熬沥青、化石灰)及易燃的设施(如木工棚、易燃物品仓库)应布置在下风向，离生活区远一些。工地内应布置消防设备，出入口设门卫。山区建设还要考虑防洪、山体滑坡等特殊要求。

根据以上基本原则并结合现场实际情况，施工平面图可布置几个方案，选取其技术上最合理、费用上最经济的方案。可以从以下几个方面进行定量比较：施工用地面积、施工用临时道路、管线长度、场内材料搬运量和临时用房面积等。

6.6.3 施工现场平面图的设计步骤

单位工程施工平面图的设计步骤一般是：垂直运输机械的布置→混凝土、砂浆搅拌机的布置→堆场和仓库的位置→现场作业车间的确定→布置现场运输道路→办公生活宿舍等设施的布置→现场水、电管网的布置。

1. 垂直运输机械的布置

垂直运输机械的位置直接影响仓库、搅拌站、各种材料和构件等的位置及道路和水电线路的布置等，因此它是施工现场布置的核心，必须首先确定。

由于各种起重机械的性能不同，其布置方式也不相同。

1) 固定式起重机

布置固定垂直运输机械(如井架、桅杆式和定点式塔式起重机等)，主要应根据机械的运输能力、建筑物的平面形状、施工段划分情况、最大起升载荷和运输道路等情况来确定。其目的是充分发挥起重机械的工作能力，并使地面和楼面的运输量最小且施工方便。同时，在布置时，还应注意以下几点。

(1) 当建筑物的各部位高度相同时，应布置在施工段的分界线附近。

(2) 当建筑物的各部位高度不同时，应布置在高低分界线较高部位一侧。

(3) 井架、龙门架的位置以布置在窗口处为宜，以避免砌墙留槎和减少井架拆除后的修补工作。

(4) 井架、龙门架的数量要根据施工进度、垂直提升的构件和材料数量、台班工作效率等因素计算确定。

(5) 卷扬机的位置不应距离提升机太近，以便操作者的视线能够看到整个升降过程，一般要求此距离大于或等于建筑物的高度，水平距离应距离外脚手架 3 m 以上。

(6) 井架应立在外脚手架之外，并以有一定距离为宜。

(7) 当建筑物为点式高层时，固定的塔式起重机可以布置在建筑物中间，如图 6-8(a)所示，或布置在建筑物的转角处。

2) 有轨式起重机械

有轨道的塔式起重机械的布置主要取决于建筑物的平面形状、大小和周围场地的具体情况。应尽量使起重机在工作幅度内能将建筑材料和构件直接运到建筑物的任何施工地点，避免出现运输死角。由于有轨式起重机占用施工场地大，铺设路基工作量大，且受到高度的限制，因此在实践中应用较少。同时，当起重机的位置和尺寸确定后，要复核其起重量、起重高度和回转半径这三项参数是否满足建筑物的起吊要求，保证工作不出现"死角"，则可以采用在局部加井架的措施予以解决，如图 6-8(b)所示。其布置方式通常有：单侧布置、双侧布置或环形布置等形式。

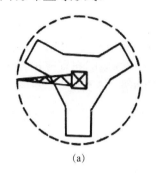
(a)

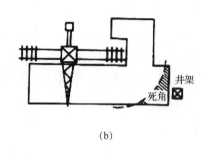
井架
死角
(b)

图 6-8　起重机械的布置

3) 自行式无轨起重机械

这类起重机有履带式、轮胎式和汽车式三种。它们一般用作构件装卸的起吊构件，还适用于装配式单层工业厂房主体结构的吊装，其吊装的开行路线及停机位置主要取决于建筑物的平面布置、构件重量、吊装高度和吊装方法，一般不用作垂直和水平运输。

2. 混凝土、砂浆搅拌机的布置

对于现浇混凝土结构施工，为了减少现场的二次搬运，现场混凝土搅拌站应布置在起重机的服务范围内，同时对搅拌站的布置还应注意以下几点。

(1) 根据施工任务的大小和工程特点选择适用的搅拌机。

(2) 与垂直运输机械的工作能力相协调，以提高机械的利用效率。

目前，很多城市里的施工都采用商品混凝土，现场搅拌混凝土使用得越来越少。若施工项目使用商品混凝土，则不必考虑混凝土搅拌站布置的问题。

3. 堆场和仓库的布置

1) 布置要求及方法

仓库和堆场布置时总的要求是：尽量方便施工，运输距离较短，避免二次搬运，以求提高生产效率和节约成本。因此，应根据施工阶段、施工位置的标高和使用时间的先后确定布置位置。一般有以下几种布置。

(1) 建筑物在基础和第一层施工时所用的材料应尽量布置在建筑物的附近，并根据基槽(坑)的深度、宽度和放坡坡度确定堆放地点，与基槽(坑)边缘保持一定的安全距离，以免造成土壁塌方事故。

(2) 第二层以上施工用材料、构件等应布置在垂直运输机械附近。

(3) 砂、石等大宗材料应布置在搅拌机附近且靠近道路。

(4) 当多种材料同时布置时，对大宗的、重量较大的和先期使用的材料，应尽量靠近使用地点或垂直运输机械；少量的、较轻的和后期使用的则可布置得稍远；对于易受潮、易燃和易损材料则应布置在仓库内。

(5) 在同一位置上按不同的施工阶段先后可堆放不同的材料。例如，在混合结构基础施工阶段，建筑物周围可堆放毛石，而在主体结构施工阶段，可在建筑物四周堆放标准砖等。

2) 仓库堆场面积的确定

面积确定的具体方法参见第 5 章 5.5.4 节。

4．现场作业车间的确定

单位工程现场作业车间主要包括钢筋加工车间、木工车间等，有时还需考虑金属结构加工车间和现场小型预制混凝土构件的场地。这些车间和场地的布置应结合施工对象和施工条件合理进行。关于现场作业车间的面积确定参见第 5 章"5.5.4"节。

5．布置现场运输道路

施工场内的道路布置应满足以下要求。

(1) 按材料、构件等运输需要，沿仓库和堆场布置。

(2) 场内尽量布置成环形道路，方便材料运输车辆的进出。

(3) 宽度要求：单行道不小于 3～5 m，双行道不小于 5.5～6 m。

(4) 路基应坚实，转弯半径应符合要求，道路两侧最好设排水沟。

6．办公、生活设施的布置

办公、生活设施的布置应尽量与生产性的设施分开，应遵循使用方便、有利于施工管理、符合防水要求的原则，一般设在现场的出入口附近。若现场有可利用的建筑物，应尽量利用。

设置面积的计算参见第 5 章 5.5.4 节。

7．现场水、电管网的布置

1) 施工水网布置

(1) 施工用的临时给水管，一般由建设单位的干管或自行布置的干管接到用水地点。布置时应力求管网总长度短，管径的大小和水龙头的数量需视工程规模大小通过计算确定，其布置形式有环形、枝形、混合式三种。

(2) 供水管网应按防火要求布置室外消防栓，消防栓应沿道路设置，距道路边不大于 2 m，距建筑物外墙不应小于 5 m，也不应大于 25 m。消防栓的间距不应大于 120 m，工地消防栓应设有明显的标志，且周围 3 m 以内不准堆放建筑材料。

(3) 为了排除地面水和地下水，应及时修通永久性下水道，并结合现场地形在建筑物周围设置排泄地面水、集水坑等设施。

2) 临时供电设施

(1) 为了维修方便，施工现场一般采用架空配电线路，且要求现场架空线与施工建筑物的水平距离不小于 10 m，架空线与地面距离不小于 6 m，跨越建筑物或临时设施时，垂直距离不小于 2 m。

(2) 现场线路应尽量架设在道路的一侧，且尽量保持线路水平，在低压线路中，电杆间距应为 25～40 m，分支线及引入线均应由电杆处接出，不得在两杆之间接线。

(3) 单位工程施工用电应在全工地施工总平面图中统筹考虑，包括用电量计算、电源选择、电力系统选择和配置。若为独立的单位工程，应根据计算的有用电量和建设单位可提供电量决定是否选用变压器。变压器的设置应综合考虑施工工期与以后的长期使用，其位置应远离交通道口处，布置在现场边缘高压线接入处，在 2 m 以外四周用高度大于 1.7 m 的铁丝网住，以保障安全。

6.7　施工项目现场管理

6.7.1　现场安全管理

在单位工程施工组织设计中，应结合项目的具体特点，提出相应的安全施工与保证措施，对施工中可能发生的安全问题进行预测。其主要内容有以下几方面。

(1) 建立安全保证体系，落实安全责任。

(2) 制定完善的安全保证保护措施。

(3) 预防自然灾害措施包括防台风、防雷击、防洪水、防地震等。

(4) 防火、防爆措施包括大风天气严禁施工现场明火作业，明火作业要有安全保护，氧气瓶防震、防晒和乙炔罐严禁回火等措施。

(5) 劳动保护措施包括安全用电、高空作业、交叉施工、防暑降温、防冻防寒和防滑防坠落，以及防有害气体等措施。

(6) 特殊工程安全措施，如采用新结构、新材料或新工艺的单项工程，要编制详细的安全施工措施。

(7) 环境保护措施包括有害气体排放、现场生产污水和生活污水排放，以及现场树木和绿地保护等措施。

(8) 建立安全的奖罚制度。

(9) 制定安全事故应急救援措施。

6.7.2　现场文明施工管理

现场文明施工管理是施工现场管理的重要内容。文明施工是现代化施工的一个重要标志，也是施工企业一项基础性的管理工作。坚持文明施工具有重要意义。安全生产与文明施工是相辅相成的，建筑施工安全生产不但要保证职工的生命财产安全，同时要加强现场管理、文明施工，保证施工井然有序。改变过去现场脏、乱、差的面貌，对提高效益、保证工程质量都有重要意义，因而在单位工程施工组织设计中应制定具体的文明施工措施。其主要内容有以下几方面。

(1) 现场场地应平整无障碍物，有良好的排水系统，保证现场整洁。

(2) 现场应进行封闭管理，防止"扰民"和"民扰"问题，同时保护环境、美化市容，工地围挡(墙)、大门等设置应符合当地市政环卫部门的要求。

(3) 要求现场各种材料或周转材料用具等应分类整齐地堆放。

(4) 防止施工环境污染，提出防止废水、废气、生产垃圾、生活垃圾及防止施工噪声、施工照明污染的措施。

(5) 宣传措施，如围墙上的宣传标语应体现企业的质量安全理念，"五牌二图"与"两栏一报"应齐全。

(6) 对工人应进行文明施工的教育，要求他们不乱扔、乱吐、乱说、乱骂等，言行文明，衣冠整齐，同时制定相应的处罚措施。

6.8 单位工程施工组织设计实例

本案例以工程的基础、框架主体、装饰工程为重点，对其施工技术、施工质量、施工进度及其施工工艺流程均做了严格的控制和要求，并制定了切实可行的质量、进度、安全等保证系统，对施工机械设备的选用、各工种劳动力的安排、现场项目经理部的组织及现场文明施工都做了详细的部署和安排。根据本工程结构、层数、基础形式、内外装饰基本一致，故在编制施工方案时，采取合理的施工方法，安排合理的施工进度，成立一个项目经理部，对工程进行控制和管理，使各工种、各管理机构密切配合，尽量缩短工期，提高生产效率，保质量、保安全、保进度，全面完成建设任务。本工程施工尽量做到不扰民、全封闭，争创安全文明标准化现场。

6.8.1 工程概况

1. 主体结构

某小区内 4#住宅楼工程，框架结构 6 层，外墙为混凝土小型空心砌块，总建筑面积 3960 m²，东西总长 55 m，南北总宽 12 m，其中住宅建筑面积为 3896.52 m²。半地下室建筑面积 749.4 m²。工程的北外墙距已建住宅楼 12.5 m，南端距道路 23.6 m，楼西侧空地宽 25 m，东侧宽 58 m。建筑高度为 19.6 m，层高 2.8 m，设有半地下室作为车库，层高 2.8 m。

2. 装饰工程

楼地面为水泥拉毛地面，乳胶漆墙裙；内墙为混合灰面墙，立面采用高档涂料装饰。顶棚为刮腻子喷浆。钢外窗、预制磨窗台板，其余均为木门窗。屋顶做法为水泥焦砟找坡，200 mm 厚加气混凝土保温、二毡三油一砂防水做法。外墙以清水勾缝墙面为主，6 层部分与山墙为粘刷石，水泥窗套用白色涂料。

3. 基础工程

基础埋深-2.80 m(绝对标高 45.80 m)。据勘察报告，地下水位为 45.80～46.20 m，基底为轻压黏土和压黏土，局部可能有淤泥，地下水无侵蚀性。设计要求基底落在老土上，[f]=130 kN/m²。基础垫层为 C15 混凝土，厚 300 mm，宽 2.2～1.5 m，按构造配筋。经与设计师商洽，下加 300 mm 厚级配砂石，作为压淤，排水和分散压力措施。砖放大脚，基础墙宽 360 mm，-2.12 m 及-0.06 m 处各有 360 mm×120 mm 钢筋混凝土圈梁，强度等级为 C20。构造柱筋锚于-2.12 m 圈梁内。

4. 主体结构工程

结构按 7 度抗震设防。内外墙混合承重，外墙 500 mm，内墙 240 mm，C25 现浇钢筋混凝土梁和板，楼梯是预制构件，每层设圈梁。砖等级不小于 Mu7.5。砌筑砂浆：首层、二层为 M7.5，三层、四层为 M5，五层、六层为 M2.5，内隔墙厚 120 mm，M2.5 砂浆砌筑。砌筑砂浆均为水泥混合砂浆。

5. 电气管线为铁管暗敷

供暖为两回路上给下回方式，采用四柱水暖炉片，窗下暖气片槽深 120 mm。

6. 主要工程量

主要项目实物工程量统计表如表 6-6 所示，主要施工班组如表 6-7 所示。

表 6-6　主要项目实物工程量

分部分项工程名称		工程量	
		单位	数量
基础工程	挖土	m³	1694
	填土	m³	1205
	室内暖沟	m	97.3
	级配砂石	m³	251
	C15 垫层混凝土	m³	232
	基础砌筑	m³	422
	基础部分混凝土	m³	68
上部结构工程门窗	结构砌筑	m³	2105
	现浇混凝土	m³	323
	SL5.1 梁	根	34
	SL4.8 梁	根	20
	预应力圆孔板	块	845
	混凝土过梁	根	962
	钢窗	樘	232
	木窗	樘	82
	木门	樘	182
装饰工程	内墙抹灰	m²	5180
	外墙抹灰	m²	1242
	屋面防水	m²	920
	锦砖楼地面	m²	103
	水泥楼地面	m²	3104
	磨石地面	m²	526
	瓷砖墙裙	m²	212

表 6-7　主要施工班组

单位：人

施工班组	数　量	施工班组	数　量	施工班组	数　量
油漆工	28	钢筋工	4	抹灰工	42
瓦工	23	白铁工	2	架子工	4～8
木工	11	混凝土工	16	磨石工	4～14

6.8.2　施工准备

1. 技术准备

其目的：熟悉图纸，编制施工方案和预算，做好必要的工料分析，为编制进度计划、劳动力计划和物质需要计划提供依据。参加图纸会审和技术交底，将图纸中存在的有关问题解决在施工前，对设计提出的技术要求和有关专家的意见予以理解和消化，为施工工作迅速顺利地展开扫除技术障碍。

(1) 熟悉与会审图纸，应分以下几部分。

基础及地下室部分，核对建筑、结构、设备施工图中关于基础留口、留洞的位置及标高的相互关系是否处理恰当，排水及下水的方向，变形缝及人防出口的做法，防水体系的做法要求，特殊基础形式做法等。

主体结构部分，弄清楚建筑物墙体轴线的布置，主体结构各层的砖、砂浆、混凝土构件的强度等级有无变化，阳台、雨篷、挑檐的细部做法，楼梯间的构造，卫生间的构造，对标准图有无特别说明和规定等。

装修部分，弄清有几种不同材料、做法及其标准说明，地面装修与工程结构施工的关系；变形缝的做法及防水处理的特殊要求；防火、保温、隔热、防尘，高级装修等类型和技术要求。

(2) 审查设计技术资料，应做到以下几点。

设计图纸是否符合国家有关的技术规范要求；核对图纸说明是否齐全，有无矛盾，规定是否明确，图纸有无遗漏，图纸之间有无矛盾，核对主要轴纸、尺寸、位置、标高有无错误和遗漏；总图的建筑物坐标位置与单位工程建筑平面图中的是否一致，基础设计与实际地质是否相符，建筑物与地下构筑物及管线之间有无矛盾；设计图本身的建筑构造与结构构造之间、结构与各构件之间以及各种构件、配件之间的联系是否清楚；建筑安装与建筑施工的配合方面存在哪些技术问题，能否合理解决；设计中所采用的各种材料、配件、构件等能否满足设计要求；对设计技术资料有什么合理化建议及其他问题。

(3) 学习、熟悉技术规范、规程和有关技术规定。

常见以下技术规范、规程：建筑施工及验收规范；建筑安装工程质量检验评定标准；施工操作规范；设备维护及检修规程；安全技术规程；上级部门颁发的其他技术规范与规定。

(4) 编制施工组织设计。

其编制内容包括：工程概况及施工特点分析；施工方案的选择；施工准备工作的计划；

施工进度计划；各种资料需求量计划；施工平面布置图；保证措施；技术经济指标。

(5) 编制施工图预算和施工预算。

施工图预算是由甲、乙双方确定预算造价，发生经济联系的经济文件；而施工预算则是施工企业内部经济核算的依据，直接受施工图预算的控制。

2. 施工现场的准备

协助建设单位及有关部门查勘现场，实施工程的定位放线，同时清理现场障碍，基本平整场地，接通施工用水和电源，以及接通道路，即做好常说的"三通一平"工作。

1) 场地清理

施工场地内的一切障碍物，无论是地上的还是地下的，都应在开工前清除。这些工作一般是由建设单位来完成，但也有委托施工单位来完成的。如果由施工单位来完成这项工作，一定要事先摸清现场情况，尤其是城市的老区内，由于原有建筑物和构筑物情况复杂，而且往往资料不全，在清除前需要采取相应的措施，防止事故发生。

2) 做好"三通一平"

有时现场需要引入热通、气通、话通。总之，应按施工组织设计要求事先完成。确定施工用水：现场机械用水量极小，故不考虑，仅考虑工程用水和施工现场生活用水，按现场面积在 25 ha 以内的消防用水量 10～15 L/s 考虑，取 $Q = 10$ L/s，选用 Φ100 焊接钢管按平面图埋地铺设环形管网，建筑物设地下消火栓 4 处。通信：为了做好全方位的指挥、协调、调度和控制等工作，施工现场办公室拟装电话机 1 部，BP 机若干，用于对外通信联系。工地内部通信用 5 部对讲机，即吊车司机和吊装指挥各一部，2 名施工员各一部，工地办公室一部。基本平整场地，并采取自然放坡，便于雨水有组织地排放。修整场地内循环道路，方便各种材料运进现场和作业人员进场。

3) 测量放线

其任务是把图纸上设计好的建筑物、构筑物及管线等测设到地面上或实物上，并用各种标志表现出来，作为施工的依据，同时应做好准备工作；对测量仪器进行检验和校正；了解设计意图；熟悉并校核施工图纸；校核红线桩与水准点；制定测量放线方案。

4) 组织施工队伍

建立施工管理机构，制定施工管理措施和目标责任制，与劳务作业层签订劳务承包合同，完善劳动安全、保护和保险事宜。对全体施工人员进行质量、进度、技术、安全治安交底。

5) 搭设临时设施

现场生活和生产用的临时设施，在布置安排时，要遵照当地有关规划布置。例如，房屋的间距、标准是否符合卫生和防火要求，污水和垃圾的排放是否符合环境的要求等；为了施工的方便和安全，对于指定的施工用地的周界，应用围栏围挡起来，围挡的形式和材料及高度应符合市容管理的有关规定和要求，在主要入口处设明标牌，标明工程名称、施工单位、工地负责人等；各种生产、生活用的临时设施，包括各种仓库、混凝土搅拌站、预制构件场、机修站、各种生产作业棚、办公用房、宿舍、食堂、文化生活设施等，均按批准的施工组织设计规定的数量、标准、面积、位置等要求组织修建。大中型工程可分批分期修建。此外，在考虑施工现场临时设施的搭设时，应尽量利用原有建筑物，尽可能减少临时设施的数量，以便节约用地、节省投资。

3. 编制材料计划

根据工程施工顺序的先后，提前 3 d 向公司材料科提供材料采购计划，在完成试验、检验工作后陆续组织进场，以确保施工的顺利进行。

(1) 建筑材料的准备：主要是根据工料分析，按照施工进度计划的使用要求以及材料储备定额和消耗定额，分别按材料名称、规格、使用时间进行汇总，编制出建筑材料需要量计划。建筑材料的准备包括三材(钢材、木材、水泥)的准备、地方材料的准备、装饰材料的准备。准备工作应根据材料的需要量计划组织货源，确定加工地点、供应地点和供应方式，签订物资供应合同。同时注重材料的储备，应遵循按工程进度分期分批进行，做好现场保管工作、现场堆放合理，并做好技术试验和检验工作，一律不得使用不合格的建筑材料和构件。

(2) 预制构件的准备：工程项目施工中需要大量的预制构件，门窗、金属构件和水泥制品，以及卫生洁具等，这些构配件必须事先提出订制加工单。

(3) 施工机具的准备：施工选定的各种土方机械，混凝土、砂浆搅拌机准备，垂直及水平运输机械，吊装机械，动力机具，钢筋加工设备，木工机械，焊接设备，打夯机，抽水设备等应根据施工方案和施工进度，确定数量和进场时间。需租赁机械时，应提前签约。

(4) 模板和脚手架的准备：它是施工现场使用量人，堆放占地人的周转材料。

6.8.3 施工方案及顺序

本工程总的施工程序为先地下后地上，先土建后设备安装，先结构后装饰。主体结构自下而上逐层分段流水施工。待主体结构完成后，自上而下逐层进行内装修，待女儿墙压顶完成后，自上而下进行外装饰。

根据工程的特点，为了有利于结构的整体性，要尽量利用建筑缝作为划分主体结构流水施工段的界限。屋面工程一次性完成。室内外装修工程水平不分施工段，室内装修自上而下分层进行；室外装饰自上而下分立面进行。

1. 土方和基础工程

施工顺序：机械挖土→清底钎探→验槽处理→混凝土垫层→砌砖基础→地圈梁→暖气沟→回填土。

根据地质勘察报告，持力层为黏性土层，承载力特征值 fa=210 kPa。本工程由于是在地下水位为-3.5 m，基底为黏性土，局部可能有淤泥，地下水有侵蚀性，故采用 WY-80 型反铲挖土机配自卸汽车进行基坑开挖。基坑底面按设计尺寸周边各留出 0.5 m 宽的工作面，边坡放坡系数为1：0.33。坑槽底留 200～300 mm 人工清底，以防机械超挖。基坑槽总的开挖土方量为 1694 m³，除回填土所需的 1205 m³ 暂堆放在基坑槽边外，其余土方 489 m³ 运至场外。

(1) 为了防止雨水流入坑内，基坑上口筑小护堤。基坑和基槽两端各挖一个集水坑，并准备好抽水泵。

(2) 基坑清底后，随即进行钎探，并通知有关部门进行验槽。

(3) 基础墙内构造柱生根于地圈梁上。

(4) 纵横墙基同时砌砖，接槎处斜槎到顶，基础大放脚两侧要均匀收退，待砌到墙身时挂中线检查，以防偏轴。

(5) 基槽回填要两侧均匀下土，采用人工和蛙式打夯机分层夯实。槽回填土两侧要同时均匀回填，每步虚铺 250 mm 后夯实，每夯实层要环刀取样，送试验室测试干容重。房心回填时，遇暖气沟要加支撑，以防挤偏基础墙身，暖气沟外侧回填土要夯填密实。

2. 主体结构工程

结构工程中每层每段的主要施工顺序：放线立皮数杆→绑构造柱钢筋→二步架砌砖和安装过梁→支构造柱模板、浇混凝土→绑圈梁钢筋，支圈梁、大梁、现浇板、楼梯模板→浇筑混凝土→安装预制楼板→浇注板缝混凝土。

(1) 结构工程分层分段组织流水施工。其中，砌砖为主导工序，砌筑工程以砖工为主，木工、架工、少量混凝土工按需要配备力量。每层砌砖为两步架，两个施工层，每层每段平均砌砖量为 205 m³，配备瓦工 18 人(另加普工 20 人)，每工产量按 2 m³ 计，则每层每段砌筑 6 d，其他各工种均按相应的工程量配足劳动力，在 6 d 内完成梁、板、圈梁、构造柱以及预制楼板安装等项目，保证瓦工连续施工。在砌砖的过程中，混凝土构件及门窗框安装应穿插进行，砌砖脚手架随砌体进度搭设。

(2) 结构砌砖采用一顺一顶法。在首层要做好排砖摆底，外墙大角要同时砌筑，内外墙接槎每步架留斜槎到顶。砌筑时控制灰缝厚度，不得超越皮数杆灰缝高度。240 墙单面挂线，370 墙双面挂线。

(3) 用手推砖车(通过井架)和 0.7 m³ 的砖笼(通过塔吊)直接把砖吊运到作业点，砌筑砂浆用手推灰车通过井架运送。

(4) 楼南侧立 QT-6 塔吊，塔轨中心距外墙 6 m，最大回转半径 20 m 时，起重量为 2 t，起重高度在 26.5～40.5 m 之间。主体结构工程的垂直运输和水平运输主要由塔吊完成，并配两台井架作为辅助垂直运输，以配合塔吊的运输。拟建建筑物东侧外纵墙至塔轨中心的距离为 6 m+10.5 m=16.5 m，在塔吊的吊装范围之内。塔吊轨道北头至建筑物最北侧外墙的距离为 6 m+12 m=18 m，即满足需要。但建筑物的东北角和西北角都在塔吊的吊装范围以外，将以井架弥补。依据经验估算，需要塔吊吊运的各种构件的重量均小于 2 t。实际需要的吊装高度等于塔轨顶面(0.000)至屋顶的距离与索具所需高度之和，即 19 m+2.5 m= 21.5 m<26.5 m，满足需要。主体结构完成后，即拆除塔吊。

(5) 砌体质量要求：墙体砌筑时，内外墙尽量同时砌筑。当砖墙不能连通同时砌筑时，要留斜槎。砌筑时，必须保证构造柱不移位。墙体稳定，砖的抗压强度和砌筑砂浆标号符合设计要求，横平竖直、灰浆饱满、灰缝通顺、大小一致，尺寸偏差不超标。

砌筑注意事项如下。

(1) 工程用的砖按计划及时进场，并按设计要求对砖的标号、容重、外观、几何尺寸进行验收，不得用次品砖。

(2) 砂浆配合比，根据设计要求的种类和强度，由材料试验室根据所用的材料决定配合比并挂牌施工。

(3) 砖在砌筑之前，必须浇水润湿，含水率宜为 10%～15%。

(4) 砂浆拌制时，应拌和均匀，稀稠适中。砂浆的流动性为 70～100 mm，随拌随用。

拌好后至使用完毕时间不得超过 3 h，气温在 30℃ 以上不得超过 2.5 h。

(5) 在砌筑前要抄平放线，分门窗洞口位置及标高，将门窗洞口位置和砌砖的块数标记在柱上，以保证砌体尺寸准确。

(6) 为增加墙体的稳定性，砖的转角处和交接处最好同时砌筑，对不同时砌砖留置的临时间断处，应留梯或槎，其余槎长度不小于高度的 2/3。

(7) 墙砌体要错缝砌筑，砌体要求横平竖直，灰浆饱满度不小于 80%，同时要求灰缝大小均匀、深浅一致、顺直，严禁用水冲浆灌缝。

(8) 预应力空心板安装之前板的强度必须达到 100%，并必须经质监部门试压检测合格后方可安装，支座部位清扫干净、湿润，并用 1∶3 水泥砂浆找平。有过梁处，过梁应与墙面平齐。若墙面水平误差在 30 mm 以上时，应用 C15 细石混凝土找平。待找平层凝固后再座浆安置。空心板在安装之前应检查外观质量和结构性能，检验板端孔应堵头。检验之后可安装。要求垛浆安装，安装时应注意调整缝隙、安平、安稳。凡板断裂者一律禁用。

(9) 构造柱每层分三次浇灌、振捣。构造柱、圈梁和板缝现浇混凝土采用 C20 砾石混凝土。

3. 脚手架工程

(1) 外脚手架搭设的要求：为确保施工安全，该工程砌筑装修应用扣件式钢管双层脚手架，架从底层搭设到顶层，立杆间距横向 1.5 m，纵向 2 m，内立杆距墙 0.5 m，操作层横杆间距 1 m，横杆步距 1.4 m，为防止架子外倾，每隔 3 步 5 跨设置一根连墙杆。脚手架搭设范围内的地基要求夯实找平，挖设排水沟，如地基土质不好，则在底下垫底或木方，确保稳定、坚固安全，脚手架在两层上开始安铺安全网。

(2) 内脚手架搭设的要求：要求在砌筑墙体时搭设内脚手架，一定按钢管立杆间距不大于 1.5 m，立杆下势厚 10 cm，垫木长为 1 m 以上，3.3 m 跨房间顺长方向必设两排立杆。放砖跳板每平方米荷载不大于 270 kg。码灰必须徐徐下落，放于靠墙边或一端落于墙体上。跳架搭好后必须经施工员检查合格后方可上架作业。

4. 屋面工程

(1) 屋顶结构安装和女儿墙砌筑完成后，在屋面板上铺 2% 坡度的细石混凝土找坡层，上抹水泥砂浆找坡层。待找坡层含水率降至 15% 以下，方可做二毡三油防水层。

(2) 油毡采用浇油铺贴，雨水口等部位要先贴附加层，每次所浇沥青厚度宜在 1～1.5 mm 之间。油毡铺贴时，要压实滚平。

(3) 屋面保护层所用的绿豆砂粒径宜在 3～5 mm 之间，并清洗、干燥。铺石子前，在油毡边面涂刷 2～3 mm 厚玛蹄脂，小豆石预热到 100 ℃ 左右，趁热铺撒，以利黏结牢实。

(4) 上人屋面所铺设的预制混凝土板，用沥青玛蹄脂直接在油毡防水层上黏结，并用沥青灌缝，施工时应挂线。

5. 楼地面和装饰工程

(1) 装修阶段主要用叁座扣管式井架作为垂直运输工具，每座井架配一台 2 t 卷扬机。水平运输用手推双轮车。

(2) 水磨石楼地面均随着主体结构的施工自下而上(与主体施工隔一层)地进行。

(3) 其他楼地面和室内装修的施工顺序：立门窗口→墙面冲筋抹灰→清理地面→楼(地)面→楼(地)面养护→水泥墙裙、踢脚→安装门窗扇→安装玻璃→油漆、粉刷→灯具安装。

(4) 粘贴玻璃马赛克的结合层采用水泥砂浆加 107 胶。贴上玻璃马赛克后，用刷子在马赛克背面的纸上刷水，20～30 min 后揭下纸，检查马赛克灰缝，然后用水泥擦缝。

(5) 门窗框一律采用后塞口，门窗框与墙面交接处用水泥砂浆堵严缝隙。墙面阳角均做水泥砂浆护角，窗台、雨棚均做滴水槽。

(6) 楼面基层清理、湿润以后，先刷一遍素水泥浆作为结合层，然后抹水泥砂浆面层。面层抹平压光以后，铺湿锯末养护 5～7 昼夜。

(7) 外墙装饰利用 12 m 桥式脚手架，按自上而下的顺序进行。拆除外架子后，进行勒脚和散水的施工。

6. 水暖、电气安装

屋面板安装完毕以后，即安装下水漏斗及落水管；在室内抹灰之前或在砌墙和安装板时，埋好管道套管，并安装好上水和暖气的管卡，剔、留电气线槽，安装好电线和座盒，避免二次剔洞返工。

6.8.4　施工部署

1. 施工组织管理措施

本工程实行项目目标管理，实现以项目经理为主的项目承包责任制，确保各共同目标的实现。

现场设立项目经理部，下设八个职能组，劳务作业指定多个专业队伍进行承包，在业务上对项目经理负责，同时服从于各职能组的监督指导和管理。

2. 施工计划安排

本工程拟定工期 240 d 完成，工程的基础工程 65 d，房屋主体结构 95 d，屋面 5 d，内外装饰 75 d 连带清理现场并做好附属设施，准备退场。

3. 主要施工力量的配置

(1) 施工中需要管理、技术、生产、经营、质量、安全各系统充分有效地运作，同时做好全方位的组织、指挥、协调、控制等工作方能保证工程保质、按期地完成。

(2) 劳动力：本工程全部劳务(作业班组)，由项目经理围绕质量、工期、单价等指标与作业班组劳动承包人签订承(发)包合同，劳务承包人在对各分项工程的质量和进度，对项目经理负责的前提下具有充分的自主权，可以自行决定劳动力的结构、规模、招用、辞退、劳动定额水平等，使之能够实施劳动力的优化配置与动态管理，确保工程任务保质、按期完成。

4. 网络与进度计划的编制

流水施工的表示方式主要为网络图、横道图两种。本工程网络计划、进度计划，根据工程特点、结构形式，以基础→主体→屋面→外饰、内粉→水电安装→清扫为关键线路，其余工序穿插进行，并按各工序时间差，穿插在上一道工序之中，流水段的划分、流水的步距、节拍是在工程内部，各分项工程组织起来的流水施工，在进度计划表上，它是由若干组分部工程的进度指示线段，并由此而构成进度计划和网络计划。

6.8.5　限期赶工措施

本工程为全框架结构，工期紧，为了保证施工工作按工按时完成，必须有一系列措施。

(1) 编制三级施工计划：控制计划、层间计划和作业计划。每级计划均受制于上一级计划，其中下一级计划为上一级计划给定工期的 90%，余下的 10%作为机动时间，以抵消不可预见因素对工程进度的影响。每一级计划中均明确关键路线，并在实施中进行密切跟踪和监控。

施工进度计划实行动态管理，每一步(或项)工作完成后，立即根据其完成时间调整下一步(或项)进度计划，本次提前的，下一步计划工期不变，将作业时间往前平推；本次计划延后了，必须将后面一项或几项工作的作业时间进行压缩，总压缩时间等于延误时间。

(2) 计划一经编制，则按工程量和实际劳动定额计算劳动量，并据此配备劳动力，加强机具设备的维修保养，保证正常运行。机具设备效率必须足够，否则应多班运行，增加台班使用数量。

(3) 本工程进度管理工作由项目经理负责，每周组织施工、技术、材料组召开一次例会，以书面形式下达进度计划、材料设备需用计划、劳动力需要计划、技术资料需要计划，由各职能组协调工作，项目经理部督促实施。

(4) 进度工作必须随时听取建设单位和上级领导的意见和要求，认真贯彻落实。

(5) 冬、雨季来临之前，必须事先编制好冬、雨季施工措施，并认真实施以消除环境因素对工程进度的影响。

(6) 上部结构施工时，混凝土中掺加重庆长江外加剂厂生产的 M25 早强型减水剂，以缩短混凝土养护占用的时间。

(7) 本工程配备专门材料人员，负责工程各种材料的供应，考虑到本工程地处市郊，特从公司材料科抽调 1～2 人协助工地搞好材料的供给。

(8) 本工程工期要求紧，为确保工程按期、按质地交付甲方，公司需有专人常驻现场对该工程进行全面控制指挥和协调，杜绝一切人为因素对该工程进度产生负面影响。

6.8.6　保障体系

(1) 本工程质量按优良标准实行目标管理，为确保这一目标的实现，必须建立完善的工程质量保证体系。

(2) 项目管理层中专设质量管理组，该组除承担日常监督检查工作外，还负责制定质量管理措施，从质量角度审核施工工艺和方案，定期进行分工程质量小节和下期质量注意事项，每日提交一份当日质量报告和下月质量计划，并作为全员计发工资的依据。

(3) 制定各质量管理活动，且与各职能人员的工资、资金挂钩，当月考核兑现。

(4) 开展全面质量管理活动，成立 QC 小组，围绕本工程质量薄弱环节制定对策，开展活动，并对取得的成果进行总结评比，努力消除质量通病。

(5) 设专职质检组，对各分部分项工程进行跟踪检查，做到上一道工序不合格，下一道工序不接手。严格控制工序质量，把质量隐患消除在施工过程中。

(6) 对操作者实行优质优价，采取奖优良、罚合格、不合格坚决返工的手段，强化质量管理，鼓励职工创优良产品。

(7) 配齐各类计算器具，设专职人员负责测量放线轴线、标高的控制和引测，对砂浆和混凝土指定专人负责计量。

(8) 材料组人员必须保证原材料、半成品的质量，同时保证机具设备的性能稳定，材料进场前负责取样复试，严禁不合格材料进入施工现场。

(9) 详细掌握当地气象资料，落实冬、雨季施工措施，确保工程顺利进行，减少质量事故。

(10) 装饰工程施工前，墙面和楼地面先做样板墙或样板间，经建设和设计单位检查认可后方能大面积施工，并以经认可的样板作为标准进行质量检查评定。

(11) 工程接近尾声时，指定专人负责成品保护工作，并负责处理好土建与安装的协调配合关系，保证各分项、各部位一次成型、一次交付，避免修修补补降低了工程质量。

6.8.7 安全保证措施

根据本工程的特点，在施工中除执行国家安全操作规程、法规、规范外，还应采取以下几点措施。

1. 安全管理措施

(1) 建立安全生产保障体系，落实各级各类人员的安全生产责任制，坚持贯彻安全第一、预防为主的方针。

(2) 分部分项工程开工前，由工程施工负责人对参加施工作业的人员进行详细的安全技术交底，使全体人员充分掌握安全生产的知识和安全生产的技能。

(3) 凡新工人、临时工、换岗工人进入岗位作业前，必须由公司、施工现场及所有班组进行"三级"安全教育，合格后方能上岗操作。

(4) 现场施工员、质安员每天督促各工种作业人员对自己的作业环境进行认真检查，发现问题立即报告，待隐患彻底消除后方能上岗作业。

(5) 制定严格的施工现场安全纪律条款，对违章指挥、冒险作业者采取强硬手段，进行必要的处罚。

2. 安全技术措施

(1) 人工挖基坑施工现场所有设备、设施、安全装置、工作配件以及个人劳动防护用品，必须经常检查确保完好和使用安全。操作人员除必须戴好安全帽外，还必须系安全带和带对讲机。

(2) 基坑上方四周设置护栏，非工作人员不得进入围栏内，挖出的土石方装入篮内，及时运离坑井口，不得堆放在坑口四周的范围内。

(3) 在施工主体时，从施工高度 4 m 起开始设置水平、竖向安全网，水平网满铺竹席，且应经常清除网内渣子。每隔四层设置一道水平固定安全网，网上加盖竹席。增设一道随施工高度提升的(水平、竖向)安全网，水平网上满铺竹跳板，竖向用竹凉板做全封闭。

(4) 对所有的井道口、楼梯口、楼层周边等应用钢管搭设双层围护栏杆，并对建筑物的预留洞口进行加盖防护。

(5) 脚手架必须按照安全操作规程搭设，外脚手架立杆必须稳放在条石上，条石应嵌入土体 200 mm，周边浇 d=60 mm 厚混凝土，做好排水坡。当大风、大雨、节假日后，应对脚手架进行全面检查，以防变形、移位、失稳。

(6) 塔吊必须编制搭拆方案，除做好防雷装置外，还应做好保护按铃。安装完后，要经公司安全科、生技科验收试吊，并履行手续后方能使用。

(7) 机械设备应配漏电保护器，使用时操作者应戴好防护用具，由机管员对操作者讲解设备的机械性能、操作程序，机械设备应经常检查、维修。塔吊的载重量必须在允许的重量内。施工用电线路应经常检查，确保施工用电的安全。

(8) 施工用电必须严格遵守 JgJ46—88《施工现场临时用电的安全技术规范》的规定。

(9) 本工程在施工中要做到安全生产、文明施工，争创"文明施工，安全生产标准化施工现场"。

6.8.8 冬雨季施工措施

1. 冬雨季施工方案

本工程在施工过程中可能会经历冬季，因此在冬季施工时须制定切实可行的施工方案。冬季施工保证工程质量的技术措施如下。

(1) 现场施工，技术人员应熟悉图纸，对不宜冬季施工的分项工程应提早与设计单位和建设单位协商，提出合理的修改方案。

(2) 在制定冬季施工方案的过程中，会同设计单位对施工图进行有关冬季施工方案的专门审查，根据已定的施工方法，由设计单位对原图进行必要的验算、修改或补充说明。

(3) 已经编制的冬季施工方案，经本单位主管工程师或主管领导批准后报上级技术部门审批、备案。

(4) 入冬前应按经审批的冬季施工方案或冬季技术措施进行交底，并做好检验工作，要有专人分工负责，确保每个工序都能按规程执行。

(5) 对已经批准的施工方案要认真贯彻执行，如需变更冬季施工方案，要经原审批单位同意，并报冬季施工补充方案。

(6) 施工人员要认真学习和熟悉冬季施工规定及施工验收中有关冬季施工的要求。

(7) 施工单位要组织季度、月和不定期的冬季施工检查，发现问题应及时解决，对于好的冬季施工经验要及时推广。

2. 冬季施工保证安全的技术措施

冬季施工安全教育措施如下。

(1) 必须对全体职工定期进行技术安全教育，结合工程任务，在冬季施工前做好安全技术交底，配备好安全防护用品。

(2) 对新工人必须进行安全教育和操作规程的教育，对变换工种及临时参加生产劳动的人员，也要进行安全教育和安全交底。

(3) 特殊工种(如电气、架子、起重、焊接、车辆、机械等工种)须经有关部门专业培训，考核合格并发证后方可操作。

(4) 采用新设备、新机具、新工艺时应对操作人员进行机械性能、操作方法等安全技术交底。

(5) 现场安全管理。

所有分项工程都必须编制安全技术措施并详细交底，否则不许施工。

现场内的各种材料、模板、混凝土构件、乙炔瓶、氧气瓶等存放地都要符合安全要求，并加强管理。

加强季节性劳动保护工作，冬季要做好防滑、防冻、防煤气中毒工作，脚手架、上人通道要采取防滑措施。霜雪天后要及时清扫，大风雨后要及时检查脚手架，防止高空坠落事故的发生。

(6) 冬季电气安全管理。

施工现场禁止使用裸线，电线铺设要防砸、防碾压，防止电线冻结在冰雪之中，大风雨后，对供电线路进行检查，防止断线造成触电事故。

由电工负责安装、维护和管理用电设备，严禁非电工人员随意拆改。

(7) 解除冬季施工后的安全管理。

随着气温的回升，连续七昼夜不出现负温度方可解除冬季施工，但要注意以下几点。

◆ 对冬季施工搭设的高度超过三层以上的架子、塔式起重机路基和电线杆等，应进行一次普查，防止地基冻融造成倾斜倒塌。

◆ 用冻融法砌筑的砌体，在化冻时应按砌体工程施工验收规范的规定采取必要的措施。

◆ 应进行检查和整理材料堆放场、模板堆放场，防止垛堆、模板和构件的土层在冻融中倒塌。

3. 雨季施工方案

雨季施工主要解决雨水的排除，对于大中型工程的施工现场，必须做好临时排水系统的总体规划，其中包括阻止场外水流入现场和使现场内的水排出场外两部分。其原则是：上游截水，下游散水，坑底抽水，地面排水。

1) 雨季施工保证工程质量的技术措施

(1) 土方和基础工程。

◆ 雨季开挖基坑时，应注意边坡稳定。

◆ 雨季施工的工作面不宜过大，应逐段、逐片、分期完成，基础控制标高后，及时验收并浇筑混凝土垫层。

◆ 雨季施工，要做好排水沟、集水井。

(2) 砌体工程。

◆ 砖在雨季必须集中堆放，不宜浇水，砌墙时要求干湿砖块合理搭配，砖湿度较大时不可上墙,砌筑高度不宜超过 1 m。

◆ 稳定性较差的窗间墙,应加设临时支撑。

◆ 雨后继续施工,需复核已完工砌体的垂直度及标高。

(3) 混凝土工程。

◆ 模板隔离层在涂刷前要及时掌握天气情况,以防隔离层被雨水冲掉。

◆ 遇到大雨应停止浇筑混凝土,已浇部位应加以覆盖。

◆ 雨季施工时,应加强混凝土骨料含水率的测定,及时调整用水量。

◆ 模板支撑下回填土要夯实,并加好垫板,雨后及时检查有无下沉。

(4) 吊装工程。

◆ 构件堆放地点要平整坚实,周围应做好排水工作,严禁构件堆放区积水、浸泡,防止泥土沾到预制件上。

◆ 塔式起重机路基,必须高出自然地面 150 mm,严禁雨水浸泡路基。

◆ 雨后吊装时,要先做试吊,将构件吊到 1 m 左右,上下往返数次稳定后再进行吊装工作。

(5) 屋面工程。

◆ 卷材屋面应尽量在雨季前施工,并同时安装屋面的落水管。

◆ 雨天严禁油毡屋面施工。

(6) 抹灰工程。

◆ 雨天不准进行室外抹灰,至少应能预计 1～2 d 的天气变化情况,对已经施工的墙面,应注意防止雨水污染。

◆ 室内抹灰尽量在做完屋面后进行,至少要做完屋面找平层,并铺一层油毡。

◆ 雨天不宜做罩面油漆。

2) 雨季施工保证安全的措施

(1) 雨季施工主要应做好防雨、防风、防雷、防汛等工作。

◆ 基础工程应开设排水沟,雨后积水应设置防护栏或警告标志,超过 1 m 深的基坑壁应设支撑。

◆ 一切机械设备应设置在地势较高、防潮避雨的地方,要搭设防雨棚。机械设备的电源线路要绝缘良好,要有完善的保护接零。机动电闸箱的漏电保护装置要可靠。

◆ 脚手架要经常检查,发现问题要及时处理或更换加固。

◆ 脚手架和构筑物要按电气专业规定设临时避雷装置。

(2) 施工现场的防雷装置一般由避雷针、接地线和接地体三部分组成。

◆ 避雷针安装在高出建筑物的塔吊、钢管脚手架的最高顶端上。

◆ 接地线可用截面不小于 16 mm² 的铝导线,或用截面不小于 12 mm² 的铜导线,也可用直径小于 8 mm 的圆钢。

◆ 接地体有棒形和带形两种,棒形接地体一般采用长度 1.5 m,壁厚不小于 2.5 mm 的钢管或 50 mm×5 mm 的角钢。将其一端垂直打入地下,其顶端高出地面不小于 500 mm,带形接地体可采用截面积不小于 50 mm²,长度不小于 3 m 的扁钢,平卧于地下 500 mm 处。

◆　防雷装置的避雷针、接地线和接地体必须满焊(双面焊)，焊缝长度应为圆钢直径的 6 倍或扁钢厚度的 3 倍。

6.8.9　消防保卫、环境保护、文明施工

1. 消防保卫

现场内道路保持畅通，消火栓设明显标志，附近不得堆物，消防工具不得随意挪用，明火作业有专人看火，申请用火证。现场吸烟到吸烟室，并设领导值班制和义务消防小组。

2. 环境保护

因工程地处市区内，原场地清洁，为了更有效地保护环境，现场内的垃圾、污物和施工废料及时清除运走，搅拌机出口设沉淀池。居民稠密区为不扰民区，即 22 点以后到第二天早 6 点以前不得施工。现场内经常打扫，建立卫生区负责人值班制，把现场的环境保护好。

3. 现场文明施工

现场内临时设施按平面图搭设，场内保持清洁，严格按"重庆市文明施工十八条标准"施工，工作完成后脚下清，砂浆、混凝土做到不洒、不漏、不倒、不剩，场内禁止大小便，工人不许酗酒、赌博、打架斗殴、看黄色录像和淫秽书刊，并应严格遵守市民守则，不说粗话、脏话，不穿拖鞋、高跟鞋上班。施工机械定期保养，整洁完好。

思考与练习

1. 简述单位工程施工组织设计编制的程序。
2. 单位工程施工组织设计的内容有哪些？
3. 单位工程施工进度计划编制的步骤有哪些？
4. 施工现场平面布置图的内容有哪些？布置步骤如何？

第 7 章　施工项目管理

本章导读

本章的主要内容包括施工现场管理、施工技术管理、资源管理、安全生产、文明施工、现场环境保护、季节性施工和建设工程文件资料的管理。

学习目标

◆　了解施工现场管理和施工技术管理的内容。

◆　了解资源管理、安全生产、文明施工的措施。

◆　了解冬季施工、雨季施工的措施。

◆　了解建设工程文件及土建工程施工文件的内容。

7.1　施工项目管理概述

7.1.1　施工项目管理的概念

施工项目，是指建筑工程施工企业自建筑工程施工投标开始到保修期满为止的全过程中完成的项目。

施工项目管理，是指建筑工程施工企业运用系统的观点、理论和科学技术，对建筑施工项目进行的计划、组织、监督、控制、协调等全过程的管理。

7.1.2　项目经理责任制

1. 基本概念

项目经理，是指建筑工程施工企业法定代表人在承包的建筑工程施工项目上的委托代理人。项目经理责任制是以项目经理为责任主体的建筑工程施工项目管理目标责任制度。

项目管理目标责任书，是由建筑工程施工企业法定代表人根据施工合同和经营管理目标的要求，明确规定项目经理部应达到的成本、质量、进度和安全等控制目标的文件。

2. 项目经理责任制的一般规定

建筑工程施工企业在进行施工项目管理时，应实行项目经理责任制。企业应处理好企业管理层、项目管理层和劳务作业层的关系，并应在"项目管理目标责任书"中明确项目经理的责任、权力和利益。企业管理层的管理活动应符合下列规定。

(1) 制定和健全施工项目管理制度，规范项目管理。

(2) 加强计划管理，保持资源的合理分布和有序流动，并为项目生产要素的优化配置和动态管理服务。

(3) 对项目管理层的工作进行全过程指导、监督和检查。

(4) 项目管理层应做好资源的优化配置和动态管理，执行和服从企业管理层对项目管理工作的监督检查和宏观调控。

(5) 企业管理层与劳务作业层应签订劳务分包合同。项目管理层与劳务作业层应建立共同履行劳务分包合同的关系。

3. 项目经理

项目经理应根据企业法定代表人授权的范围、时间和内容对施工项目自开工准备至竣工验收实施全过程管理。项目经理只宜担任一个施工项目的管理工作，当其负责管理的施工项目临近竣工阶段且经建设单位同意，可以兼任另一项工程的项目管理工作。项目经理必须取得"建设工程施工项目经理资格证书"。

项目经理应接受企业法定代表人的领导，接受企业管理层、发包人和监理机构的检查与监督。施工项目从开工到竣工，企业不得随意撤换项目经理。施工项目发生重大安全、质量事故或项目经理违法、违纪时，企业可撤换项目经理。

项目经理应具备下列素质。

(1) 具有符合施工项目管理要求的能力。

(2) 具有相应的施工项目管理经验和业绩。

(3) 具有承担施工项目管理任务的专业技术、管理知识、经济和法律知识、法规知识。

(4) 具有良好的道德品质。

4. 项目经理的职责、权限和利益

项目经理应履行下列职责。

(1) 代表企业实施施工项目管理；贯彻执行国家法律、法规、方针政策和强制性标准，执行企业的管理制度，维护企业的合法权益。

(2) 履行"项目管理目标责任书"中规定的任务。

(3) 组织编制项目管理实施规划。

(4) 对进入现场的生产要素进行优化配置和动态管理。

(5) 建立质量管理体系和安全管理体系并组织实施。

(6) 在授权范围内负责与企业管理层、劳务作业层、各协作单位、发包人、分包人和监理工程师等的协调，解决项目中出现的问题。

(7) 按"项目管理目标责任书"处理项目经理部与国家、企业、分包单位以及职工之间的利益分配。

(8) 进行现场文明施工管理，发现和处理突发事件。

(9) 参与工程竣工验收，准备结算资料和分析总结，接受审计。

(10) 处理项目经理部的善后工作。

(11) 协助企业进行项目的检查、鉴定和评奖申报。

项目经理应具有下列权限。

(1) 参与企业进行的施工项目投标和签订施工合同。

(2) 经授权组建项目经理部，确定项目经理部的组织结构，选择、聘用管理人员，确定管理人员的职责，并定期进行考核、评价和奖惩。

(3) 在企业财务制度规定的范围内，根据企业法定代表人授权和施工项目管理的需要，决定资金的投入和使用，决定项目经理部的计酬办法。

(4) 在授权范围内，按物资采购程序性文件的规定行使采购权。

(5) 根据企业法定代表人授权或按照企业的规定选择、使用作业队伍。

(6) 主持项目经理部工作，组织制定施工项目的各项管理制度。

(7) 根据企业法定代表人授权，协调和处理与施工项目管理有关的内部与外部事项。

项目经理应享有以下权利。

(1) 获得基本工资、岗位工资和绩效工资。

(2) 除按"项目管理目标责任书"可获得物质奖励外，还可获得表彰、记功、优秀项目经理等荣誉称号。

(3) 经考核和审计，未完成"项目管理目标责任书"确定的项目管理责任目标或造成亏损的，应按其中的相关条款承担责任，并接受经济或行政处罚。

7.1.3 项目经理部

1. 项目经理部和项目管理规划大纲的概念

项目经理部是由项目经理在企业的支持下组建并领导，进行项目管理的组织机构。项目管理规划大纲是由企业管理层在投标之前编制的，旨在作为投标依据，满足招标文件要求及签订合同要求的文件。

2. 项目经理部的一般规定

大中型施工项目，承包人必须在施工现场设立项目经理部；小型施工项目，可由企业法定代表人委托一个项目经理部兼管，但不得削弱其项目管理职责。

项目经理部直属项目经理的领导，接受企业业务部门的指导、监督、检查和考核。项目经理部在项目竣工验收、审计完成后解体。

3. 项目经理部的设立

项目经理部应按下列步骤设立。

(1) 根据企业批准的"项目管理规划大纲"，确定项目经理部的管理任务和组织形式。

(2) 确定项目经理部的层次，设立职能部门与工作岗位。

(3) 确定人员、职责和权限。

(4) 由项目经理根据"项目管理目标责任书"进行目标分解。

(5) 组织有关人员制定规章制度和目标责任考核、奖惩制度。

项目经理部的组织形式应根据施工项目的规模、结构复杂程度、专业特点、人员素质和地域范围确定，并应符合下列规定。

(1) 大中型项目宜按矩阵式项目管理组织设置项目经理部。

(2) 远离企业管理层的大中型项目宜按事业部式项目管理组织设置项目经理部。

(3) 小型项目宜按直线职能式项目管理组织设置项目经理部。

(4) 项目经理部的人员配备应满足施工项目管理的需要。职能部门的设置应满足各项项目管理内容的需要。大型项目的项目经理必须具有一级项目经理资质，管理人员中的高级职称人员比例不应低于 10%。

项目经理部的规章制度应包括下列各项。

(1) 项目管理人员岗位责任制度。

(2) 项目技术管理制度。

(3) 项目质量管理制度。

(4) 项目安全管理制度。

(5) 项目计划、统计与进度管理制度。

(6) 项目成本核算制度。

(7) 项目材料、机械设备管理制度。

(8) 项目现场管理制度。

(9) 项目分配与奖励制度。

(10) 项目例会及施工日志制度。

(11) 项目分包及劳务管理制度。

(12) 项目组织协调制度。

(13) 项目信息管理制度。

项目经理部自行制定的规章制度与企业现行的有关规定不一致时，应报送企业或其授权的职能部门批准。

7.1.4　项目管理的内容与程序

项目管理的内容与程序应体现企业管理层和项目管理层参与的项目管理活动。项目管理的每一过程，都应体现计划、实施、检查、处理(plan、do、check、action，PDCA)的持续改进过程。

项目经理部的管理内容应由企业法定代表人向项目经理下达的"项目管理目标责任书"确定，并应由项目经理负责组织实施。在项目管理期间，由发包人或其委托的监理工程师或企业管理层按规定的程序提出的、以施工指令形式下达的工程变更导致的额外施工任务或工作，均应列入项目管理范围。

项目管理应体现管理的规律，企业应利用制度保证项目管理按规定程序运行。项目经理部应按监理机构提供的"监理规划"和"监理实施细则"的要求，接受并配合监理工作。

1. 项目管理的内容

项目管理的内容应包括：编制"项目管理规划大纲"和"项目管理实施规划"，项目进度控制，项目质量控制，项目安全控制，项目成本控制，项目人力资源管理，项目材料管理，项目机械设备管理，项目技术管理，项目资金管理，项目合同管理，项目信息管理，项目现场管理，项目组织协调，项目竣工验收，项目考核评价，项目回访保修。

2. 项目管理的程序

项目管理的程序依次为：编制项目管理规划大纲，编制投标书并进行投标，签订施工合同，选定项目经理，项目经理接受企业法定代表人的委托组建项目经理部，企业法定代表人与项目经理签订"项目管理目标责任书"，项目经理部编制"项目管理实施规划"，进行项目开工前的准备；施工期间按"项目管理实施规划"进行管理；在项目竣工验收阶段进行竣工结算、清理各种债权债务、移交资料和工程，进行经济分析，做出项目管理总结报告并送企业管理层有关职能部门，企业管理层组织考核委员会对项目管理工作进行考核评价并兑现"项目管理目标责任书"中的奖惩承诺，项目经理部解体；在保修期满前，企业管理层根据"工程质量保修书"的约定进行项目回访保修。

7.2　施工现场管理

施工现场管理首先应建立施工责任制度，明确各级技术负责人在工作中应负的责任，同时应做好施工现场的准备工作，为施工的正常进行提供条件。

7.2.1　建立施工责任制度

由于施工工作范围广，涉及的专业工种和专业人员多，现场情况复杂以及施工周期长，因此必须在项目内实行严格的责任制度，使施工工作中的人、财、物合理地流动，保证施工工作的顺利进行。在编制施工工作计划以后，就要按计划将责任明确到有关部门甚至个人，以便按计划要求完成工作。对各级技术负责人在工作中应负的责任应予以明确，以便推动和促进各部门认真做好各项工作。

7.2.2　做好施工现场的准备工作

1. 收集资料

及时收集拟建施工项目的相邻环境、地下管线及相关信息资料，特别是政府部门提供的相关资料。收集拟建施工项目的相邻环境与地下信息资料，让施工人员了解这些信息，制定相应的施工方案，以免土方开挖施工过程中出现安全事故。

1) 相邻环境、地下管线资料的收集

拟建施工项目的地形、地貌、地质、相邻环境及地下管线资料的主要内容有以下几方面。

(1) 地形、地貌调查资料：包括工程建设的城市规划图或建设区域地形图，工程建设地点的地形图、水准点、控制桩的位置；现场地形、地貌特征；勘测高程、高差等。

(2) 地质土壤实地调查资料：在勘察设计部门已有资料的基础上，施工单位应对施工现场的地质、土壤做实地调查，做出必要的补充、核实，以求全面、准确。

(3) 相邻环境及地下管线资料：包括在施工用地的区域内，一切地上原有建筑物、构筑物、道路、设施、沟渠、水井、树木、土堆、坟墓、土坑、水池、农田庄稼及电力通信杆线等；一切地下原有埋设物，包括地下沟道、人防工程、下水道、上下水管道、电力通信电缆管道、煤气及天然气管道、地下杂填累积坑、枯井及孔洞等；是否可能有地下古墓、地下河流及地下水水位等。

2) 建设地区自然条件资料收集

(1) 气象资料。气象资料有气温、雨情、风情调查资料等。气温调查资料包括全年各月平均温度、最高温度与最低温度，5℃及0℃以下天数、日期等；雨情调查资料包括雨季时期，年、月降水量，雷暴雨天数及时期，日最大降水量等；风情调查资料包括全年主导风向及频率(风玫瑰图)，大于八级风的天数、日期等。

(2) 河流、地下水资料。包括河流位置与现场距离；洪水、平水、枯水时期及其水位；流量、流速、航道深度、水质等；附近是否有湖泊；地下水的最高水位与最低水位及其时期、水量、水质等。

3) 建设地区技术经济资料收集

(1) 地方建筑生产企业调查资料。包括混凝土制品厂、木材加工厂、金属结构厂、建筑设备修理厂、砂石公司和砖瓦灰厂等的生产能力、规格质量、供应条件、运距及价格等。

(2) 水泥、钢材、木材、特种建筑材料的品种、规格、质量、数量、供应条件、生产能力、价格等。

(3) 地方资源调查资料。包括砂、石、矿渣、炉渣、粉煤灰等地方材料的质量、品种、数量等。

(4) 交通运输条件调查资料。包括铁路、水路、公路、空运的交通条件、车辆条件、运输能力、码头设施等。

(5) 水电供应能力调查资料。包括城市自来水、河流湖泊、地下水的供应能力或条件、管径、水量及水压、距离等；供电能力(电量、电压)、线路、线距等。

2. 拆除障碍物

施工场地内的一切障碍物，无论是地上的还是地下的，都应在开工前拆除。这些工作一般是由建设单位来完成，有时委托施工单位来完成。如果由施工单位来完成这项工作，一定要事先摸清情况，尤其是在城市的老区内，由于原有建筑物和构筑物情况复杂，而且往往资料不全，在拆除前需要采取相应的措施，防止发生事故。

以房屋的拆除为例，一般平房只要把水源、电源截断后即可进行拆除，但都要与供电部门或通信部门联系并办理手续后方可进行。

对于自来水、污水、煤气、热力等管线的拆除，最好由专业公司进行，即使源头已截断，施工单位也要采取相应的措施，防止事故发生。

若场地内还有树木，需报请园林部门批准后方可砍伐。拆除障碍物后，留下的渣土等杂物都应运出场外。在运输时，应遵守交通、环境保护部门的有关规定。运输车辆要按指定的通行路线和时间行驶，并采用封闭运输车或在渣土上洒水、覆盖，以免渣土飞扬污染环境。运输车辆的轮胎，在上道前应打扫干净。

3. 三通一平

通常我们把施工现场的"水通、电通、路通"简称为"三通"，把平整场地工作称为"一平"。地上、地下的障碍物拆除后，即可进行场地平整工作。场地的标高，应根据设计的场地标高，同时要充分考虑到场地的排水并结合今后施工的需要来确定。平整场地可视情况采用机械或者人工平整的方法。

当场地平整后，就可按施工总平面图确定的位置进行供水、排水、供电线路的敷设以及临时道路的修筑，然后按供电、供水、市政、交通部门的有关规定办完手续，接通源头，至此便实现了"三通"。无论是水、电线路还是道路，都应尽可能多地利用永久性工程。凡是拟建工程的管线、道路，有能为施工利用的都应首先敷设。为了避免永久道路的路面在施工中损坏，也可先做路基作为施工阶段的临时道路，在交工前再做路面。

有些建设工程进一步要求达到"七通一平"的标准，即通给水、排水、供电、供热、供气、通信、道路和平整场地。

4. 测量放线

测量放线的任务是把图纸上设计好的建筑物、构筑物及管线等测设到地面上或实物上，并用各种标志表现出来，作为施工的依据。其工作的进行，一般是在土方开挖之前，由施工场地内高程坐标控制网或高程控制点来实现的，这些网点的设置应视范围的大小和控制的精度而定。在测量放线前，应做好以下几项准备工作。

(1) 对测量仪器进行检验和校正。对所用的经纬仪、水准仪、钢尺、水准尺等应进行校验。

(2) 通过设计交底，了解工程全貌和设计意图，掌握现场情况和定位条件，主要轴线尺寸的相互关系，地上、地下的标高以及测量精度要求。

在熟悉施工图纸的过程中，应仔细核对图纸尺寸，对轴线尺寸、标高是否齐全以及边界尺寸要特别注意。

(3) 校核红线桩与水准点。

建设单位提供的由城市规划勘测部门给出的建筑红线，在法律上起着建筑边界用地的作用。在使用线桩前要进行校核，施工过程中要保护好桩位，以便将它作为检查建筑物定位的依据。水准点同样要求校测和保护。红线和水准点经校测发现问题，应提请建设单位处理。

(4) 制定测量、放线方案。根据设计图纸的要求和施工方案，制定切实可行的测量、放线方案，主要包括平面控制、标高控制、±0.00 以下施工测量、±0.00 以上施工测量、沉降观测和竣工测量等项目。

建筑物定位放线是确定整个工程平面位置的关键环节，施测中必须保证精度，杜绝错误，否则后果将难以处理。建筑物定位、放线，一般通过设计图中平面控制轴线来确定建筑物的四廓位置，测定并经自检合格后，提交有关部门或甲方(或监理人员)验线，以保证定位的准确性。沿红线建的建筑物放线后，还要由城市规划部门验线，以防止建筑物压线或超红线，为正常顺利地施工创造条件。

5. 临时设施的搭设与修筑

所有宿舍、食堂、办公室、仓库、作业棚、临时的水电管线等的搭设以及临时道路等的修筑，其数量、标准及位置，均应按批准的图纸来搭建，不得乱搭乱建。如果永久性工程有可能作为施工用房，则应优先安排施工，加以充分利用，减少临时设施。

现场生活和生产用的临时设施，在布置和安排时，要遵照当地有关规定进行划分布置，如房屋的间距、标准是否符合卫生和防火要求，污水和垃圾的排放是否符合环境保护的要求等。因此，临建平面布置图及主要房屋结构图，都应报请城市规划、市政、消防、交通、环境保护等有关部门审查批准。特别要注意的是，临时设施的搭设与修筑应考虑先生产后生活的要求以及尽可能地利用永久设施。

7.3　施工技术管理

为保证工程质量目标，必须重视施工技术，施工技术管理因而就显得非常重要。施工管理必须按相关规定做好相关施工技术管理工作。

7.3.1　设计交底与图纸会审

设计交底由建设单位负责组织，由设计单位向施工单位和承担施工阶段监理任务的监理单位等相关参建单位进行交底。图纸会审由建设单位负责组织施工单位、监理单位、设计单位等相关的参建单位参加。

设计交底与图纸会审的通常做法是，设计文件完成后，设计单位将设计图纸移交建设单位，建设单位发给承担施工监理的监理单位和施工单位。由建设单位负责组织参建各方进行图纸会审，并整理成会审问题清单，在设计交底前一周交设计单位。设计交底一般以会议的形式进行，先进行设计交底，由设计单位介绍设计意图、结构特点、施工要求、技术措施和有关注意事项，而后转入图纸会审问题解释，通过设计、监理、施工三方或参建多方研究协商，确定存在的图纸和各种技术问题的解决方案。设计交底应在施工开始前完成。

图纸会审的主要内容有以下几方面。

(1) 设计图纸与说明是否齐全，有无分期供图的时间表。

(2) 设计地震烈度是否符合当地要求。

(3) 几个设计单位共同设计的图纸相互间有无矛盾；专业图纸之间、平立剖面图之间有无矛盾。

(4) 总平面图与施工图的几何尺寸、平面位置及标高等是否一致。

(5) 防火、消防是否满足。

(6) 建筑结构与各专业图纸是否有矛盾；结构图与建筑图尺寸是否一致。

(7) 建筑图、结构图、水电施工图表示是否清楚，是否符合制图标准。

(8) 材料来源有无保证，能否替换；施工图中所要求的新材料、新工艺应用有无问题。

(9) 工艺管道、电器线路、设备装置等布置是否合理。

(10) 施工安全、环境卫生有无保证。

7.3.2 编制施工组织设计

在施工之前，对拟建工程对象从人力、资金、施工方法、材料、机械五方面在时间、空间上做科学合理的安排，使施工能安全生产、文明施工，从而优质、低耗地完成建筑产品，这种用来指导施工的技术经济文件称为施工组织设计。施工组织设计按用途分为：标前施工组织设计和标后施工组织设计。其中，标前施工组织设计为投标前编制的施工组织设计，标后施工组织设计是签订合同后编制的施工组织设计。因此，标前施工组织设计由公司经营部门编制，标后施工组织设计由施工项目部门编制。

7.3.3 作业技术交底

1. 作业技术交底的作用

施工承包单位做好技术交底，是取得好的施工质量的条件之一。因此，每一分项工程开始实施前均要进行交底。作业技术交底是对施工组织设计或施工方案的具体化，是更细致、更明确、更具体的技术实施方案，是工序施工或分项工程施工的具体指导文件。技术交底的内容包括施工方法、质量要求、验收标准、施工过程中需注意的问题和可能出现意外的措施及应急方案。技术交底在紧紧围绕和具体施工有关的操作者、机械设备、使用的材料、构配件、工艺、工法、施工环境、具体管理措施等方面进行，交底要明确做什么、谁来做、如何做、作业标准和要求、什么时间完成等问题。

2. 作业技术交底的种类

对于施工企业的作业技术交底一般分三级：公司技术负责人对工区技术交底、工区技术负责人对施工队技术交底和施工队技术负责人对班组工人技术交底。

施工现场的作业技术交底主要是施工队技术负责人对班组工人技术交底，是技术交底的核心，其内容主要有以下几方面。

(1) 施工图的具体要求。包括建筑、结构、水、暖、电、通风等专业的细节，如设计要求中的重点部位的尺寸、标高、轴线，预留孔洞、预埋件的位置、规格、大小、数量等，以及各专业、各图样之间的相互关系。

(2) 施工方案实施的具体技术措施、施工方法。

(3) 所有材料的品种、规格、等级及质量要求。

(4) 混凝土、砂浆、防水、保温等材料或半成品的配合比和技术要求。

(5) 按照施工组织的有关事项，说明施工顺序、施工方法、工序搭接等。

(6) 落实工程的有关技术要求和技术指标。

(7) 提出质量、安全、节约的具体要求和措施。

(8) 设计修改、变更的具体内容和应注意的关键部位。

(9) 成品保护项目、种类、办法。

(10) 在特殊情况下，应知应会应注意的问题。

3. 技术交底的方式

施工现场技术交底的方式主要有书面交底、会议交底、口头交底、挂牌交底、样板交底及模型交底等几种，每种方式的特点及适用范围如表 7-1 所示。

表 7-1　交底方式的特点及适用范围

交底方式	特点及适用范围
书面交底	把交底的内容写成书面形式，向下一级有关人员交底。交底人与接收人在弄清交底内容以后，分别在交底书上签字，接受人根据此交底，再进一步向下一级落实交底内容。这种交底方式内容明确，责任到人，事后有据可查，因此，交底效果较好，是一般工地最常用的交底方式
会议交底	通过召集有关人员举行会议，向与会者传达交底的内容，对多工种同时交叉施工的项目，应将各工种有关人员同时集中参加会议，除各专业技术交底外，还要把施工组织者的组织部署和协作意图交代给与会者。会议交底除了会议主持人能够把交底内容向与会者交底外，与会者也可以通过讨论、问答等方式对技术交底的内容予以补充、修改、完善
口头交底	适用于人员较少，操作时间短，工作内容较简单的项目
挂牌交底	将交底的内容、质量要求写在标牌上，挂在施工现场。这种方式适用于操作内容固定，操作人员固定的分项工程。如混凝土搅拌站，常将各种材料的用量写在标牌上。这种挂牌交底方式，可使操作者抬头可见、时刻注意
样板交底	对于有些质量和外观感觉要求较高的项目，为使操作者对质量指标要求和操作方法、外观要求有直观的感性认识，可组织操作水平较高的工人先做样板，其他工人现场观摩，待样板做成且达到质量和外观要求后，供他人以此为样板施工。这种交底方式通常在装饰质量和外观要求较高的项目上采用
模型交底	对于技术较复杂的设备基础或建筑构件，为使操作者加深理解，常做成模型进行交底

7.3.4　质量控制点的设置

1. 质量控制点的概念

质量控制点是指为了保证作业过程质量而确定的重点控制对象、关键部位或薄弱环节。设置质量控制点是保证达到施工质量要求的必要前提，在拟订质量控制工作计划时，应予以详细地考虑，并以制度来保证落实。对于质量控制点，一般要事先分析可能造成质量问题的原因，再针对原因制定对策和措施进行预控。

承包单位在工程施工前应根据施工过程质量控制的要求，列出质量控制点明细表，表中详细地列出各质量控制点的名称或控制内容、检验标准及方法等，提交监理工程师审查批准后，在此基础上实施质量预控。

2. 选择质量控制点的一般原则

可作为质量控制点的对象涉及面广，它可能是技术要求高、施工难度大的结构部位，也可能是影响质量的关键工序、操作或某一环节。总之，不论是结构部位，还是影响质量的关键工序、操作方法、施工顺序、技术、材料、机械、自然条件、施工环境等均可作为质量控制点来控制。概括地说，应当选择那些质量难度大、对质量影响大或者是发生质量问题时危害大的对象作为质量控制点。质量控制点应在以下部位中选择。

(1) 施工过程中的关键工序或环节以及隐蔽工程，例如预应力结构的张拉工序，钢筋混凝土结构中的钢筋架立。

(2) 施工中的薄弱环节，或质量不稳定的工序、部位或对象，例如地下防水层施工。

(3) 对后续工程施工或对后续工序质量或安全有重大影响的工序、部位或对象，例如预应力结构中的预应力钢筋质量、模板的支撑与固定等。

(4) 采用新技术、新工艺、新材料的部位或环节。

(5) 施工上无足够把握的、施工条件困难的或技术难度大的工序或环节，例如复杂曲线模板的放样等。

显然，是否设置为质量控制点，主要视其质量特性影响的大小、危害程度以及其质量保证的难度大小而定。表 7-2 为建筑工程质量控制点设置的一般位置示例。

表 7-2　质量控制点的设置位置

分项工程	质量控制点
工程测量定位	标准轴线桩、水平桩、龙门板、定位轴线、标高
地基、基础 (含设备基础)	基坑(槽)尺寸、标高、土质、地基承载力，基础垫层标高，基础位置、尺寸、标高，预留洞孔、预埋件的位置、规格、数量，基础标高、杯底弹线
砌体	砌体轴线，皮数杆，砂浆配合比，预留洞孔、预埋件的位置、数量，砌体排列
模板	位置、尺寸、标高，预埋件位置，预留洞孔尺寸、位置，模板强度及稳定性，模板内部清理及湿润情况
钢筋混凝土	水泥品种、强度等级，砂石质量，混凝土配合比，外加剂比例，混凝土振捣，钢筋品种、规格、尺寸、搭接长度，钢筋焊接，预留洞、孔及预埋件规格、数量、尺寸、位置，预制构件吊装或出场(脱模)强度，吊装位置、标高、支撑长度、焊接长度
吊装	吊装设备起重能力、吊具、索具、地锚
钢结构	翻样图、放大样
焊接	焊接条件、焊接工艺
装修	视具体情况而定

7.3.5　技术复核工作

凡涉及施工作业技术活动基准和依据的技术工作，都应该严格进行专人负责的复核性检查，以避免基准失误给整个工程带来难以补救的或全局性的危害。例如，工程的定位、轴线、标高，预留孔洞的位置和尺寸，预埋件，管线的坡度、混凝土配合比，变电、配电位置, 高低压进出口方向、送电方向等。技术复核是承包单位履行的技术工作责任, 其复核结果应报送监理工程师复验确认后, 才能进行后续的相关施工。监理工程师应把技术复验工作列入监理规划质量控制计划中, 并看作一项经常性的工作任务, 贯穿于整个施工过程中。

常见的施工测量复核有以下几种。

(1) 民用建筑的测量复核。建筑物定位测量、基础施工测量、墙体皮数杆检测、楼层轴线检测、楼层间高层传递检测等。

(2) 工业建筑测量复核。厂房控制网测量、桩基施工测量、柱模轴线与高程检测、厂房结构安装定位检测、动力设备基础与预埋螺栓检测。

(3) 高层建筑测量复核。建筑场地控制测量、基础以上的平面与高程控制、建筑物的垂直检测、建筑物施工过程中沉降变形观测等。

(4) 管线工程测量复核。管网或输配电线路定位测量、地下管线施工检测、架空管线施工检测、多管线交汇点高程检测等。

7.3.6 隐蔽工程验收

隐蔽工程验收是指将被其后续工程(工序)施工所隐蔽的分项、分部工程, 在隐蔽前所进行的检查验收。它是对一些已完工的分项、分部工程质量的最后一道检查, 由于检查对象就要被其他工程覆盖, 给以后的检查整改造成障碍, 故显得尤为重要, 它是质量控制的一个关键过程。验收的一般程序如下。

(1) 隐蔽工程施工完毕, 承包单位按有关技术规程、规范、施工图纸先进行自检, 自检合格后, 填写报验申请表, 并附上相应的工程检查证(或隐蔽工程检查记录)及有关材料证明、试验报告、复试报告等, 报送项目监理机构。

(2) 监理工程师收到报验申请后首先对质量证明资料进行审查, 并在合同规定的时间内到现场检查(检测或核查), 承包单位的专职质检员及相关施工人员应随同一起到现场检查。

(3) 经现场检查, 如符合质量要求, 监理工程师在报验申请表及工程检查证(或隐蔽工程检查记录)上签字确认, 准予承包单位隐蔽、覆盖, 进入下一道工序施工。

如经现场检查发现不合格, 监理工程师签发不合格项目通知, 责令承包单位整改, 整改后自检合格再报监理工程师复查。

7.3.7 成品保护

1. 成品保护的含义

所谓成品保护, 一般是指在施工过程中有些分项工程已经完成, 而其他一些分项工程尚在施工, 或者是在其分项工程施工过程中某些部位已完成, 而其他部位正在施工。在这种情况下, 承包单位必须负责对已完成部分采取妥善措施并予以保护, 以免因成品缺乏保护或保护不善而造成操作损坏或污染, 影响工程整体质量。因此, 承包单位应制定成品保护措施, 使所完成工程在移交之前保证完整、不被污染或损坏, 从而达到合同文件规定的或施工图纸等技术文件所要求的移交质量标准。

2. 成品保护的一般措施

根据需要保护的建筑产品的不同特点，可以分别对成品采取"防护""包裹""覆盖""封闭"等保护措施，以及合理安排施工顺序来达到保护成品的目的。

(1) 防护：就是针对被保护对象的特点采取各种防护的措施。例如，对清水楼梯踏步，可以采取护棱角铁上下连接固定；对于进出口台阶，可采取垫砖或方木搭脚手板供人通过的方法来保护台阶；对于门口易碰部位，可以钉上防护条或用槽形盖铁保护；门扇安装后，可加楔固定等。

(2) 包裹：就是将被保护物包裹起来，以防损伤或污染。例如，对镶面大理石柱可用立板包裹捆扎保护；铝合金门窗可用塑料布包扎保护等。

(3) 覆盖：就是用表面覆盖的办法防止堵塞或损伤。例如，对地漏、落水口排水管等安装后可以覆盖，以防止异物落入而被堵塞；预制水磨石或大理石楼梯可用木板覆盖加以保护；地面可用锯末、苫布等覆盖以防止喷浆等污染；其他需要防晒、保温、养护等项目也应采取适当的防护措施。

(4) 封闭：就是采取局部封闭的办法进行保护。例如，垃圾道完成后，可将其进口封闭起来，以防止建筑垃圾堵塞通道；房间水泥地面或地面砖完成后，可将该房间局部封闭，防止人们随意进入而损害地面；室内装修完成后，应加锁封闭，防止人们随意进入而受到损伤等。

(5) 合理安排施工顺序：主要是通过合理安排不同工作间的施工先后顺序，以防止后道工序损坏或污染已完成施工的成品或生产设备。例如，采取房间内先喷浆或喷涂而后装灯具的施工顺序可防止喷浆污染、损害灯具；先做顶棚、装修而后做地坪，也可避免顶棚及装修施工污染、损害地坪。

7.4 资源管理

资源是施工项目按计划完成的保证，因而在施工中应做好各种资源的组织和管理工作。资源管理包括劳动力管理、材料管理和机械管理等。

7.4.1 劳动力管理

施工项目的质量好坏往往取决于施工管理人员和施工队伍的素质，因此应注重施工管理人员和施工队伍的素质。

目前，施工项目大多实行项目经理责任制，根据确定的现场管理机构建立项目施工管理层，项目经理部要与项目各管理人员签订内部承包责任状，通过这些措施，可明确施工所有管理人员的责、权、利，并让它们有机地结合在一起，最大限度地发挥人的能动作用。

根据施工工程的特点和施工进度计划的要求确定各施工阶段的劳动力需用量计划，选择高素质的施工作业队伍进行工程的施工。对工人进行技术、安全、思想和法制教育，教育工人树立"质量第一，安全第一"的正确思想，遵守有关施工和安全的技术法规，遵守地方治安法规。在大批施工人员进场前，必须做好后勤工作的安排，为职工的衣、食、住、行、医等予以全面考虑、认真落实，以便充分调动职工的生产积极性。

7.4.2　材料管理

1. 材料管理的内容

施工承包单位材料管理的主要工作就是在做好材料计划的基础上，做好材料的供应、保管和使用的组织与管理工作。具体地讲，材料管理工作包括：材料定额的制定与管理、材料计划的编制、材料的库存管理、材料的订货、采购、组织运输、材料的仓库与施工现场管理及材料的成本管理等。施工现场材料管理的主要内容包括：施工前的材料准备工作、现场仓库管理、原材料的集中加工、材料领发使用、完工清场及退料回收等工作。

2. 材料管理的任务

材料管理的任务一方面要保证生产的需要，另一方面要采取有效的措施降低材料的消耗，加速资金的周转，提高经济效果。其目的就是要用少量的资金发挥最大的效益，具体要做到以下几方面。

(1) 按期、按质、按量、适价、配套地供应生产所需的各种材料，保证生产正常进行。

(2) 经济合理地组织材料的供应、减少储备、改进保管方法和降低消耗。

(3) 监督与促进材料的合理使用和节约使用。

3. 常用大宗材料的供应

(1) 材料储备应当考虑是否经济、合理、适量。储备多了造成积压，并增加材料保管的负担，同时也多占用了流动资金；储备少了又会影响正常生产。

(2) 材料的供应是否安全和及时：在保证材料原有数量和原有使用价值的基础上，应及时按计划供应材料。

(3) 时间适当，以免积压资金或降低材料的使用价值：现场储备的材料大部分只做短期储存，投入使用的材料储存数量及进料时间，应按材料需用计划确定，并严格按照施工平面布置图中所划出的位置堆放，以减少二次搬运，便于排水和装卸。材料进场后，根据其不同性质和存放保管要求，分别储存于露天或现场库房内，要做到堆放整齐，插有标牌，例如水泥应标出品种和标号，钢筋应标出级别和规格，以利于清点、搬运和使用。

(4) 材料供应紧张及不足的特殊保证措施：由于市场等因素的变化，项目部门必须制定材料供应紧张及不足时的特殊保证措施。

4. 半成品、制品及周转材料的供应

1) 钢筋混凝土构件及砌块的供应

一般工业与民用建筑都需要用相当数量的钢筋混凝土预制构件和砌块。装配式工业厂房使用的预制构件数量大，品种、规格多；砖混结构房屋则往往要求按层配套供应预制楼板及过梁。而钢筋混凝土预制构件的生产周期却较长，尤其是一些非标准构件不能代用，必须事先加工订货。施工中常常出现因预制构件供应不上而延误工期的情况。目前，大量

的填充墙采用砌块，因此要根据计划做好砌块的供应和堆放。

在编制构件加工计划时，应做到品种、规格、型号、数量准确，分层配套供应要求明确，构件进入场地时，应检查构件的外观质量，核对品种、规格、型号和数量，并按技术规定堆放(如支点位置和数量，叠放的层数和高度等)。

2) 门窗的供应

门窗的加工订货周期也较长，尤其是一些特殊、异型门窗的供货更突出。因此，在编制加工计划时要做到准确详尽、不错不漏。进场验收时要详细核对加工计划，检查规格、型号、零件及加工质量。验收后，做到分品种、按规格摆放整齐，防止木质门窗日晒雨淋变形和钢门窗锈蚀。

3) 钢铁构件的供应

不少工业建筑采用钢屋架、钢平台和大量预埋铁件。这些构件一般需在工厂加工后运到现场拼装使用，加工计划要详细并附有详图。

民用建筑则有楼梯栏杆、垃圾斗、水落管及卡子等铁件，亦需在工厂预制并运到现场使用，这些钢铁件进入现场应分品种、规格、型号码放整齐，挂牌标注清楚。

4) 水泥制品及安装设备的供应

一般建筑物都有水泥或水磨石水池、水磨石窗台板、铺地用水石块、楼梯踏步踢脚板、卫生洁具(如大小便器、浴缸、洗手盆)，这些制品要提前加工订货。水磨石制石，还有个花色问题，订货时要取得设计单位和建设单位的同意，进场时要按不同品种、规格、颜色堆放，并加以保护，防止损坏。

5) 模板等周转材料及架设工具

模板和架设工具是施工现场使用量大、堆放占地面积大的周转材料。近几年，各大城市使用木模已比较少，目前多采用组合工钢模，配以 U 形卡、穿墙螺栓等零配件，与一般钢脚手管共同使用，有的还需配备垂直支撑及横梁。涉及的模板及其配件规格多、数量大，对堆放场地的要求比较高，一定要分规格、型号整齐码放，以便于使用及维修。

大钢模也已在不少工地广泛使用。大钢模一般要求直立放置，防止倾倒，在现场也应规划出必要的存放场地。钢管脚手架、桥式脚手架、吊栏脚手架等都应按指定的平面位置堆放整齐，扣件等零件还应防雨，以免锈蚀。

7.4.3 机械管理

1. 混凝土、砂浆搅拌设备

通常，工地上应根据工程规模设置不同规模的混凝土、砂浆搅拌站，它们所需要的主要机械设备有搅拌机、上料皮带机、定量用磅秤、外加剂装置等，在北方冬期施工时还应备有锅炉、水箱等。此外，还应有试块养护用的标准养护室或养护箱。

搅拌站的搭设和设备安装调试，都应在开工之前完成，这是一项工作量较大、时间较长的现场准备工作。它直接影响以后砂浆和混凝土的供应，影响施工生产的顺利进行，务必高度重视！

随着城市建设的发展，混凝土的供应已逐渐由现场型转向商品型。一些城市已经建立了一定数量的混凝土集中搅拌站,供应各种不同要求的商品混凝土,由混凝土运输车将混凝土运到工地,然后通过输送泵将混凝土直接泵至浇灌地点;或装入吊斗,由塔吊输送到浇灌点。对于这种供应方式,应进行调查了解,如了解供应的品种标号、外加剂条件、供应量和时间等,看看是否能满足施工需要,也可通过签订供需合同,保证施工需要。

2. 垂直水平运输机械

目前,全国各大城市建筑工地所用的垂直运输机械,大多数是塔式起重机,因它的起重高度和工作覆盖面大,施工组织设计根据起重量、起重高度及回转半径等因素确定其型号和安放位置,安装使用之前要做好维修保养,现场应创造好安装条件。例如,塔吊轨道下的路基,应按规定的技术要求铺设。

较小型的工程,除了选用小型起重机械外,还可设井架或升降台辅助上料。这些垂直运输设备无论采用揽风绳还是采用与建筑物直接拉结,都应事先做好准备。

单层工业厂房的预制构件吊装,在大城市多采用轮胎式起重机。起重机械的行走路线要平整、压实,以利吊装顺利进行。

短距离的水平运输常采用小型翻斗车,长距离的水平运输常采用自御式汽车。

3. 其他常用机械

其他常用机械主要有打夯机、钢筋切断机、成型机、对焊机、电焊机、木工电刨和电锯等。需要排水的工程还应备有水泵。这些机械进场前都应提前准备,保证设备完好。

除此以外,工地还应配备卫生清扫用具、消防灭火器材以及手推车等小型运输工具。

7.5 安 全 生 产

安全生产管理是施工项目管理的一项重要内容。施工中必须做好安全生产,进行安全控制,采取必要的施工安全措施,经常进行安全检查与教育,同时在生产中应坚持"安全第一,预防为主"的方针。

7.5.1 安全控制的概念

安全生产是指生产过程处于避免人身伤害、设备损坏及其他不可接受的损害风险(危险)的状态。

不可接受的损害风险(危险)通常是指超出了法律、法规和规章的要求,超出了方针、目标和企业规定的其他要求,超出了人们普遍接受(通常是隐含的)的要求。因此,安全与否要对照风险接受程度来判定,是一个相对的概念。

安全控制是通过对生产过程中涉及的计划、组织、监控、调节和改进等一系列致力于满足生产安全所进行的管理活动。

7.5.2　安全控制的方针与目标

1. 安全控制的方针

安全控制的目的是为了安全生产，因此安全控制的方针也应符合安全生产的方针，即"安全第一，预防为主"。

"安全第一"是把人身的安全放在首位，安全是为了生产，生产必须保证人身安全，充分体现了"以人为本"的理念。

"预防为主"是实现"安全第一"的最重要手段，采取正确的措施和方法进行安全控制，从而减少甚至消除事故隐患，尽量把事故消灭在萌芽状态，这是安全控制最重要的思想。

2. 安全控制的目标

安全控制的目标是减少和消除生产过程中的事故，保证人员健康安全和财产免受损失。具体包括以下几方面。

(1) 减少或消除人的不安全行为的目标。

(2) 减少或消除设备、材料的不安全状态的目标。

(3) 改善生产环境和保护自然环境的目标。

(4) 安全管理的目标。

7.5.3　施工安全控制措施

1. 施工安全控制的基本要求

(1) 必须取得安全行政主管部门频发的安全施工许可证后才可开工。

(2) 总承包单位和每一个分包单位都应持有施工企业安全资格审查认可证。

(3) 各类人员必须具备相应的执业资格才能上岗。

(4) 所有新员工必须经过三级安全教育，即进厂、进车间和进班组的安全教育。

(5) 特殊工种作业人员必须持有特种作业操作证，并严格按规定定期进行复查。

(6) 对查出的安全隐患要做到"五定"，即定整改责任人、定整改措施、定整改完成时间、定整改完成人、定整改验收人。

(7) 必须把好安全生产"六关"，即措施关、交底关、教育关、防护关、检查关、改进关。

(8) 施工现场安全设施齐全，并符合国家及地方有关规定。

(9) 施工机械(特别是现场安设的起重设备等)必须经安全检查合格后方可使用。

2. 建设工程施工安全技术措施计划

(1) 主要内容。

其主要内容包括工程概况、控制目标、控制程序、组织机构、职责权限、规章制度、资源配置、安全措施、检查评价、奖惩制度等。

（2）编制施工安全技术措施计划。

编制施工安全技术措施计划时，对于某些特殊情况应考虑以下内容。

① 对结构复杂、施工难度大、专业性较强的项目，除制订项目总体安全保证计划外，还必须制定单位工程或分部分项工程的安全技术措施。

② 对高处作业、井下作业等专业性较强的作业，电器、压力容器等特殊工种作业，应制定单项安全技术规程，并应对管理人员和操作人员的安全作业资格和身体状况进行合格检查。

（3）制定和完善施工安全操作规程，编制各施工工种，特别是危险性较大工种的安全施工操作要求，作为规范和检查考核员工安全生产行为的依据。

（4）施工安全技术措施。

施工安全技术措施包括安全防护设施的设置和安全预防措施，主要有 17 个方面的内容，即防火、防毒、防爆、防洪、防尘、防雷击、防触电、防坍塌、防物体打击、防机械伤害、防起重设备滑落、防高空坠落、防交通事故、防寒、防暑、防疫、防环境污染等方面措施。

3. 施工安全技术措施计划的实施

1）安全生产责任制

建立安全生产责任制是施工安全技术措施计划实施的重要保证。安全生产责任制是指企业对项目经理部各级领导、各个部门、各类人员所规定的在他们各自职责范围内对安全生产应负责任的制度。

2）安全技术交底

安全技术交底的基本要求：项目经理部必须实行逐级安全技术交底制度，纵向延伸到班组全体作业人员；技术交底必须具体、明确，针对性强；技术交底的内容应针对分部分项工程施工中给作业人员带来的潜在危害和存在问题；应优先采用新的安全技术措施；应将工程概况、施工方法、施工程序、安全技术措施等向工长、班组长进行详细交底；定期向由两个以上作业队和多工种进行交叉施工的作业队伍进行书面交底；保持书面安全技术交底签字记录。

安全技术交底的主要内容有：本工程项目的施工作业特点和危险点；针对危险点的具体预防措施；应注意的安全事项；相应的安全操作规程和标准；发生事故后应及时采取的避难和急救措施。

7.5.4　安全检查与教育

1. 安全检查的主要内容

（1）查思想。主要检查企业的领导和职工对安全生产工作的认识。

（2）查管理。主要检查工程的安全生产管理是否有效。其主要内容包括安全生产责任制、安全技术措施计划、安全组织机构、安全保证措施、安全技术交底、安全教育、持证上岗、安全设施、安全标识、操作规程、违规行为、安全记录等。

（3）查隐患。主要检查作业现场是否符合安全生产、文明生产的要求。

（4）查事故处理。对安全事故的处理应达到查明事故原因、明确责任并对责任者做出处理、明确和落实整改措施等要求，同时还应检查对伤亡事故是否及时报告、认真调查、严肃处理。

安全检查的重点是违章指挥和违章作业。安全检查后应编制安全检查报告，说明已达标项目、未达标项目、存在的问题、原因分析及纠正和预防措施。

2. 安全检查的方法

安全检查的方法主要有四种。

(1) "看"：主要查看管理记录、持证上岗情况、现场标识、交接验收资料、"安全三宝"使用情况、"洞口"防护情况、"临边"防护情况、设备防护装置等。

(2) "量"：主要是用尺实测实量。

(3) "测"：用仪器、仪表实地进行测量。

(4) "现场操作"：由司机对各种限位装置进行实际运作，检验其灵敏程度。

3. 安全检查的主要形式

安全检查的主要形式有以下几种。

(1) 项目每周或每旬由主要负责人带队组织定期的安全大检查。

(2) 施工班组每天上班前由班组长和安全值日人员组织的班前安全检查。

(3) 季节更换前由安全生产管理人员和安全专职人员、安全值日人员等组织的季节性劳动保护安全教育。

(4) 由安全管理组、职能部门人员、专职安全员和专业技术人员组成对电气、机械设备、脚手架、登高设施等专项设施设备、高处作业、用电安全、消防保卫等进行专项安全检查。

(5) 由安全管理小组成员、安全专兼职人员和安全值日人员进行日常的安全检查。

(6) 对塔式起重机等起重设备、井架、龙门架、脚手架、电气设备、现浇混凝土模板及其支撑等施工设备在安装搭设完成后进行安全检查验收。

4. 安全教育

(1) 安全教育的要求如下。

① 广泛开展安全生产的宣传教育，使全体员工真正认识到安全生产的重要性和必要性，懂得安全生产和文明施工的科学知识，牢固树立安全第一的思想，自觉地遵守各项安全生产法律、法规和规章制度。

② 把安全知识、安全技能、设备性能、操作规程、安全法律等作为安全教育的主要内容。

③ 建立经常性的安全教育考核制度，考核成绩要记入员工档案。

④ 电工、电焊工、架子工、司炉工、爆破工、机操工、起重工、机械司机、机动车辆司机等特殊工种工人，除一般安全教育外，还要经过专业安全技能培训，经考试合格持证后，方可独立操作。

⑤ 采用新技术、新工艺、新设备施工和调换工作岗位地，也要进行安全教育，未经安全教育培训的人员不得上岗操作。

(2) 三级安全教育。

三级安全教育是指公司、项目经理部、施工班组三个层次的安全教育。三级教育的内容、时间及考核结果要有记录。按照建设部《建筑企业职工安全培训教育暂行规定》的规定开展安全教育。

　　公司教育的内容是：国家和地方有关安全生产的方针、政策、法规、标准、规程和企业的安全规章制度等。公司安全教育由施工单位的主要负责人负责。项目经理部教育的内容是：工地安全制度、施工现场环境、工程施工特点及可能存在的不安全因素等。项目经理部的教育由项目负责人负责。施工班组的教育内容是：本工种的安全操作规程、事故安全剖析、劳动纪律和岗位讲评等。施工班组的教育由专职安全生产管理人员负责。

7.6　文　明　施　工

7.6.1　文明施工概述

1. 文明施工的概念

　　文明施工是保持施工现场良好的作业环境、卫生环境和工作秩序。文明施工主要包括以下几个方面的工作。

　　(1) 规范施工现场的场容，保持作业环境的整洁卫生。

　　(2) 科学地组织施工，使生产有序进行。

　　(3) 减少施工对周围居民和环境的影响。

　　(4) 保证职工的安全和身体健康。

2. 文明施工的意义

　　(1) 文明施工能促进企业综合管理水平的提高。保持良好的作业环境和秩序，对促进安全生产、加快施工进度、保证工程质量、降低工程成本、提高经济和社会效益有较大作用。文明施工涉及人、财、物各个方面，贯穿于施工全过程之中，体现了企业在工程项目施工现场的综合管理水平。

　　(2) 文明施工是适应现代施工的客观要求。现代化施工更需要采用先进的技术、工艺、材料、设备和科学的施工方案，需要密切组织、严格要求、标准化管理、较好的职工素质等。文明施工能适应现代施工的要求，是实现优质、高效、低耗、安全、清洁、卫生的有效手段。

　　(3) 文明施工代表企业的形象。良好的施工环境与施工秩序，可以得到社会的支持和信任，提高企业的知名度和市场竞争力。

　　(4) 文明施工有利于员工的身心健康，有利于培养和提高施工队伍的整体素质。文明施工可以提高职工队伍的文化、技术和思想素质，培养尊重科学、遵守纪律、团结协作的大生产意识，促进企业精神文明建设，还可以促进施工队伍整体素质的提高。

7.6.2　文明施工的组织与管理

1. 组织和体制管理

　　(1) 施工现场应成立以项目经理为第一责任人的文明施工管理组织。分包单位应服从总包单位的文明施工管理组织的统一管理，并接受监督检查。

(2) 各项施工现场管理制度应有文明施工的规定。包括个人岗位责任制、经济责任制、安全检查制度、持证上岗制度、奖惩制度、竞赛制度和各项专业管理制度等。

(3) 加强和落实现场文明检查、考核与奖惩管理，以促进施工文明管理工作提高。检查范围和内容应全面周到，包括生产区、生活区、场容院貌、环境文明及制度落实等内容。检查发现的问题应及时采取整改措施。

2. 文明施工的资料及依据

(1) 关于文明施工的标准、规定、法律法规等资料。

(2) 施工组织设计(方案)中对文明施工管理的规定，各阶段施工现场文明施工的措施。

(3) 文明施工自检资料。

(4) 文明施工教育、培训、考核计划的资料。

(5) 文明施工活动各项记录资料。

3. 加强文明施工的宣传和教育

(1) 在坚持岗位练兵的基础上，要采取派出去、请进来、短期培训、上技术课、登黑板报、广播、看录像、看电视等方法狠抓宣传和教育工作。

(2) 要特别注意对临时工的岗前教育。

(3) 专业管理人员应熟悉并掌握文明施工的规定。

7.6.3 现场文明施工的基本要求

(1) 施工现场必须设置明显的标牌，标明工程项目名称、建设单位、设计单位、施工单位、项目经理和施工现场总代表人的姓名、开竣工日期、施工许可证批准文号等。施工单位负责施工现场标牌的保护工作。

(2) 施工现场的管理人员在施工现场应当佩戴证明其身份的证卡。

(3) 应当按照施工总平面布置图设置各项临时设施。现场堆放的大宗材料、成品、半成品和机具设备不得侵占场内道路及安全防护等设施。

(4) 施工现场的用电线路、用电设施的安装和使用必须符合安装规范和安全操作规程，并按照施工组织设计进行架设，严禁任意拉线接电。施工现场必须设有保证施工安全要求的夜间照明；危险潮湿场所的照明以及手持照明灯具，必须采用符合安全要求的电压。

(5) 施工机械应当按照施工总平面布置图规定的位置和线路设置，不得任意侵占场内道路。施工机械进场须经过安全检查，经检查合格的方能使用。施工机械操作人员必须建立机组责任制，并依照有关规定持证上岗，禁止无证人员操作。

(6) 应保证施工现场道路畅通，排水系统处于良好的使用状态；保持场容场貌的整洁，随时清理建筑垃圾。在车辆、行人通行的地方施工，应当设置施工标志，并对沟井坎穴进行覆盖。

(7) 对施工现场的各种安全设施和劳动保护器具，必须定期进行检查和维护，及时消除隐患，保证其安全有效。

(8) 施工现场应当设置各类必要的职工生活设施，并符合卫生、通风、照明等要求。职工的膳食、饮水供应等应当符合卫生要求。

(9) 应当做好施工现场安全保卫工作，采取必要的防盗措施，在现场周边设立围护设施。

(10) 应当严格依照《中华人民共和国消防法》的规定，在施工现场建立和执行防火管理制度，设置符合消防要求的消防设施，并保持完好的备用状态，在容易发生火灾的地区施工，或者储存、使用易燃易爆器材时，应当采取特殊的消防安全措施。

(11) 对施工现场发生的工程建设重大事故的处理，应依照《工程建设重大事故报告和调查程序规定》执行。

7.7　现场环境保护

7.7.1　现场环境保护的意义

环境保护是按照法律法规、各级主管部门和企业的要求，保护和改善作业现场的环境，控制现场的各种粉尘、废水、固体废弃物、噪声、振动等对环境的污染和危害。

(1) 保护和改善施工环境是保证人们身体健康和社会文明的需要。采取专项措施防止粉尘、噪声和水源污染，保护好现场及其周围的环境，是保证职工和相关人员身体健康、体现社会总体文明礼貌的一项利国利民的重要工作。

(2) 保护和改善施工现场环境是消除对外部干扰、保证施工顺利进行的需要。随着人们法制观念和自我保护意识的增强，尤其是在城市中，施工扰民问题反映突出，应及时采取防治措施，减少对环境的污染和对市民的干扰，这也是施工生产顺利进行的基本条件。

(3) 保护和改善施工环境是现代化大生产的客观要求。现代化施工广泛应用新设备、新技术、新的生产工艺，对环境质量的要求很高。如果粉尘、振动超标，就可能损坏设备，影响功能发挥，使设备难以发挥作用。

(4) 保护和改善施工环境是节约能源、保护人类生存环境、保证社会和企业可持续发展的需要。人类社会即将面临环境污染和能源危机的挑战。为了保护子孙后代赖以生存的环境条件，每个公民和企业都有责任和义务保护环境。良好的环境和生存条件，也是企业发展的基础和动力。

7.7.2　施工现场空气污染的防治措施

大气污染物的种类有数千种，已发现有危害作用的有 100 多种，其中大部分是有机物。大气污染物通常以气体状态和粒子状态存在于空气中。施工中，防治施工对大气污染的措施主要有以下几个方面。

(1) 施工现场的垃圾渣土要及时清理出现场。

(2) 对于细颗粒散体材料(如水泥、粉煤灰、白灰等)的运输、储存要注意遮盖、密封，防止和减少飞扬。

(3) 车辆开出工地要做到不带泥沙，基本做到不洒土、不扬尘，减少对周围环境的污染。

(4) 除设有符合规定的装置外，禁止在施工现场焚烧油毡、橡胶、塑料、皮革、树叶、枯草、各种包装物等废弃物品以及其他会产生有毒、有害烟尘和恶臭气味的物质。

(5) 机动车都要安装减少尾气排放的装置，确保符合国家标准。

(6) 工地茶炉应尽量采用电热水器。若只能使用烧煤茶炉和锅炉时，应选用消烟除尘型茶炉和锅炉，大灶应选用消烟节能回风炉灶，使烟尘降至允许排放的范围为止。

(7) 大城市市区的建设工程已不容许搅拌混凝土。在容许设置搅拌站的工地，应将搅拌站封闭严密，并在进料仓上方安装除尘装置，采用可靠措施控制工地粉尘污染。

(8) 拆除旧建筑物时，应适当洒水，防止扬尘。

7.7.3 施工现场水污染的防治措施

施工中，防治现场污水对大气污染的措施主要有以下几方面。

(1) 禁止将有毒有害废弃物做土方回填。

(2) 施工现场搅拌站废水、现制水磨石的污水、电石(碳化钙)的污水必须经沉淀池沉淀合格后再排放，最好将沉淀水用于工地洒水降尘或采取措施回收利用。

(3) 现场存放油料，必须对库房地面进行防渗处理。例如，采用防渗混凝土地面、铺油毡等措施。使用时，要采取防止油料跑、冒、滴、漏的措施，以免污染水体。

(4) 施工现场 100 人以上的临时食堂，污水排放时可设置简易有效的隔油池，定期清理，防止污染。

(5) 工地临时厕所、化粪池应采取防渗漏措施。中心城市施工现场的临时厕所可采用水冲式厕所，并有防蝇、灭蛆措施，防止污染水体和环境。

(6) 化学用品、外加剂等要妥善保管，库内存放，防止污染环境。

7.7.4 施工现场的噪声控制

1. 施工现场噪声的限值

声音是由物体振动产生的，当频率在 20～20 000 Hz 时，作用于人的耳膜而产生的感觉，称为声音。由声构成的环境称为"声环境"。当环境中的声音对人类、动物及自然物没有产生不良影响时，就是一种正常的物理现象。相反，对人的生活和工作造成不良影响的声音就称为噪声。

根据国家标准《建筑施工场界噪声限值》(GB 12523—1990)的要求，对不同施工作业的噪声限值如表 7-3 所示。在工程施工中，特别注意不得超过国家标准的限值，尤其是夜间禁止打桩作业。

表 7-3 建筑施工场界噪声限值

施工阶段	主要噪声源	昼间	噪声限值[dB(A)]夜间
土石方	推土机、挖掘机、装载机等	75	55
打桩	各种打桩机等	85	禁止施工
结构	混凝土搅拌机、振捣棒、电锯等	70	55
装修	吊车、升降机等	65	55

2. 施工现场的噪声控制措施

施工现场的噪声控制可从声源、传播途径、接收者防护等方面来考虑。

(1) 声源控制。从声源上降低噪声，这是防止噪声污染的最根本的措施。尽量采用低噪声设备和工艺代替高噪声设备与加工工艺，如采用低噪声振捣器、风机、电动空压机、电锯等。

在声源处安装消声器消声，如在通风机、鼓风机、压缩机、燃气机、内燃机及各类排气放空装置等进出风管的适当位置设置消声器。

(2) 传播途径的控制。在传播途径上控制噪声的方法主要有以下几种。

① 吸声。利用吸声材料(大多由多孔材料制成)或由吸声结构形成的共振结构(如金属或木质薄板钻孔形成的空腔体等)吸收声能，降低噪声。

② 隔声。应用隔声结构，阻碍噪声向空间传播，将接收者与噪声声源分隔。隔声结构包括隔声室、隔声罩、隔声屏障、隔声墙等。

③ 消声。利用消声器阻止噪声传播。允许气流通过的消声降噪是防治空气动力性噪声的主要装置。例如，对空气压缩机、内燃机产生的噪声等就采用这种装置。

④ 减振降噪。对来自振动引起的噪声，通过降低机械振动减小噪声，如将阻尼材料涂在振动源上，或改变振动源与其他刚性结构的连接方式等。

(3) 接收者的防护。让处于噪声环境下的人员使用耳塞、耳罩等防护用品，减少相关人员在噪声环境中的暴露时间，以减轻噪声对人体的危害。

(4) 严格控制人为噪声。进入施工现场不得高声喊叫、无故捶打模板、乱吹哨，限制高音喇叭的使用，最大限度地减少噪声扰民。

(5) 控制强噪声作业的时间。凡在人口稠密区进行强噪声作业时，须严格控制作业时间，一般 22 点到次日早 6 点之间停止强噪声作业。确系特殊情况必须昼夜施工时，尽量采取降低噪声措施，并会同建设单位找当地居委会、村委会或当地居民协调，出安民告示，求得群众谅解。

7.7.5　施工现场固体废物的处理

固体废物是生产、建设、日常生活和其他活动中产生的固态、半固态废弃物质。固体废物是一个极其复杂的废物体系，按照其化学组成可分为有机废物和无机废物；按照其对环境和人类健康的危害程度可以分为一般废物和危险废物。

1. 施工工地上常见的固体废物

(1) 建筑渣土：包括砖瓦、碎石、渣土、混凝土碎块、碎玻璃、废屑、废弃装饰材料等。

(2) 废弃的散装建筑材料：包括散装水泥、石灰等。

(3) 生活垃圾：包括炊厨废物、丢弃食品、废纸、生活用具、玻璃、陶瓷碎片、废电池、废旧日用品、废塑料制品、煤灰渣、废交通工具等。

(4) 设备、材料等的废弃包装材料。

2. 施工现场固体废物的处理

(1) 回收利用。回收利用是对固体废物进行资源化、减量化的重要手段之一。对建筑渣土可视其情况加以利用。废钢可按需要作为金属原材料，对废电池等废弃物应分散回收，集中处理。

(2) 减量化处理。减量化是对已经产生的固体废物进行分选、破碎、压实浓缩、脱水等减少其最终处置量，减低处理成本，减少对环境的污染。在减量化处理的过程中，也包括和其他处理技术相关的工艺方法，如焚烧、热解、堆肥等。

(3) 焚烧技术。焚烧用于不适合再利用且不宜直接予以填埋处置的废物，尤其是对于受到病菌、病毒污染的物品，可以通过焚烧进行无害化处理。焚烧处理应使用符合环境要求的处理装置，注意避免对大气的二次污染。

(4) 稳定和固化技术。利用水泥、沥青等胶结材料，将松散的废物包裹起来，减小废物的毒性和可迁移性，减少污染。

(5) 填埋。填埋是固体废物处理的最终技术，经过无害化、减量化处理的废物残渣集中到填埋场进行处置。填埋场应利用天然或人工屏障。尽量使需处置的废物与周围的生态环境隔离，并注意废物的稳定性和长期安全性。

7.8　季节性施工

建设项目施工具有露天作业的特点，因此季节变化对施工的影响很大。为了减少自然条件给施工作业带来的影响，需要从技术措施、进度安排、组织调配等方面保证项目施工不受季节性影响，特别是雨季施工、冬期施工时不受影响。

7.8.1　冬期施工

根据当地多年的气温资料，室外日平均气温连续 5 d 稳定低于 5 ℃时，混凝土及钢筋混凝土结构工程的施工应采取冬期施工措施。

1. 冬期施工措施

(1) 根据工程所在地冬期气温的经验数据和气象部门的天气预报，由项目技术负责人编制该工程的冬期施工方案，经业主和监理工程师审查通过后实施。

(2) 对现场临时供水管、电源、火源及上下人行通道等设施做好防滑、防冻、防雪措施，加强管理，确保冬期施工顺利进行。为保证给水和排水的管线避免冻结的影响，施工中的临时管线埋设深度应在冰冻线以下；外露的水管，应用草绳包扎起来，免遭冻裂。排水管线应保持畅通，现场和道路应避免积水和结冰；必要时应设临时排水系统，排除地面水和地下水。

(3) 冬期施工前，应修整道路，注意清除积雪，保证冬期施工时道路畅通。

(4) 冬期施工前，要尽可能储备足够的冬期施工所需的各种材料、构件、备品、物资等。

(5) 冬期施工时，所需保温、取暖等火源大量增多，因此应加强防火教育及防火措施，布置必要的防火设施和消防龙头、灭火器等，并应安排专人检查管理。

(6) 冬期施工需增加一些特殊材料，如促凝剂、保温材料(稻草、炉渣、麻袋、锯末等)，以及为冬期施工服务的一系列设备以及劳动保护、防寒用品等。

(7) 加强冬防保安措施，抓好职工的思想技术教育和专职人员的培训工作。

2. 在冬期施工期间合理安排施工项目

冬期施工工程项目的确定，必须根据国家计划和上级的要求，具体分析研究，既考虑技术上的可能性，又考虑经济上的合理性，综合分析后做出正确的决定。安排工程进度时，应体现以上原则，尽可能减少冬季施工项目。在冬季施工前，要尽快完成工程的主体，以便取得更多的室内工作面，达到良好的技术经济效果。绝大部分工程能在冬期施工，但是各种不同的工程冬期施工的复杂程度有所区别，因冬期施工而增加的费用也不相同。一般在安排工程项目时，可按以下情况安排。

(1) 受冬期施工影响较大的项目，如土方工程、室外粉刷、防水工程、道路工程等，最好在冬期施工以前完成。

(2) 成本增加稍大的工程项目，如用蒸汽养护的混凝土结构、室内粉刷等，采取技术措施后，可以安排在冬期施工。

(3) 冬期施工费用增加不大的项目，如一般砌砖工程、可用蓄热法养护的混凝土工程、吊装工程、打桩工程等在冬期施工时，对技术要求并不高，但它们在工程中占的比重较大，对进度起着决定性作用，可以列在冬期施工的范围内。

7.8.2　雨季施工

1. 日常防备措施

(1) 合理布置现场，要做到：现场有组织排水，排水通道畅通；严格按照《施工现场临时用电安全技术规范》敷设电线路和配置电气设备，防止雨季触电；水泥等防潮、防雨材料库应架空，屋面应防水或用布覆盖。

(2) 现场清理干净，防雨材料堆码整齐、统一，悬挂物、标志牌固定牢靠，施工道路通畅。

(3) 储备水泵、铅丝、篷布、塑料薄膜等备用。

(4) 注意天气预报，了解天气动态。

2. 防风雨措施

(1) 做好汛前和暴风雨来临前的检查工作，及时认真地整改存在的隐患，做到防患于未然。汛期和暴风雨期间要组织昼夜值班，做好记录。

(2) 加固临时设施，大标志牌、临时围墙等处设警告牌。

(3) 基坑周围应挖排水沟，与市政雨排管网接通，防止地表雨水直接汇入基坑、冲刷边坡；基坑底应修集水沟和集水坑并及时排水，集水明沟、集水坑沿现成地四周布置，配备足够的水泵。

(4) 雨天作业必须设专人看护边坡，防止塌方，存在险情的地方未采取可靠的安全措施之前禁止施工作业。

(5) 钢筋要用枕木或木枋、地垄等架高，防止沾泥、生锈。

(6) 雨量较大时，禁止浇筑大面积混凝土，较小面积浇筑时应准备充足的覆盖材料。

(7) 在特大暴雨来临前，应停止施工，对简易架子采取加固或拆除处理；对新浇筑的混凝土采取塑料薄膜和麻袋保护。

(8) 雨天或风力达四级以上时，禁止外墙涂料施工。

7.9 建设工程文件资料管理

7.9.1 建设工程文件

建设工程文件(construction project document)，是指在工程建设过程中形成的各种形式的信息记录，包括工程准备阶段文件、监理文件、施工文件、竣工图和竣工验收文件。

(1) 工程准备阶段文件(preparation document of construction project)，是指工程开工之前，在立项、审批、征地、勘察、设计、招投标等工程准备阶段形成的文件。

(2) 监理文件(project management document)，是指监理单位在工程设计、施工等阶段监理过程中形成的文件。

(3) 施工文件(constructing document)，是指施工单位在工程施工过程中形成的文件。

(4) 竣工图(complete drawing)，是指工程竣工验收后，真实反映建设工程项目施工结果的图样。

(5) 竣工验收文件(complete check and accept document)，是指建设工程项目竣工验收活动中形成的文件。

7.9.2 土建(建筑与结构)工程施工文件

(1) 施工技术准备文件。包括施工组织设计、技术交底、图纸会审记录、施工预算的编制和审查、施工日志等。

(2) 施工现场准备文件。包括控制网设置资料、工程定位测量资料、基槽开挖线测量资料、施工安全措施、施工环保措施。

(3) 地基处理记录。包括地基钎探记录和钎探平面布点图、验槽记录和地基处理记录、桩基施工记录、试桩记录。

(4) 工程图纸变更记录。包括设计会议会审记录、设计变更记录、工程洽商记录。

(5) 施工材料预制构件质量证明文件及复试试验报告。包括砂、石、砖、水泥、钢筋、防水材料、隔热保温、防腐材料、轻集料试验汇总表；砂、石、砖、水泥、钢筋、防水材料、隔热保温、防腐材料、轻集料、焊条、沥青复试试验报告，预制构件(钢、混凝土)出厂合格证、试验记录；工程物资选样送审表；进场物资批次汇总表；工程物资进场报验表等。

(6) 施工试验记录。包括土壤(素土、灰土)干密度及试验报告，砂浆配合比通知单，砂浆(试块)抗压强度试验报告，混凝土抗渗试验报告，商品混凝土出厂合格证，复试报告，钢筋接头(焊接)试验报告，防水工程试水检查记录，楼地面、屋面坡度检查记录，砂浆、混凝土、钢筋连接、混凝土抗渗试验报告汇总表。

(7) 隐蔽工程检查记录。包括基础和主体结构钢筋工程、钢结构工程、防水工程、高程控制等。

(8) 施工记录。包括工程定位测量检查记录,预检工程检查记录本,冬施混凝土搅拌测温记录,冬施混凝土养护测温记录,烟道、垃圾道检查记录,沉降观测记录,结构吊装记录,现场施工预应力记录,工程竣工测量,新型建筑材料,施工新技术,等等。

(9) 工程质量事故处理记录。

(10) 工程质量检验记录。包括检验批质量验收记录,分项工程质量验收记录,基础、主体工程验收记录,幕墙工程验收记录,分部(子分部)工程质量验收记录。

思考与练习

1. 施工现场管理的内容有哪些?
2. 图纸会审、作业技术交底的内容有哪些?
3. 作业技术交底的方式有哪些?它们的特点是什么?
4. 如何设置质量控制点?

第 8 章　施工组织设计实例

本章导读

本章详细介绍了某现浇混凝土结构施工组织设计及某大体积混凝土施工方案设计的内容，可以结合前几章介绍的施工组织设计理论来对应教学和学习。

学习目标

◆　掌握单位工程施工组织设计和施工作业(方案)设计编制的主要方法和过程。

◆　结合实际案例掌握施工组织设计的施工部署、施工进度计划的编制和施工平面布置图的绘制。

8.1　现浇框架——剪力墙结构施工组织设计

混凝土现浇结构在实际中被广泛地应用，因此混凝土现浇结构施工组织设计具有一定的代表性。本节介绍一个实际混凝土现浇结构工程的施工组织设计实例。

8.1.1　工程概况

某综合楼工程位于市中心，现有建筑面积 36 000 m²，裙楼 6 层，地下 2 层，主体 24 层，建筑总高度为 90 m。主体结构为现浇框架——剪力墙结构，基础采用复合基础，地下室混凝土抗渗等级为 1.0 MPa，地下室砌体为 MU10 灰砂砖，地上部分砌体材料为加气混凝土砌块。加气混凝土砌块填充墙外墙厚 250 mm，内墙厚为 200 mm。

1. 工程建筑设计概况

1) 装饰部分

(1) 外墙：灰白色外墙涂料、外挂铝板、玻璃幕墙。

(2) 楼地面：水泥砂浆、陶瓷地砖。

(3) 墙面：混合砂浆、瓷砖墙面高 1800 mm。

(4) 顶棚：混合砂浆、轻钢龙骨、石膏板吊顶。

(5) 楼梯：水泥砂浆。

2) 防水部分

(1) 地下：聚氨酯防水涂料厚 2 mm。

(2) 屋面：SBS 改性沥青卷材。

(3) 卫生间：聚氨酯防水涂料厚 1.5 mm。

2. 工程结构设计概况

(1) 基础工程：主体结构 24 层采取复合基础形式，人工挖孔灌注桩和筏基。

(2) 主体工程：结构采用框架-剪力墙，抗震设防等级为六级，人防等级为六级。

3. 安装工程概况

1) 给排水工程

本工程主要包括室内给排水系统、消防栓给水及人防预留工程等。本大楼进行分区供水，5 层以下由市政供水管直接供水，6～24 层以上采用地下储水池—生活水泵—屋顶水箱联合供水。消火栓系统分高、低两个区，2～10 层为低区，11～24 层为高区，低区由消防水泵接合器直接供水，高区由地下室消防栓水泵出水经减压阀减压供给。消火栓管道采用无缝钢管，二次镀锌，焊接连接。大楼设生活污废水系统，污废水经室外化粪池处理达标后排入城市污水管网。排水管采用 Q/XZG001—2001B 型柔性接口排水铸铁管，法兰连接。

2) 电气系统工程

(1) 动力照明系统：引入线采用 NH—YJV—1KV 电缆，电气竖井内的电缆采用托盘式电缆桥架敷设。支线采用导线穿扣压式薄壁钢管暗敷。

(2) 防雷保护：本工程采用二级防雷保护，避雷带采用镀锌扁钢 40 mm×4 mm 沿屋面明敷，并形成大 10 mm×10 mm 的避雷网。沿屋面平台、女儿墙、屋脊等均安装避雷带，采用 12 镀锌圆钢。突出屋面的金属管道、设备外壳、钢支架等均应与柱内主筋连接，30 m 以上，每 2 层将建筑物每层圈梁内筋($\phi \geqslant 14$)与钢窗及金属构件连成一体。接地装置利用建筑的基础，将基础内的桩承台圈梁底部水平方向的($\phi \geqslant 14$)主筋连成闭合回路。利用建筑物基础地梁内的钢筋作为接地装置，要求接地电阻不大于 1 Ω。

4. 自然条件

1) 气象条件

本工程处于市区内，气候差异明显，年平均气温 17 ℃～20 ℃，日最高气温 43 ℃，每年 7、8、9 月份气温最高，日最低气温-6.6 ℃。年正常降雨量为 1200～1300 mm，年最大降雨量为 2000 mm，日最大降雨量为 260 mm，雨季集中在每年的 3 月份。

2) 工程地质及水文条件

根据专门的水质检验报告及环境水文地质调查报告，判断该地下水对混凝土无腐蚀性，对钢结构具有弱腐蚀性。

3) 地形条件

场地由于前期土方已开挖完成，场地已基本成型，满足开工要求。

4) 周边道路及交通条件

该工程位于城市繁华地段，交通道路畅通。工程施工现场"三通一平"已完成，施工用水、用电已经到位，进场道路畅通，具备开工条件。

5) 场地及周边地下管线

本工程现场施工管线较清晰明朗，对施工的影响可以通过提前解决协调的办法来消除或减小。

6) 工程特点

工程量大，工期紧，总工期 800 d；工程质量要求高；场地狭小，专业工种多，现场配合、协调管理。

8.1.2 施工部署

1. 工程目标

以质量为中心，采用先进成熟的新技术、新工艺、新设备、新材料，精心组织、科学管理、文明施工。紧紧围绕工程质量、工期、安全及文明施工四大目标，严格履行合同，安全、优质、高效地完成工程施工任务。

1) 质量目标

严格按照国家施工规范和施工图纸要求施工，保证单位工程一次交验合格率100%，杜绝重大质量事故，确保优质工程。

2) 工期目标

本工程合同有效施工工期为 800 日历天，确保在合同工期内完成所有的合同中的工作内容。

3) 安全目标

制定和完善安全管理制度，提高施工人员的安全意识，杜绝重大人员伤亡事故和重大机械安全事故，每年轻伤频率控制在 1‰以内，达到省安全施工现场的标准。

4) 文明施工目标

严格执行建设部有关施工现场文明施工管理规定，确保达到市文明施工现场样板工地的标准，争创文明施工工地。

5) 环保卫生目标

不污染城市道路，不排放未经处理的污水，夜间施工不扰民。

2. 施工流水段的划分及施工工艺流程

1) 施工流水段的划分

本工程在地下室及裙房结构施工时，以地下室及裙房间沉降缝为界划分为Ⅰ、Ⅱ两个施工流水段，在主楼主体结构施工时，以③～④轴之间的后浇带划分为 A 和 B 两个施工段，如图 8-1 所示，并组织流水施工。

2) 施工工艺流程

施工准备(桩基已施工完毕)→土方开挖→垫层施工→底板施工→地下室结构→7 层结构→主楼结构封顶→屋面工程→外装饰工程→内精装工程→总平面工程→竣工验收。

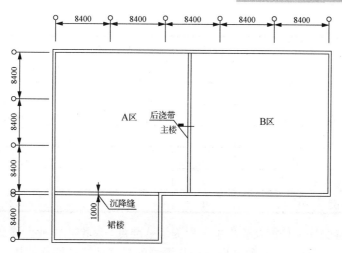

图 8-1　主体结构施工段划分示意图

3. 施工准备

1) 施工技术准备

(1) 施工图设计技术交底及图纸会审：项目经理负责组织现场管理人员认真审查施工图纸，领会设计意图。结合图纸会审纪要，编制具体的施工方案和进行必要的技术交底，计算并列出材料计划、周转材料计划、机具计划、劳动力计划等，同时做好施工中不同工种的组织协调工作。

(2) 设备及器具：本工程根据生产的实际需要情况配制设备及器具。主要机械设备有垂直运输机械；根据实际情况，主体结构施工选择一台 TC5613 自升塔式起重机，回转半径为 54 m，起重能力为 80 t·m，设置在本工程 C 轴附近的 12 轴外；选择 SCD200/200 型双笼外用电梯一台，主要用于人员的上下、材料运输；选择两台 HBT60 型，最大输送量 60 m³/h，最大垂直输送高度 200 m 的砼泵。主要施工机具需用计划如表 8-1 所示。

表 8-1　主要施工机具需用计划

序号	名称	数量/台	规格型号	备注
1	塔式起重机	1	TC5613	75 kW
2	双笼电梯	1	SCD200×200	44 kW
3	砼输送泵	2	HB60	45 kW
4	砂浆搅拌机	2	250 型	4 kW
5	钢筋切断机	2	GO40-2	3 kW
6	钢筋弯曲机	2	GJB40	3 kW
7	冷拉卷扬机	2	JK-2	11 kW
8	木工圆盘锯	2	MJ105	4 kW
9	插入式振动器	8	ZN50	1.5 kW
10	交流电焊机	4	BX3-300	15 kW
11	闪光对焊机	2	VN-100	100 kVA

续表

序号	名称	数量/台	规格型号	备注
12	打夯机	4	HC700	1.5 kW
13	潜水泵	10	50	3 kW
14	经纬仪	1		其中激光经纬仪一台
15	水准仪	2		NA$_2$+GPM
16	S4 自动安平水准仪	2		
17	激光铅直仪	1		
18	全站仪	1		

(3) 测量基准交底、复测及验收本工程测量基准点。基准点由业主移交给项目,项目测量员应对基准点进行复测,复测合格后将其投测到拟建建筑物四周的建筑物外墙上。轴线定位根据设计图纸进行施工测量,测量员放线后请监理单位验收复测,合格以后方可进行施工测量。

2) 现场准备

(1) 施工和生活用电、用水由甲方向乙方提供。

(2) 现场的临时排水,如生产、生活污水经排水管道集中在集水井后,排入市政管网。

3) 各种资源准备

(1) 劳动力需用量及进场计划。

为保证工程施工质量、工期进度要求,根据劳动力需用计划适时地组织各类专业队伍进场,对作业层要求技术熟练,平均技术等级达 5 级,并要求服从现场统一管理,对特殊工种人员需提前做好培训工作,必须做到持证上岗。根据工程需要,将组织素质好、技术能力强的施工队伍进行工程施工。主要施工队伍安排如下:混凝土施工队负责混凝土工程等的施工;钢筋队负责有关钢筋的制作与绑扎;砖工队负责砌体工程及抹灰工程;木工队负责梁、板、墙、柱等模板工作;架工队负责脚手架施工;电工队负责电气安装;管工队负责管道安装;焊工队负责焊接施工。

(2) 施工用材料计划。

为了搞好本工程的材料准备及市场调研工作,对本工程中将要使用的主要材料提前列出计划。针对本工程的具体特点,本工程需要投入的周转材料有:钢管、层板、木枋、扣件、对拉螺杆、竹夹板、安全网。表 8-2 所示为周转材料需用量计划表。

4) 施工进度控制计划

(1) 工期目标。

本工程工期较为紧张,所以在进度计划的安排上也要在保证质量、安全的基础上达到最快。在充分考虑各方面因素后,对本工程的施工进度节点做如下安排:地下室结构封顶124 日历天;主体结构封顶 462 日历天;竣工总工期 730 日历天。

在施工进度计划的安排上,我们计划以 730 日历天完成本工程合同内的所有施工任务,其中 124 日历天完成地下室部分的施工工作,462 日历天完成地上部分主体结构的施工工作。主楼地下室工程 124 d 完成;主体结构工程 462 d 完成,砌体工程在五层结构完工时插入施工,粗装修跟随砌体插入;精装饰在主体封顶后随外装饰自上而下进行;安装工程在结构施工时进行预留预埋,有了工作面后,即插入设备安装。如图 8-2 所示为施工总进度计划时标网络图。

表 8-2 周转材料需用量计划表

序号	名称	规格	数量	备注
1	钢管	Φ48×3.5	700 吨	
2	扣件		10 万套	扣件按三种类型备齐
3	普通模板	1830 mm×918 mm×18 mm	10 000 张	
4	木枋	50 mm×100 mm	600 立方米	
5	竹架板		6200 块	
6	安全网	密目安全网	15 600 平方米	
7	安全带		130 副	
8	手推车		60 辆	
9	对拉螺栓	Φ14	46 000 根	

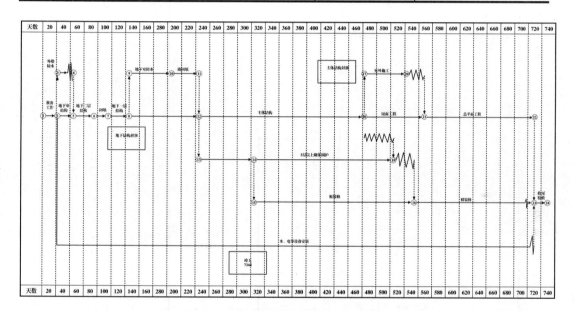

图 8-2 施工总进度计划时标网络计划

(2) 工期保证措施。

为了保证工期，拟加强对工人的培训，为公司培养大量的有经验的技术工人。另外，单位长期和一些相关的劳动力市场联系，了解了农村劳动力的特点，并准备了一些应急措施。

8.1.3 施工总平面布置

1. 施工总平面布置依据

本工程总平面布置依据主要有图纸、工程特点、现场条件、甲方要求、市现场施工管理条例以及相关规范、标准和地方法规等。

2. 施工总平面图的绘制及布置原则

本工程的施工现场非常狭小，现场临时设施布置尽量集中并本着生产区、生活区相对分开的原则。生产设施的布置考虑施工生产的实际需要，尽量不影响业主方的正常营业与生活。

3. 施工总平面图的内容

本工程施工总平面图的主要内容有：围墙及出入口、施工电梯、塔式起重机、食堂、现场办公室、临时休息室、配电房、钢筋加工房、木工车间、动力车间、库房、原材料堆放场地、成品及半成品堆放场地、周转材料堆场、实验房、厕所等，如图 8-3 所示。

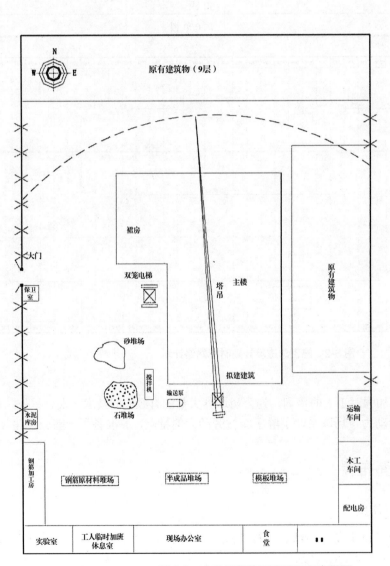

图 8-3　主体工程施工现场平面布置图

1) 现场道路及排水

现场道路在本项目进场时就已经建好，主要道路是西门通入院内的道路。本工程东、北侧有建筑物，已经设有排水沟，现场地表水及生活污水，包括地下室积水，由此排水沟排水。其他地方因无空间不设排水沟。

2) 现场机械、设备的布置

钢筋加工房布置在本工程的西面，设有钢筋原材料堆场、钢筋半成品堆场、钢筋拉丝机、闪光对焊机、钢筋弯曲机等钢筋加工机械；塔吊设在本工程南面附近，双笼施工电梯设在本工程西北面，双笼电梯的基础方案和安装方案将另做介绍。

3) 现场办公区、生活区

本工程办公用房主要采用本工程南边办公房，办公房的位置见施工平面布置图。现场设厕所和管理人员的食堂。

4) 临时用水布置

施工现场供水必须满足现场施工生产、生活及临时消防用水的需要。给水系统采用镀锌钢管，直接与甲方提供的水源进行连接，用镀锌钢管接至用水地点。施工现场排水清污分流，在基坑及场地四周接明沟加集水井使施工排水。生活用水、雨水及地下水经过沉积后及时排入市政排水管网。厕所污水经过三次处理后进入市政排污管网。

5) 临时用电布置

甲方提供的电源在综合楼的东北角。在本工程现场办公室的东南角设置配电房，总配电箱至甲方电源处导线应选用 95 mm^2 的铜芯橡皮线(BX 型)。根据施工现场用电设备的布置情况，本工程平面按 4 个用电回路设计。

8.1.4　地下工程

1. 地下工程说明

本工程地下工程中基坑支护、大面积土方开挖以及桩基工程均由业主直接分包给其他单位施工。下面主要就地下室框架柱、梁、板、墙的支模方法及钢筋工程、混凝土工程等主体结构工程的施工方法进行说明。

2. 地下室防水工程

地下室结构为防水混凝土结构，抗渗等级为 1.0 MPa。建筑防水层参照"98ZJ001-地防1"进行，根据业主、设计和监理单位确定，防水材料为水性聚氨酯隔热弹性防水涂料。

1) 自防水混凝土施工

(1) 施工材料的准备。本工程应用的混凝土为商品混凝土，在混凝土浇筑前要做好混凝土的试配工作，并提供水泥、砂、石以及配合比与外加剂的检验报告。

(2) 作业条件。

① 完成钢筋、模板的隐蔽、预检验收工作。需注意检查固定模板的铅丝和螺栓是否穿过混凝土墙，如必须穿过时应采取止水措施。特别是设备管道或预埋件穿过处是否已做好防水处理。木模板提前浇水湿润，并将落在模内的杂物清净。

② 根据施工方案，做好技术交底工作。

③ 各项原料需经试配提出混凝土配合比。试配的抗渗标号应按设计要求提高 0.2 MPa。每立方米混凝土水泥用量(包括细料在内)不少于 300 kg。含砂率为 35%～45%,灰砂比必须保持 1：2.5～1：2,水灰比不大于 0.55,入泵坍落度宜为 100～140 mm。

④ 地下防水工程施工期间继续做好降水排水。

(3) 操作工艺。

① 总体要求:底板混凝土整体性要求高,要求混凝土连续浇筑,采取"斜面分层、一次到顶、层层推进"的浇筑方法。本工程整个地下室底板砼量约 1500 m³,计划 85 h 完成,采用一台混凝土输送泵。保证底板混凝土连续浇筑而避免产生施工缝的设计。

② 混凝土运输:本工程采用混凝土输送泵。按照施工方案布置好泵管,混凝土运到混凝土地点有离析现象时,必须进行第二次搅拌。当坍落度损失后不能满足施工要求时,应加入原水灰比的水泥浆或二次掺加减水剂进行搅拌,严禁直接加水。

③ 混凝土浇灌:底板混凝土在各自的区段内应连续浇灌,不得留施工缝,施工缝必须设在膨胀后浇带两侧。在混凝土底板上浇灌墙体时,需将表面清洗干净,再铺一层 2～5 cm 厚的水泥砂浆(即采用原混凝土配合比去掉石子)或同一配合比的减石子混凝土。浇第一步混凝土高度为 40 cm,以后每步浇灌 50～60 cm,按施工方案规定的顺序浇灌。为保证混凝土浇灌时不产生离析,混凝土由高处自由倾落,其落距不应超过 2 m,如高度超过 2 m,必须沿串筒或溜槽下落。本工程防水混凝土采用高频机械振捣,以保证混凝土密实。振捣器采用插入式振捣器,插入要迅速,拔出要缓慢,振动到表面泛浆无气泡为止。插入间距应不大于 500 mm,严防漏振。结构断面较小,钢筋密集的部位严格按分层浇灌、分层振捣的原则操作。振捣和铺灰应选择对称的位置开始,以防止模板走动。浇灌到面层时,必须将混凝土表面找平,并抹压坚实平整。

(4) 施工缝的位置及接缝形式。

① 底板防水混凝土应连续施工,不得随意留施工缝,如需留施工缝,应留在膨胀后浇带或沉降后浇带处。墙体一般只允许留水平施工缝,其位置不应留在底板与墙体交接处,留在底板以上 500 mm 处的墙身上。

② 钢板止水带的埋设位置应保持位置正确、固定牢靠。

③ 施工缝新旧混凝土接槎处,继续浇灌前应将表面浮浆和杂物清除,先铺净浆,再铺 30～50 mm 厚的 1：1 水泥砂浆并及时浇灌混凝土。

④ 防水混凝土结构内部设置的各种钢筋或绑扎铁丝,不得接触模板。固定模板用的螺栓要加止水环。

⑤ 地下室外墙墙体模板采用φ12 带止水片的螺杆拉结,以保证墙体不渗水。

(5) 混凝土的养护。

底板混凝土的养护:混凝土终凝后即进行养护。采取保温蓄热浇水养护,待混凝土面压光后立即用一层塑料薄膜加一层麻袋覆盖,以控制混凝土的内外温差在 25℃以内,避免产生温度裂缝。

竖向结构砼的养护:防水混凝土的拆模时间要控制好,因模板起到保温保湿的作用,墙体浇灌 3 d 后将侧模撬松,宜在侧模与混凝土表面缝隙中浇水,保持模板与砼之间的空隙的湿度。

浇水养护:常温混凝土浇灌完后 4～6 h 内必须浇水养护,3 d 内每天浇水 4～6 次,3 d 后每天浇水 2～3 次,养护时间不少于 14 d。

2) 涂料防水层

按设计图纸要求选定防水材料，防水材料要有产品合格证，进场后要按要求进行抽样送检，检验合格后才允许施工。防水工上岗必须具有上岗证。根据设计变更的要求，本工程地下室底板、外墙侧壁及顶板外露部分需做 2 mm 厚聚氨酯防水涂料。因本工程地下室外墙施工时，墙外侧有多处无施工面，经设计单位等多家单位的磋商，决定在外墙外侧无施工面的地方，砌砖胎模作为外墙施工时的外侧模板，并在砖胎模上做防水层。施工前，须对防水基层进行检查验收，其基层必须平整、坚实，无麻面、起砂起壳、松动及凹凸不平现象。阴阳角处基层应抹成圆弧形，基层表面应干燥，含水率以小于 9% 为宜。

(1) 涂料施工时应遵循"先远后近、先高后低、先细部后大面"的原则进行，以利于涂膜质量及涂膜保护。

(2) 涂膜应分多遍完成，涂刷前应待前遍涂层干燥成膜后进行。

(3) 每遍涂刷时应交替改变涂层的涂刷方向，同层涂膜的先后搭茬宽度宜为 30～50 mm。

(4) 涂料防水层的施工缝(甩槎)搭接缝宽度应大于 100 mm，接涂前应将其甩槎表面处理干净。

(5) 底板防水施工时，在防水层未固化前不得上人踩踏，涂抹施工过程中应留出施工退路，可以分区分片用后退法涂刷施工。

(6) 涂料施工时若遇气温较低或混合料搅液流动度低的情况，应预先在混合料中适当地加入二甲苯稀释，用板刷涂抹后，再用滚刷滚涂均匀，涂膜表面即可平滑。

3) 地下室土方回填

本工程回填土方量较少，所以采用人工填土、半人工半机械夯实的方法进行施工。地下室结构工程验收完毕，外墙防水施工验收合格后，将基坑周围的杂物清理干净，并排干积水才能进行土方回填。土方回填的土宜优先利用基槽中挖出的土，但不得含有有机杂质。使用前应过筛，其粒径不大于 50 mm，含水量应符合规定。回填土应分层铺摊和夯实。每层铺土厚度和夯实遍数应根据土质、压实系数和机具性能确定。回填土取样测定压实后的干土重力密度，其合格率不应小于 90%；不合格干土重力密度的最低值与设计值的差不应大于 0.08 g/cm³，且不应集中。使用蛙式打夯机每层铺土厚度为 200～250 mm；人工打夯不得大于 200 mm。每层至少打夯三遍。分层夯实时，要求一夯压半夯。深浅两基坑相连时，应先填夯深基坑，填至浅基坑标高时，再与浅基坑一起填夯。如必须分段填夯时，交接处应填成阶梯形。上下层错缝距离不小于 1.0 m。基坑回填土，必须清理到基底标高，才能逐层回填。回填房心及管沟时，为防止管道中心线位移或损坏管道，应用人工先在管子周围填土夯实，并应与管道两边同时进行，直至管顶 0.5 m 以上时，在不损坏管道的情况下，方可采用蛙式打夯机夯实。在管道接口处、防腐绝缘层或电缆周围，使用细粒料回填。

8.1.5　结构工程

1. 钢筋工程

本工程所需钢筋总量约为 2150 t，其中地下室钢筋为 650 t。最大钢筋直径为 32 mm 的三级钢，钢筋级别有Ⅰ级、Ⅱ级和Ⅲ级三种级别。

1) 钢筋的采购与保管

钢筋的采购严格按审批程序进行，并按要求进行材料复检，严禁不合格钢材用于该工程。钢材出厂厂家和品牌提前向业主、监理报批，严格质量检验程序和质量保证措施，确保钢筋质量；采购的钢筋要求挂牌整齐堆码，并派专人看管。

2) 主要钢筋规格和材料要求

(1) 主要钢筋规格。

本工程钢筋种类繁多，共有Ⅰ级、Ⅱ级、Ⅲ级三种级别，最大钢筋直径为 32 mm。三级钢筋有 ϕ32、ϕ28、ϕ25、ϕ22、ϕ20、ϕ18、ϕ16 等；二级钢筋有 ϕ25、ϕ22、ϕ20、ϕ18、ϕ16、ϕ14、ϕ12 等；一级钢筋有 ϕ12、ϕ10、ϕ8、ϕ6 等。

(2) 材料要求。

① 钢筋的品种和质量，焊条、焊剂的牌号和性能均必须符合设计要求和有关标准规定。

② 每批每种钢材应有与钢筋实际质量与数量相符合的合格证或产品质量证明。

③ 电焊条、焊剂应有合格证。电焊条、焊剂保存在烘箱中，保持干燥。

④ 取样数量：每种规格和品种的钢材以 60 t 为一批，不足 60 t 的也视为一批。在每批钢筋中随机抽取两根钢筋取样(L=50 cm、L=30 cm)进行拉力试样和冷弯试样。

⑤ 取样部位、方法：去掉钢材端部 50 cm 后切取试样样坯，切取样坯可用断钢机，不允许用铁锤等敲打以免造成伤痕。

⑥ 钢筋原材料的抗拉和冷弯试验、焊接试验必须符合有关规范要求，并应及时收集整理有关试验资料。

⑦ 钢筋原材料经试验合格后，试验报告送项目技术负责人、项目质检员。若发现不合格，由项目技术负责人进行退货。

⑧ 钢筋原材料经试验合格后，由项目技术负责人签字同意方可付给供应商款项。

⑨ 钢筋原材料堆场下面垫以枕木或石条，钢筋不能直接堆在地面上。

⑩ 每种规格钢筋挂牌，标明其规格大小、级别和使用部位，以免混用。

3) 钢筋的加工

施工现场设有钢筋加工房。钢筋运至加工场地后，应严格按分批、同等级、牌号、直径、长度分别挂牌堆放，不得混淆。钢筋加工前应认真做好钢筋翻样工作。根据施工工程分区分构件进行加工，并做好半成品标记。所有钢筋加工前应进行除锈与调直，对损伤严重的钢筋应剔除不用。

(1) 钢筋的切断。

将同规格钢筋根据不同长度长短搭配，一般应先断长料，后断短料，减少短头，减少损耗。为减少下料中产生累积误差，应在钢筋切断机工作台上标出尺寸刻度线并设置控制断料尺寸的挡板。在切断的过程中，如发现钢筋有裂纹缩头或严重的弯头等必须切除，钢筋的断口不得有马蹄形或弯起等现象。

(2) 钢筋直螺纹的加工下料：钢筋下料可用专用切割机进行，要求钢筋切割端面垂直于钢筋轴线，端面不准挠曲，不得有马蹄形。

钢筋套丝：钢筋套丝在钢筋螺纹机上进行。加工人员每次装刀与调刀时，前五个丝头应逐个检验，稳定后按 10%自检。检测合格的丝头，立即将其一端拧上塑料保护帽，另一端拧上同规格的连接套筒并拧紧，存放待用。

(3) 钢筋弯曲成形。

钢筋弯曲前，根据钢筋配料单上标明的尺寸，用石英笔将各弯曲点位置画出。弯曲细钢筋时，为了使弯弧一侧的钢筋保持平直，挡铁轴宜做成可变挡架或固定挡架。弯制曲线形钢筋时，可在原有钢筋弯曲机的工作盘中央，放置一个十丝与钢套。另外，在工作盘四个孔内插上短轴与成型钢套，钢筋成型过程中，成型钢套起顶弯作用，十字架协助推进。钢筋弯曲形状必须准确，平面上无翘曲不平现象，弯曲点处不得有裂纹。

(4) 制作质量要求。

① 钢筋形状正确，平面内没有翘曲不平现象。

② 钢筋末端弯钩的净空直径不小于 2.5 d。

③ 钢筋弯曲点处没有裂缝，因此Ⅱ级、Ⅲ级钢筋不能弯过规定角度。

④ 钢筋弯曲成型后的允许偏差：全长±10 mm，弯起钢筋起弯点位移 20 mm，弯起钢筋的弯起高度±5 mm，箍筋边长 5 mm。

⑤ 标示：钢筋制作成型后，应挂料牌(竹片 300 mm×50 mm)，料牌用铁丝绑牢，其上注明钢筋形状、部位、数量、规格等。

4) 钢筋的运输

钢筋的运输由专人负责。现场钢筋的运输主要用塔吊进行。在吊运时，应按施工顺序和工地需要进行，所有的钢筋应按部位、尺寸、型号、数量统一吊运，以免将钢筋弄混难找。

5) 钢筋接长

(1) 钢筋的连接方式

① 柱钢筋：ϕ16 以上钢筋采用 A 级套筒直螺纹连接。

② 基础梁、框架梁钢筋：ϕ18 以上钢筋采用 A 级套筒直螺纹连接，其他采用焊接连接。

③ 板钢筋：采用绑扎搭接连接。

(2) 钢筋的锚固长度本工程抗震等级为二级。具体钢筋的最小搭接长度与最小锚固长度见施工图纸说明。

6) 钢筋的焊接

本工程钢筋的焊接主要采用闪光对焊。施焊时，先闭合一次电路，使两钢筋端面轻微接触，此时端面的间隙中即将喷射出火花熔化的金属微粒闪光，接头徐徐移动钢筋使两端面仍保持轻微接触，形成连续闪光。当闪光到预定的长度，使钢筋端头加热到将近熔点时，就以一定的压力进行顶锻。先带电顶锻，再无电顶锻到一定长度，焊接接头即将告成。为了获得良好的对焊接头，应合理选择焊接参数，并按规范从每批成品中切取六个试样，三个进行拉伸试验，三个进行弯曲试验。

7) 钢筋的绑扎

(1) 剪力墙钢筋的绑扎。

剪力墙钢筋的绑扎顺序为：清理预留搭接钢筋→焊接(绑扎)主筋→画水平筋间距→绑定位横筋→绑其余横竖钢筋。

钢筋的搭接部位及长度应满足设计要求，双排钢筋之间应绑拉筋，其间距应符合设计要求。为了模板的安装和固定，并确保墙体的厚度，需要在绑扎墙体钢筋时，绑扎支撑筋，支撑筋为ϕ12@450×450。

(2) 柱钢筋的绑扎。

柱钢筋的绑扎顺序为：套柱箍筋→焊接立筋→画箍筋间距线→绑箍筋。柱箍筋与主筋要垂直，箍筋转角与主筋交点均要绑扎。箍筋的弯钩应沿柱竖筋交错布置，并绑扎牢固。柱加密区钢筋从楼面 50 mm 开始绑扎，其长度和间距应符合设计要求。柱的插筋根据设计要求插至基底面。当柱的截面改变时，插筋插至框架梁底以下 40 d 或按照规范要求弯折小于 1∶6 的坡度后采用直螺纹接头连接。

(3) 梁钢筋的绑扎。

梁钢筋的绑扎顺序为：画主次梁箍筋间距→放主次梁箍筋→穿主梁底层纵筋及弯起筋→穿次梁底层纵筋并与箍筋固定→穿主梁上层纵向架立筋→按箍筋间距绑扎→穿次梁上层纵筋→按箍筋间距绑扎。

框架梁上部纵筋应贯穿中间节点，下部纵筋伸入中间节点锚固长度及伸过中心线的长度应符合设计要求；框架梁纵筋在端部节点内的锚固长度要符合设计要求，梁端第一个箍筋应在距柱节点边缘 50 mm 处，箍筋加密应符合设计要求。当梁设有两排或三排钢筋时，为保证上下排钢筋间的间距，需在两排钢筋间按 ϕ25@1500 设置垫筋。

(4) 板钢筋的绑扎。

板钢筋的绑扎顺序为：清理模板→模板上画线→绑板底受力筋→绑负弯矩筋。板筋端部锚固长度要满足设计与规范要求，为了保证板的上部钢筋在浇筑混凝土时不被踩踏，确保板结构的有效截面，需要设置"几"字形马凳筋，马凳筋为 ϕ14@1000×1000 梅花形布置。底板的马凳筋为 ϕ18@1000×1000 梅花形布置。

(5) 楼梯钢筋的绑扎。

楼梯钢筋的绑扎顺序为：画位置线→绑主筋→绑分布筋→绑负弯矩筋。

(6) 钢筋保护层控制。

① 钢筋保护层的厚度。基础梁：迎水面为 50 mm，背水面为 25 mm。基础底板、外墙、水池壁：迎水面为 50 mm，背水面为 25 mm。梁、柱、内墙：25 mm。板：15 mm。

② 钢筋保护层控制方法：钢筋保护层采用绑扎预制砼垫块的方法进行控制。混凝土垫块拟在施工现场按保护层厚度预制，其强度等级为与原结构同强度等级的细石砼。混凝土垫块要严格按规范要求绑扎在钢筋上。其具体要求有：柱绑扎在受力钢筋的主筋上；墙绑扎在外侧水平筋上；板垫于底筋下；梁垫于梁底受力钢筋的主筋下。

2. 模板工程

1) 模板选型

(1) 本工程梁、板模板均选用 18 厚胶合板(规格为 1830 mm×915 mm)；背枋选用 50 mm×100 mm 木枋，背枋间距 300 mm。墙体模板加固采用 ϕ12 对拉螺杆，间距 400～500 mm，地上部分剪力墙采用大模施工。

(2) 楼梯模板采用整体式全封闭支模工艺。该工艺是在传统支模施工工艺的基础上增加支设楼梯踏面模板，并予以加固，使楼梯预先成型，砼浇筑一次完成。该工艺避免了传统支模工艺容易出现的质量通病，砼拆模后表面光洁平整，观感效果良好，楼梯预埋件位置准确。为满足工期的要求，原则上墙、柱模板按两层配置，框架梁模板按四层配制。

(3) 地下室、部分外墙外侧模板采用砖胎模。

(4) 底板及地梁模板采用砖模。

(5) 大于等于 700 mm 的柱采用槽钢进行加固。

(6) 楼梯模板采用整体全封闭式支模技术。

2) 主要部位模板的施工方法

(1) 地下室内墙模板。

内墙模板采用厚 18 mm 的木夹板模、50 mm×100 mm 的木竖楞，ϕ48 钢管脚手围楞，如图 8-4 所示。穿墙螺杆采用 ϕ12 圆钢制作，地下部分墙螺杆一次性使用，然后割除外露部分。模板、竖楞和围楞以及对拉螺杆的设置间距同外墙。为了控制墙体的厚度以及更好地固定模板，需设置墙内支撑筋，支撑筋为 ϕ12@500×500。

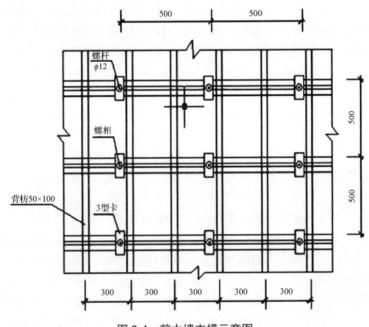

图 8-4 剪力墙支模示意图

(2) 地下室外墙模板。

在地下室底板施工时，地下室外墙应支导墙模板，安装钢板止水带。导墙模板高度为 500 mm，采用吊模支法，模板底口标高同底板面标高。

地下外墙模板采用 18 mm 木夹板，50 mm×100 mm 木竖楞，ϕ48 钢管脚手围楞。穿墙螺杆采用 ϕ12 圆钢制作，中间焊接有止水片，模板竖楞间距按@300 布置，ϕ12 穿墙螺杆在模板拆除后，凿除两端小木块后用氧割割除螺杆头，再做防水砂浆施工。留设施工缝处应增设钢板止水带。围楞和对拉螺杆的设置：模板围楞间距底部@400 六道，再向上@500，穿墙螺杆底部@400 六道，再向上@500 双向。

模板的安装：模板安装前应弹出模板边线，以便模板定位，保证墙体尺寸。安装时，应先安放外模，后安放内模，模板就位后，应认真检查其垂直度。

因本工程部分剪力墙离基坑支护边距离较近，外墙模板施工时无工作面，根据要求需在基坑支护边与外墙外侧边之间事先砌筑砖护壁，以形成剪力墙外侧胎模，施工时只需支设内模即可。

因外侧模板为砖护壁胎模，内模加固时无法采用对拉螺杆进行，只能靠内侧支撑进行加固，木竖楞间距按 300 mm 设置，横楞采用钢管按 400 mm 设置。横楞与支设顶模的满堂脚手架固定。为确保内侧模板支设牢固，不发生横向位移，在浇筑底板砼前，事先在离外墙内边 2000 mm 及 3000 mm 远处底板钢筋上预埋 ϕ28@800 mm 各一排(L=800 mm，露出板面 300 mm)，然后将支设顶板模板的钢管插入钢筋头中，最后用钢管支撑将内墙模木楞与之固定，内墙模钢管支撑间距为立杆 800 mm，水平杆 600 mm。

(3) 地上部分墙体模板。

结合本工程的特征，在模板设计中，将竖向剪力墙结构模板在木工房集中制作成大模板，从而改善砼的外观质量，提高模板的周转次数，减少操作层的作业量，加快施工进度。

制作模板时，所有木枋与模板的接触面刨平刨直(当用旧模板时，应对尺寸进行复核，已刨平的旧木枋尺寸相同时方可使用，尺寸不同且无法再刨平的木枋单独堆放)，确保木枋平直。模板侧边刨平，使边线平直，四角归方，模板拼缝平整严密，可采用密封胶条。所有的模板配制完成后，均要按模板设计平面布置图编号，分类堆码备用。

模板采用 18 mm 厚木夹板，大模板周边采用 50 mm×100 mm 木枋做龙骨。模板制作完成后按规定间距(500 mm×500 mm)钻孔，作为对拉螺杆的穿墙孔。外墙模板及内墙模板支撑系统采用 ϕ48 钢管加快拆头斜撑，间距 3 m，在斜撑钢管中部设横向钢管及反拉钢管一道。在楼板上预埋 ϕ25 地锚，间距 2 m，斜撑钢管与地锚通过扫地杆相连。外墙外侧模支撑系统采用钢管脚手架横撑，竖向设水平及竖向钢管各一道，间距 1500 mm。

(4) 框架柱模板。

框架柱也采用 18 mm 的木夹板、50 mm×100 mm 木竖楞、ϕ48 钢管定位，采取外围 10 号槽钢(槽钢需进行加强处理)和 ϕ14 对拉螺杆双向加箍，保证柱截面美观。模板围楞间距底部@400 六道，再向上@500，穿墙螺杆底部@400 六道，再向上@500 双向。

(5) 梁、板模板。

梁、板模板采用木夹板，50 mm×100 mm 木楞，梁底及侧模用 ϕ48 钢管做支撑。梁模板安装：先在板上弹出轴线、梁位置的水平线，钉柱头模板，然后按设计标高调整梁底支撑标高，安装梁底模板，拉线找平。再根据轴线安装梁侧模板、压脚板、斜撑等。当梁高大于 750 mm 时增设一道对拉螺杆。板模板安装：模板从四周铺起，在中间收口。板底采用主次木楞，主楞间距 1000 mm，次楞间距 300~450 mm。现浇梁板结构当跨度≥4 m 时，应按 1/1000~3/1000 起拱。

(6) 楼梯模板。

为避免常规现浇楼梯支模工艺中出现的楼梯梯面倾斜、砼面不平等情况，楼梯模板均采用全封闭式楼梯支模工艺。全封闭式楼梯支模工艺的施工要点如下。

① 楼梯栏杆预埋件的埋设预先用 22#铁丝及铁钉将预埋件先固定在踏步模板上。

② 封闭模板混凝土浇筑存在一定难度，利用砼的流动性，将混凝土从梯梁处下料，用震动棒将砼震入梯模内。混凝土的振捣是将震动棒从梯梁处伸入梯模底部进行振捣，同时用另一台震动棒在梯模表面进行振捣，以确保混凝土的密实。

③ 楼梯表面由于四边封死，存在气坑，故在踏面模板每隔三步用电钻钻两个 ϕ20 排气孔。

(7) 后浇带模板

底板后浇带及外墙后浇带采用钢板网加密用钢丝网封堵，钢板网两层，靠近混凝土一侧为密网，密网紧贴粗网，后面采用 ϕ18 钢筋对其加固，确保不漏浆。

3) 模板拆除

(1) 内墙、柱模板在混凝土的强度能保证其表面及棱角不因拆模而受损时可以拆除。拆除时间在 12 h 左右。外墙模板的拆模时间大约为 24 h，即混凝土强度达到 1.2 MPa。

(2) 其余现浇结构拆模所需混凝土强度如表 8-3 所示。

表 8-3　现浇结构拆模所需砼强度

结构类型	结构跨度/m	按设计的砼强度标准的百分比计/%
板	≤2	50
	2<，≤8	75
	>8	100
梁、拱、壳	≤8	75
	>8	100
悬臂结构		100

3. 混凝土工程

1) 设计要求

主体工程混凝土强度等级如下：楼面梁板标高 28.40 m 以下，采用 C40 混凝土，标高 28.40 m～54.60 m 采用 C40 混凝土，标高 54.60 m 以上采用 C35 混凝土，柱及剪力墙标高 14.370 m 以下采用 C55 混凝土，标高 14.370～36.570 m 采用 C50 混凝土，标高 36.570～47.370 m 采用 C45 混凝土，标高 47.370～58.170 m 采用 C40 混凝土，标高 58.170 m 以上采用 C35 混凝土。节点核芯区混凝土强度等级按柱的要求确定。本工程混凝土拟采用商品混凝土，混凝土施工包括混凝土浇筑、混凝土养护等工序。

2) 混凝土施工缝的留设

为了保证混凝土的施工质量，根据混凝土施工工艺，混凝土施工缝留设如下。

(1) 地下室及裙楼部分的地板和楼板处，施工缝设在后浇带处。

(2) 在基础底板上 500 mm 处留设施工缝。

(3) 剪力墙的施工缝每层按两处设置，留在剪力墙中暗梁下 100 mm 处和结构楼层板面。

(4) 为了防止地下室墙体施工缝渗漏，在砼墙体施工缝处设 3 mm 厚钢板止水带。

4. 混凝土的浇筑

1) 混凝土浇筑方式

(1) 对于基础及主体结构每区混凝土浇筑均采用混凝土送砼工艺，底板两台，主体结构一台固定泵通过泵管输送到施工面。

(2) 仓库基础砼浇筑也采用泵送工艺，混凝土浇筑采用两台固定泵通过泵管输送到施工点。

(3) 由于本工程竖向结构砼与水平结构混凝土标号不同，且竖向结构柱子比较分散，故竖向结构柱子主要采用塔吊配合调运至各施工点。

2) 混凝土浇筑方法(即泵送施工工艺)

(1) 进行输送管线布置时，应尽可能直，转弯要缓，管道接头要严，以减少压力损失。

(2) 为减少泵送阻力，使用前先泵送适量的水泥砂浆以润滑输送管内壁，然后进行正常的泵送。

(3) 泵送的砼配合比要符合有关要求：碎石最大粒径与输送管内径之比宜为 1∶3，砂宜用中砂，水泥用量不宜过少，最小水泥用量为 300 kg/m³，水灰比宜为 0.4～0.6，坍落度本工程宜控制在 100～140 mm 之间。

(4) 混凝土泵宜与混凝土搅拌运输配套使用，且应使混凝土搅拌站的供应能力和混凝土搅拌运输车的运输能力大于混凝土泵的泵送能力，以保证砼泵能连续工作，保证不堵塞。

(5) 泵送结束要及时清洗泵体和管道。

3) 混凝土浇筑注意的事项

(1) 在混凝土浇筑过程中应认真对混凝土进行振捣，特别是梁柱底、梁柱交接处，楼梯踏步等部位，避免漏振而造成砼蜂窝、麻面，影响结构的安全性及美观。

(2) 混凝土在振捣过程中应避免过振造成砼离析，混凝土振捣应使砼表面呈现浮浆和不再沉落。

(3) 混凝土振捣过程中，要防止钢筋移位，特别是悬挑构件的钢筋，对于因混凝土振捣而移位的钢筋应及时请钢筋工进行修正。

(4) 混凝土振捣应对称均匀地进行，防止模板单侧受力而滑移、漏浆及爆模。

4) 混凝土养护

混凝土在浇筑 12 h 后洒无水养生液进行养护。对柱墙竖向混凝土，拆模后用麻袋进行外包浇水养护，对梁、板等水平结构的混凝土进行保水养护，同时在梁板底面用喷管向上喷水养护。

5) 混凝土质量保证措施

(1) 所使用的混凝土，其骨料级配、水灰比、外加剂以及其坍落度、和易性等，应按《普通混凝土配合比设计技术规程》进行计算，并经过试配和试块检验合格后方可确定。

(2) 严格实行混凝土浇灌令制度，经过技术、质量和安全负责人检查各项准备工作，如施工技术方案准备、技术与安全交底、机具和劳动力准备、柱墙基底处理、钢筋模板工程交接、水电、照明以及气象信息和相应技术措施准备等，经检查合格后方可签发混凝土浇捣令进行混凝土的浇捣。

(3) 泵送混凝土机具的现场安装按施工技术方案执行，要重视对它的护理工作。

(4) 浇筑柱、墙、梁时，混凝土的浇捣必须严格分层进行，严格控制捣实时间，钢筋密实处，尽可能避免浇灌工作在此停歇，确保混凝土的浇捣密实。

(5) 混凝土浇捣后由专人负责混凝土的养护工作，技术负责人和质量员负责监督其养护质量。

(6) 按我国现行的《钢筋混凝土施工及验收规范》中有关规定进行混凝土试块制作和测试。

5. 砌体工程

本工程砌体填充墙与框架梁柱应有可靠拉结，沿墙设置 $2\phi6@500$ 水平方向拉结筋，锚入混凝土柱内 40 d，拉筋每边伸入填充墙内≥700，且≥$L/5$(L 为墙体长度)。当墙长大于 5 m 时，应与墙顶的梁板有可靠的拉结。层高为 5.4 m 的填充墙在 1/2 高度或门窗上加一道现浇钢筋砼拉结带兼过梁，拉梁高 180，厚度同墙体，拉梁主筋为 $4\phi12$，箍筋为 $\phi6@250$。填充墙中应设置构造柱，主筋 $4\phi10$，箍筋为 $\phi6@250$，构造柱间距不大于 3 m，并沿墙设置

$2\phi6@500$ 的水平拉筋。砌体工程可在不影响主体施工的情况下提前插入,即在主体施工到第五层时可插入第一层砖砌体,并随主体做自下而上的同步施工,但施工人员数量和作业面应予以一定的限制,以确保主体施工运输和人员安全。砌筑墙体部位的楼地面,凿除高出地面的凝结灰浆,并清扫干净,红砖或砌体在砌筑前洒水湿润。砌筑前在楼板上弹出墙身及门窗洞口的水平位置线,在柱上弹出砖墙立边线。砌体施工时要严格按照图纸及规范进行,注意圈梁、构造柱、过梁、墙拉筋的留设及门窗洞口的处理。管道设备井要待设备或管道安装完毕后再施工砌体。各楼层砌体在相应楼层达到设计强度时即可插入施工,须在每层留出小于 240 mm 的空间,并逐层用斜砌法将顶部填实砌满。

砌体施工要点如下。

(1) 砌块排列时,必须根据砌块尺寸和垂直灰缝的宽度和水平灰缝的厚度计算砌块砌筑皮数和排数,以保证砌体的尺寸。砌块排列应按设计要求,从各结构层面开始排列。

(2) 砌块排列时,尽可能采用主规格和大规格砌块,以提高工程质量。

(3) 外墙转角处和纵横墙交接处,砌块应分皮咬槎、交错搭砌,以增加房屋的刚度和整体性。具体做法应按规范要求进行。

(4) 对设计规定或施工所需要的孔洞口、管道、沟槽和预埋件等,应在砌筑时预留或预埋,不得在砌筑好的墙体上打洞、凿槽。

(5) 灰缝应做到横平竖直,全部灰缝均应填铺砂浆。水平灰缝宜用坐浆法铺浆。垂直灰缝可先在砌块端头铺满砂浆(即将砌块铺浆的端面朝上依次紧密排列、铺浆),然后将砌块上墙挤压至要求的尺寸,也可在砌筑端头刮满砂浆,然后将砌块上墙。水平灰缝的砂浆饱满度不得低于 90%,垂直灰缝的砂浆饱满度不得低于 60%。灰缝应控制在 8~12 mm 左右。埋设的拉结钢筋,必须放在砂浆中。

(6) 砌块所采用的砂浆除满足强度要求外,还应具有较好的和易性和保水性。

(7) 砌筑一定面积的砌体以后,应随时进行砌体勾缝工作。

(8) 在一般情况下,每天砌筑的高度不宜大于 1.8 m。当风压为 400~500 N/m² 时,每天的砌筑高度不宜大于 1.4 m。

(9) 砂浆的供应由现场砂浆搅拌机搅拌,并对砂浆进行抽检取样。

(10) 砌门洞口时,洞口在 2 m 内每边预埋 3 块木块,洞口高度大于 2 m 时埋 4 块,木块必须经过防腐处理。

(11) 需要注意的质量问题有:砖在装运过程中,轻装轻放,堆码整齐,防止缺棱掉角;落地砂浆及时清除,以免与地面黏结;搭拆脚手架时,不要碰坏已砌墙体和门窗棱角。

6. 脚手架工程

1) 脚手架类型的选择

根据本工程的结构特点和钢管刚度好、强度高等优点,结合施工单位丰富的施工经验,本工程内、外脚手架全部采用扣件式钢管脚手架;工程地下部分采用落地式双排扣件式钢管脚手架,搭设最大高度为 31 m,主要用于地下室外墙及裙楼的施工。脚手架可与围护结构连接,以保证其稳定性。裙楼部分采用双排落地架。地上部分:从第五层结构顶板开始采用悬挑脚手架,脚手架每六层一挑,即在第六层楼板、第十二层楼板和第十八层楼板分三次挑出。步距内侧为 1200 mm,外侧为 600 mm,立杆纵横距为 900 mm。悬挑外架的支撑为"下撑上拉"式,即下部采用槽钢支撑,上部采用软钢丝绳斜拉。

2) 脚手架的安全

施工前必须有经过审批的脚手架搭设方案，拆除时必须有详尽的、切实可行的拆除方案，在使用过程中要加强检查，发现不符合方案要求的，立刻勒令整改。进行外架搭设的架子工必须持证上岗，所使用的原材料(扣件、钢管)必须经过检验。

3) 安全网的搭设要求及注意事项

(1) 所用进场安全网都要求进行试验，试验合格后方可使用。

(2) 安装前必须对网和支撑进行下列检查：网的标牌与选用相符，网的外观质量不影响使用。支撑物(架)有适合的强度、刚性和稳定性，且系网处无撑角和尖锐边缘。

(3) 为保护网不受损坏，应避免把网拖过粗糙的表面或锐边。

(4) 安全网安装时，系绳的系结点应沿网边均匀分布，间距为 750 mm，系结应牢固、易解开和受力后不会松脱。

(5) 安全网系好后要求整齐、美观。

(6) 为了防护安全，要求挂安全网高出相应施工作业层 1.5 m。

(7) 每施工层脚手架均设挡脚板及防护栏杆，防护居中设置。

(8) 挡脚板设于外排立杆内侧。

(9) 整个脚手架外侧满张密目安全网，绑扎牢固，四周交圈设置，网间不得留有缝隙。

(10) 进入现场的通道上方用钢管搭设防护棚，顶面满铺脚手板防护，并满张密目安全网，侧面亦满张密目安全网。

(11) 在电梯井口、通风口、管井口等周边搭设脚手架前，应每层用竹夹板进行封闭。

8.1.6　屋面工程

1. 屋面保温层施工

应先将屋面清扫干净，并应根据架空板尺寸，弹出支座中线，在支座底面的卷材防水层上应采取加强措施。铺设架空板时，应将灰浆刮平，随时扫净屋面防水层上的落灰、杂物等，以保证架空隔热层气流畅通。操作时，不得损坏已完工的防水层。架空板铺设平整、稳固。

2. 屋面防水工程

根据施工图要求，本工程楼梯间及机房层屋面为不上人屋面，属高聚物改性沥青卷材防水屋面，其防水等级为Ⅱ级。具体做法为：钢筋砼屋面板→表面清扫干净→干铺 150 加气混凝土砌块→20 厚(最薄处)1∶8 水泥珍珠岩找坡 2%→20 厚 1∶2.5 水泥砂浆找平层→刷基层处理剂一遍→二层 3 厚 SBS 卷材，面层带绿页岩保护层。

8.1.7　门窗工程

1. 木门安装

木门(连同纱门窗)由木材加工厂提供门框和扇，核对型号，检查数量及门框、扇的加工质量及出厂合格证。门框和扇进场后应及时组织油漆工将框靠地的一面涂刷防腐涂料，其他各面应涂刷操油一道，刷油后应分类码放整齐，底层应垫平、垫高。每层框间都必须用衬木板通风，不得露天堆放。门扇安装应在室内外抹灰前进行，门扇安装在地面工程完成并达到强度后进行。

2. 塑钢窗安装

塑钢窗的规格、型号应符合设计要求，五金配件配套齐全，并有产品的出厂合格证。在施工前必须准备的防腐材料、保温材料、水泥、砂、连接铁脚、连接板焊条、密封膏、嵌缝材料、防锈漆、铝纱等材料均应符合设计要求，并有合格证。

8.1.8　装饰工程

本工程装饰种类较多，主要的装饰项目有：抹灰工程；外墙塑铝板和玻璃幕墙；内墙刷乳胶漆；楼面贴地砖；天棚为轻钢龙骨石膏板吊顶。玻璃幕墙由甲方另行发包。总的施工顺序为：室外装饰自上而下进行；室内粗装修自下而上进行，精装修自上而下进行。

1. 抹灰工程

抹灰前必须先找好规矩，即四角规方、横线找平、立线吊直、弹出准线和墙裙、踢脚板线，每隔 2 m 见方应在转角、门窗口处设置灰饼，确保抹灰墙面平整度、垂直度符合要求；抹灰分四次成活，即通过“基层处理→底灰→中灰→罩面灰”成活。底灰抹完达到初凝强度后，进行罩面灰施工。抹灰过程中，随时用靠尺、阴阳角尺检验表面平整度、垂直度和阴阳角方正。室内墙角、柱面的阳角和门洞的阳角，用 1∶2 水泥砂浆抹出护角，护角高度不低于 2 m，每侧宽度不小于 50 mm。基层为混凝土时，抹灰前应先刷素水泥浆一道或刷界面剂一层，以保证抹灰层不会空鼓、起壳。

2. 内墙刷乳胶漆

基层先用 1∶3 水泥砂浆打底 15 厚，再罩 3 厚纸筋石灰膏。基层要求坚固和无酥松、脱皮、起壳、粉化等现象。基层表面要求干净、平整而不应太光滑，做到无杂物脏迹，表面孔洞和沟槽提前用腻子刮平。基层要求含水率 10%以下、pH 值 10 以下，所以基层施工后至少应干燥 10 d 以上，避免出现粉化或色泽不匀等现象。在刷涂前，先刷一道冲稀的乳胶漆(渗透能力强)，使基层坚实、干净，待干燥 3 d 后，再正式涂刷乳胶漆二度。涂刷时要求涂刷方向和行程长短一致，在前一度涂层干燥后才能进行后一度涂刷，前后两度涂刷的间隔时间不能少于 3 h。

8.1.9　季节性施工措施

在施工期间加强同气象部门的联系，及时接收天气预报，并结合本地区的气候特点，按照现场有关冬、雨季施工规范和本措施，做到充分准备，合理安排施工，确保施工质量和施工安全。

1. 雨季施工措施

做到现场排水设施与市政管理网联通，排水畅通无阻，做好运输道路的维护，保证运输通畅，基坑及场地无积水。对水泥、木制品等材料采取防护措施。尽量避开大雨施工，遇到雨天施工，应备足遮雨物资，及时将浇筑的混凝土用塑料薄膜覆盖，以防雨水冲刷。下雨后，通知混凝土搅拌站重新测试砂、石含水率，及时调整混凝土、砂浆配合比，以保证水灰比准确。雨天施工钢筋绑扎、模板安装，要及时清理钢筋与模板上携带的泥土等杂物。雨季施工做好结构层的防漏和排水措施，以确保室内施工，如有机电设备应搭好防雨篷，应防止漏水、淹水，并应设漏电保护装置；机电线路应经常检修，下班后拉闸上锁；高耸设备应安装避雷接地装置。

2. 冬季施工措施

冬季施工时要采取防滑措施，保障施工安全。大雪后必须及时将架子、大型设备上的积雪清扫干净。进入冬季施工，应编写冬季施工方案和作业指导书，对有关施工人员进行冬季施工技术交底。钢筋低温焊接时，必须符合国家有关规范、规定，风力超过三级、气温低于-100℃时，要采取挡风措施和预热施焊，焊后未冷却的接头，严禁碰到冰雪。砼骨料必须清洁，不得含有冰雪和冻块。为保证混凝土冬季施工质量，要求在混凝土中掺加早强防冻剂。搅拌所用砂、石、水要注意保温，必要时进行适当加热，搅拌时间比常温延长 50%，使混凝土温度满足浇筑需要。入模时的温度要控制好，采用蓄热养护。混凝土浇筑完毕，混凝土表面即覆盖一层塑料薄膜，上盖两层草带，再加一层塑料薄膜封好，混凝土利用自身的水分和热量达到保温养护效果。砌筑、抹灰应采用防冻砂浆，搅拌用水应预热，要随拉随用，防止存灰多而受冻。合理安排施工生产和施工程序，寒冷天气尽量不做外装修。严格遵循国家现行规范、规定的有关冬季施工规定。

8.1.10 项目质量保证体系的构成及分工

"追求卓越管理，创造完美品质，奉献至诚服务"是公司的质量方针。

本项目施工将以项目法施工管理为核心，以 GB/T 19002—ISO 9002 系列标准为贯彻目标，对本工程质量进行全面管理，使该工程的全过程均处于受控状态。作为项目法施工，项目经理理所当然地是本工程第一质量责任人，项目经理以下分成两个质量体系：以项目生产副经理为首的工程部、物资部为项目质量执行体系，对本项目的所有材料质量、施工质量直接负责；以项目主任工程师为首的质检部门为项目质量监督体系，对本项目的工程质量负监督、控制责任。在此基础上组织编写并由项目经理签署发布《质量计划》，规定本项目质量管理工作程序，明确各有关质量工作人员的具体责任及职权范围，进行质量体系要素分配。

1. 项目主要管理人员质量职责

施工质量检查的组织机构中各部门只有做到职责明确、责任到位，才能便于管理，才能将质量管理工作落到实处。

2. 项目经理的质量职责

项目经理应对整个工程的质量全面负责，并在保证质量的前提下，衡量进度计划、经济效益等各项指标的完成，并督促项目所有的管理人员树立质量第一的观念，确保项目《质量计划》的实施与落实；施工工长作为施工现场的直接指挥者，首先其自身应树立质量第一的观念，并在施工过程中随时对作业班组进行质量检查，随时指出作业班组的不规范操作，质量达不到要求的施工内容要督促整改。施工工长亦是各分项施工方案作业指导书的主要编制者，并应做好技术交底工作。

3. 质量目标

单位工程一次交验率达 100%，杜绝质量事故，确保达到优良等级，确保整个工程达到市优工程标准。

4. 施工过程中的质量控制措施

施工阶段的质量控制技术要求和措施主要分为事前控制、事中控制和事后控制三个阶段，并通过这三个阶段来对本工程各分部分项工程的施工进行有效的阶段性质量控制。

1) 事前控制阶段

事前控制是在正式施工活动开始前进行的质量控制，事前控制是先导。事前控制主要是建立完善的质量保证体系，编制《质量计划》，制定现场的各种管理制度，完善计量及质量检测技术和手段，熟悉各项检测标准。对工程项目施工所需的原材料、半成品、构配件进行质量检查和控制，并编制相应的检验计划。进行设计交底、图纸会审等工作，并根据本工程的特点确定施工流程、工艺及方法。对本工程将要采用的新技术、新结构、新工艺、新材料均要审核其技术审定书及其运用范围。检查现场的测量标桩、建筑物的定位线及高程水准点等。

2) 事中控制阶段

事中控制是指在施工过程中进行的质量控制。事中控制是质量控制的关键，其主要内容有以下几方面。

(1) 完善工序质量控制，把影响工序质量的因素都纳入管理范围。及时检查和审核质量统计分析资料和质量控制图表，抓住影响质量的关键问题进行处理和解决。

(2) 严格工序间交换检查，做好各项隐蔽验收工作，加强交检制度的落实，对达不到质量要求的前一道工序决不交给下一道工序施工，直至质量符合要求为止。对完成的分部分项工程，按相应的质量评定标准和办法进行检查、验收、审核设计变更和图纸修改。如果施工中出现特殊情况，隐蔽工程未经验收而擅自封闭、掩盖或使用无合格证的工程材料，或擅自变更替换工程材料等，主任工程师有权向项目经理建议下达停工令。

3) 事后控制阶段

事后控制是指对施工过的产品进行质量控制，是对质量的弥补。按规定的质量评定标准和办法，对完成的单项工程进行检查验收。整理所有的技术资料，并编目、建档。在保修阶段，对本工程进行维修。

8.1.11　技术资料的管理

在日常的施工管理工作中，为保证项目各项日常技术工作的顺利进行，特要求有关各部门做到以下几点。

(1) 材料计划编制中必须明确材料的规格及品种、型号、质量等级要求。材料进场以后，严格检验产品的质量合格证(材质证明)。实行严格的原材料送检制度，所有的进场原材料必须在监理单位有关人员的监督下送检，只有检验合格的产品才能使用到工程实体上。各种原材料进场以后必须按照施工平面图分类、分规格码放，并挂标志牌，以防混用。

(2) 项目试验人员根据阶段性生产和材料计划，制订检验和试验计划，并按计划规定的内容和批量进行检验和试验，确保检验和试验工作的科学性、真实性和完整性。

(3) 土建施工必须为安装单位留设合格的预留孔洞，并统一负责填补洞口，在施工中安装单位一定要和土建施工队伍搞好施工协调工作，防止出现事后补洞的情况。

8.1.12　降低成本措施

(1) 选用先进的施工技术和机械设备，科学地确定施工方案，提高工程质量，确保安全施工，缩短施工工期，从而降低工程成本。

(2) 全面推广项目法施工，按照本单位推行的 GB/T 19001—2000 系列标准严格施工管理，从而提高劳动生产率，减少单位工程用工量。

(3) 在广大工程技术人员和职工中展开"讲思想、比贡献"活动，献计献策，推广应用"四新"成果，降低原材料消耗。

(4) 合理划分施工区段，优化施工组织，按流水法组织施工，避免窝工，提高工效。

(5) 加大文明施工力度，周转材料、工具应堆放整齐，模板、架料不得随意抛掷，拆下的模板要及时清理修整，以增加模板的周转次数。

(6) 加强材料、工具、机械的计量管理工作，控制能源、材料的消耗。

(7) 大力加强机械化施工水平，从而减少用工量，缩短工期，降低管理费用。

(8) 加强机械设备的保养工作，以减少维修费用，提高其利用率。

8.1.13　安全、消防保证措施

1. 安全生产目标

确保无重大工伤事故，轻伤事故频率控制在 1.5 ‰。

2. 确保工程安全施工的组织措施

(1) 项目经理是安全第一责任人，应对本项目的安全生产管理负完全责任。要建立项目安全保证体系，在签订纵向、横向合同时，必须明确安全指标及双方责任，并制定奖罚标准。严格按《质量手册》的标准编制施工组织设计和设计方案，同时应采取有针对性的安全措施，并负责提供安全技术措施费，满足施工现场达标要求。在下达施工生产任务时，必须同时下达安全生产要求，并做好书面安全技术交底工作。每月组织一次安全生产检查，严格按照建设部安全检查评分标准进行检查，对查出的隐患立即责成有关人员进行整改，做好记录，做到文明施工。负责本项目的安全宣传教育工作，提出全员安全意识，搞好安全生产。发生重大伤亡事故时，要紧急抢救，保护现场，立即上报，不许瞒报。严格按照"四不放过"的原则参加事故调查分析及处理。

(2) 新工人、民建队入场安全教育。

凡新分的学生、工人、实习生，都应由人事部门通知质安部门进行安全教育，使接受教育人员了解公司的安全生产制度、安全技术知识、安全操作规程及施工现场的一般安全知识。

凡新进场的民建队，应由劳资部门通知质安部门对其进行安全教育。

(3) 变更工种工人的安全教育。

凡有变更工种的工人，应由劳资员通知质安部门对其进行安全教育。

(4) 班组、建筑队安全活动。

各班组、建筑队在每日上班前，结合当天的情况，对本班组或本建筑队的人员进行有针对性的班前安全教育。

各班组、建筑队不定期地开展安全学习活动。

(5) 安全生产宣传。

施工现场、车间、"五口"、各临边、机械、塔吊、施工电梯等地方都要挂设安全警示牌或操作规程牌。项目要充分利用各种条件，如广播、板报、录像等形式对广大职工进行安全教育，并实施以下安全检查制度。

① 由主管安全工作的经理，每月两次，组织施工工长、安全员、保卫员、材料员等人员，对本项目经理部的施工现场、生产车间、库房、食堂及生活区域进行安全、防火、卫生检查，并做好记录以备查。对检查出来的安全隐患问题，应制定解决方案，将整改责任落实到人，限期整改，消除隐患，保证安全施工生产。

② 主管安全工作的队长，对检查隐患问题发出的整改通知书，要认真落实和整改，并将整改情况及时反馈到项目经理部。按期上交违章罚款，如果阳奉阴违，拖延不改，造成事故发生，首先追查主管安全施工队长的责任。

③ 由班组长成员分别对工作区域、施工机械、电气设备、防护设备、个人防护用品使用进行班前、班中、班后三检查。发现安全隐患问题的组班(队)人员要及时进行处理。对班(队)不能解决的隐患问题要立即报告工长、安全员进行处理。安全隐患未消除的，必须停止执行，如果冒险蛮干，造成事故发生，将追究班(队)长的责任。

3. 确保工程施工安全的技术措施

(1) 有可能产生有害气体的施工工艺，如聚丙烯管道热熔、铜管钎焊等，应加强对施工人员的保护。

(2) 随时接受环卫局对本工程施工现场大气污染指数的测定检查，若出现超标情况，立即组织整改。

(3) 严禁在施工现场煎熬、烧制易产生浓烟和异味的物质(如沥青、橡胶等)，以免造成严重的大气污染。

(4) 严禁在施工现场和楼层内随地大小便，施工现场内设巡查保安，一经发现违规人员将给予重罚。

8.1.14　文明施工管理制度

(1) 施工现场成立以项目经理为组长，主任工程师、生产经理、工程部主任、工长、技术、质量、安全、材料、保卫、行政卫生等管理人员为成员的现场文明施工管理小组。

(2) 实行区域管理制度，划分职责范围，工长、班组长分别是包干区域的负责人，项目按《文明施工中间检查记录表》自检评分，每月进行总结考评。

(3) 加强施工现场的安全保卫工作，完善施工现场的出入管理制度，施工人员要佩戴证明其身份的证卡，禁止非施工人员擅自进入。

(4) 严格遵守国家环境保护的有关法规和武汉市环境保护条例和公司的工作标准，参照ISO—14000《环境保护》系列标准的要求，制定本工程防止环境污染的具体措施。

(5) 建立检查制度。采取综合检查与专业检查相结合、定期检查与随时抽查相结合、集体检查与个人检查相结合等方法。班、组实行自检、互检、交接检制度，做到自产自清、日产日清、工完场清。工地每星期至少组织一次综合检查，按专业、标准全面检查，按规定填写表格，算出结果，制表以榜公布。

(6) 坚持会议制度。施工现场坚持文明施工会议制度，定期分析文明施工情况，针对实际制定措施，协调解决文明施工问题。

(7) 加强教育培训工作。采取派出去、请进来、短期培训、上技术课、登黑板报、广播、看录像、看电视等方法狠抓教育工作。要特别注意对农民工的岗前教育。专业管理人员要熟练掌握文明施工标准。

8.2　大体积混凝土施工作业指导书

某工程基础底板的厚度最厚达到 3.0 m，一次浇筑体积达 5000 m^3，属大体积砼混凝土。为防止大体积混凝土产生温度裂缝，确保该部分大体积混凝土的施工质量，施工前除必须熟悉设计图纸及严格按设计要求和施工规范组织施工外，还必须采取特殊的技术措施，方能确保大体积混凝土的施工质量。本工程计划采用斜面分层、薄层浇筑、循序退打，按设计设置后浇带的方法和"综合温控"施工技术。主要的施工措施如下。

8.2.1　大体积混凝土关键技术措施

(1) 按设计要求的混凝土强度和抗渗等级，严格选用混凝土的最佳配合比，并根据以往的施工经验进行优化。

(2) 为减少水泥的水化热，选用 52.5#矿渣硅酸盐水泥配制混凝土，混凝土的龄期采用R45 d 的强度代替 R28 d 的强度，同时掺加适量 UEA 微膨胀剂，减少水泥用量、降低混凝土内部最高温度、补偿收缩，最终减少混凝土内部产生的热量。

(3) 使用洁净的中粗骨料，即选用粒径较大(5～25 mm)、级配良好、含泥量小于 1%的石子和含泥量小于 2%的中粗沙。掺加磨细 I 级粉煤灰掺合料，以代替部分水泥；掺加适量木质磺酸钙或同类性质的减水剂；降低水灰比，控制坍落度。

(4) 掺加泵送缓凝剂，降低水灰比，以达到减少水泥用量、降低水化热的目的。施工中加强监控，以保证不影响混凝土的其他性能。缓凝时间初步定为 6～8 h。

(5) 严格控制混凝土出机温度及浇筑温度，使用商品混凝土时，应事先向供应商提出要求。根据混凝土进度计划，大体积混凝土的施工时间在一年当中属气温回升的季节，所以将严格要求商品混凝土供应站控制石子和水的温度，高温天气砂石堆场全部搭设简易遮阳棚并定时淋水降温。

(6) 加强养护措施：混凝土浇好之后 12 h，在混凝土表面覆盖一层塑料薄膜，塑料薄膜上再加盖两层草包以起到保温、保湿的养护作用，控制混凝土表面与混凝土内部之间的温度差不超过 25 ℃。

(7) 混凝土浇筑中，可适当均匀地抛填粒径为 150～300 mm 的石块，掺量不大于混凝土总量的 15%，材质同混凝土用碎石，并选用无裂缝、无夹层的石块。填充前，用水冲洗干净。混凝土分层浇捣，每层厚度为 300～500 mm。采用插入式振捣器，插点间距和振捣时间应按施工规范的要求执行，待最上一层混凝土浇筑完成 20～30 min 后进行二次复捣。

(8) 采用电阻测温方法，对大体积混凝土的浇筑湿度进行测温。采用昼夜测温连续监测，前 5 d 每 3 h 测温一次，5 d 以后每 6 h 测温一次，连续进行不少于 10 d。

8.2.2 大体积混凝土施工准备

(1) 大体积混凝土浇筑前，派专人对混凝土厂家进行实地检查，对商品混凝土供应商进行技术交底，要求统一配合比、统一原材料，专门分仓堆放。督促商品混凝土站搭设遮阳棚，外加剂单独计量，原材料储备必须足量，确保连续供应。要求原材料、外加剂均采用电子计量、微机控制，自动上料。

(2) 混凝土浇筑时，对混凝土厂家进行监控，派驻技术人员对砼生产厂家的原料的质量、坍落度供应速度进行跟踪检查、记录，确保供应的连续、匀速，质量的稳定。

(3) 准备充足的施工机械，除现场实际使用的施工机械外，还需准备足够的备用机械，配备一台备用汽车混凝土输送泵。

(4) 在混凝土浇筑前，及时与交通管理部门的有关单位联系，提前召开现场协调会。

8.2.3 大体积砼混凝土施工方法

1. 机械选择

选用 2 台固定柴油泵，另备 36 m 臂长汽车泵一台；插入式振捣器振捣砼；多台小型高扬程抽水机辅助抽除浇筑砼时产生的泌水。

2. 混凝土浇筑顺序

砼浇筑采用分区分层一个坡度循序退打，一次到顶的方法。商品砼由自动搅拌运输车运送，由输送泵车泵送砼，从基坑一端推进到另一端，由一个泵负责浇筑一个区进行浇筑。每次浇筑厚度根据砼混凝土输送能力、施工段宽度及坡度、混凝土初凝时间进行计算，每层厚度 30～40 cm。若有意外，混凝土输送能力下降，则立刻减小混凝土浇筑厚度，确保在底板混凝土浇筑过程中不出现冷缝。在浇筑砼混凝土的斜面前、中、后设置三道振捣器振捣并采用二次振捣。

3. 混凝土浇筑

每层混凝土应振捣密实，前层混凝土必须在初凝前被新浇混凝土所覆盖，振捣器应插入下层混凝土 5 cm，以消除两层间的接缝。振捣时间以混凝土表面泛浆、不再冒气泡和混凝土不再下沉为准。不能漏振和过振。混凝土浇筑到顶后用平板振捣器振捣密实。平板振捣器移动间距要确保相邻搭接 5 cm，防止漏振。

4. 混凝土上表面标高控制

提前在基坑下端外墙模外侧砌筑集水井，混凝土振捣过程中的泌水流入砖砌小井内，用泥浆泵排出。在浇筑混凝土前，用精密水准仪、经纬仪在墙、柱插筋上测得高出 0.5 m 的标高，用红油漆做标志，使用时拉紧细麻线，用 1 m 高的木条量尺寸初步调整标高，然后用全站仪和水准仪进行精密复核即可。

5. 混凝土表面二次抹平

混凝土浇筑到顶面，用平板振捣器振实后，随即用刮尺刮平，二次铁滚碾压两遍，用铁板抹平整一道，待砼混凝土终凝前，用木蟹槎一遍，再用铁板收一道。

8.2.4 大体积混凝土温度监控

防止地下室底板出现温度裂缝，应严格控制在混凝土硬化过程中由于水化热而引起的内外温差。防止内外温差过大而导致开裂(温差引起的砼拉应力大于砼抗拉强度时，将出现裂缝)，特采用以下措施控制温度裂缝的产生。

1. 优化混凝土配合比

配合比中水泥用量，每增加 10 kg 水泥其水化热将使混凝土温度上升 1 ℃。因此，首要的措施是选定合理的配合比，既要满足设计强度及抗渗要求，还要尽量减少水泥用量，或采用低化热水泥，以控制水化热温升。建议使用矿渣 525# 中热水泥，每立方米混凝土水泥用量控制在 400 kg 以内。

为增加混凝土可泵性，配合比中掺加粉煤灰(按水泥量的 10%～20%左右掺加)，也可以减少水泥用量。混凝土配合比中要适当地掺加减水剂(FDN 按水泥量的 0.5%～1%掺用)及缓凝剂，可以减少配合比中用水量及增加混凝土和易性。设计配合比要求按以上要求调整试配，并最后选定。

混凝土中掺加微膨胀水泥(水泥量的 8%)制成补偿收缩混凝土。混凝土中由于加入微膨胀水泥形成微膨胀砼混凝土(限制膨胀率为 0.02%～0.04%)。混凝土产生微膨胀能转化为自应力(0.2～0.7 MPa 预压应力)，使砼混凝土处于受压状态，从而提高混凝土的抗裂能力(一般经验，补偿温差可达 5 ℃～10 ℃)。

2. 降低混凝土出机温度和浇筑温度

商品砼混凝土厂生产的砼出机温度控制在 30 ℃以内，因此通常采取以下措施。

(1) 用低温水拌和(或用冰块融化后的冷水)。

(2) 对粗骨料淋水降温。为降低浇灌温度，所有的搅拌车及仓内泵管均覆盖麻袋，淋水降温。

(3) 确定保证混凝土供应强度：台班(8 h)500 方，日方量 1 500 方以加快现场浇灌速度，缩短上下覆盖时间，减少仓内每层混凝土日照时间，控制砼混凝土浇灌温度(亦称入模温度)在 35 ℃以内。

3. 蓄热保温，控制内外温差

采用上述三个措施后，内外温差仍大于 25 ℃，最后一个措施是蓄热保温，控制内外温差，即混凝土浇捣完成后(终凝)混凝土表面覆盖一层塑料薄膜，上部盖两层袋(或两层草袋)，顶上再盖一层塑料薄膜，对混凝土进行蓄热保温，达到控制混凝土表面温度，控制降温速率的目的。养护温度梯度(温差梯度控制，按 JBJ 224—1991 规程规定，混凝土浇筑块体的降温速度不宜大于 1.5 ℃/d。混凝土总体降温缓慢，可充分发挥混凝土徐变特性，减低温度应力)，使混凝土表面温度与混凝土中心温度差始终控制在 25 ℃以内。为达到此目的，要定时对混凝土温度进行测量，随时测量内外温差以调整覆盖保护厚度。当温差小于 25 ℃时，则可以逐步拆除保护层。

实践经验表明，采用两层草袋可满足保温，这也是简易、可行的温控措施，要严格执行。

4. 对混凝土温度进行测量及监控

采用微机控制自动测量系统对混凝土温度进行监控。

埋设有湿度传感器的测温电缆，通过 CWS—901 网络控制器和一台 KD 电源进行网络通信连接，用一台计算机带 485 通信卡配合自动温度检测软件对混凝土进行 24 h 自动测控。

测温时间从混凝土终凝后 4 h 开始。7 d 内每 4 h 打印一次，7～14 d 每 8 h 打印一次，并及时进行内外温差计算。查到砼内温差小于 25 ℃后，停止测控。

8.2.5　大体积混凝土的养护

通过温度理论计算，采用铺一层塑料薄膜加两层草袋进行大体积混凝土养护时，其内外部温差值可控制在 25 ℃以内，可以满足规范规定的要求。

1. 针对测温情况采取的措施

根据计算机所提供的测温数据，在混凝土升温、降温过程中，如混凝土内外部温差值超过 25 ℃，而混凝土表面温度与周围环境温差较小，应加盖保温层，以防止贯穿结构裂缝；如混凝土内外部温差值较小，而混凝土表面温度与周围环境温差超过 25 ℃，应减少保温层，以防止表面温度裂缝。当两者出现矛盾时，以混凝土内外部温差控制为主要矛盾。在混凝土降温过程中，当混凝土内外温差趋于稳定并逐步减少时，逐层取走底板混凝土表面的毛毡，有意识地加快混凝土降温速率，使其逐渐趋于常温，从而顺利地完成大体积混凝土的养护工作。

2. 混凝土养护

(1) 在混凝土浇筑完毕后，当混凝土表面收水并初凝后，应尽快铺盖一层塑料薄膜和两层草袋并浇水养护。

(2) 大体积混凝土要加强早期养护，必须保持混凝土表面湿润，养护用水的水温与混凝土表面温差不宜超过 10 ℃。

(3) 最初三天内，应每隔 2 h 浇水一次，以后每天至少浇水一次，每日浇水次数还应视气温而定，夏季干燥时，应特别注意必要时采用蓄水养护。

(4) 养护中如发现混凝土表面泛白时，应加强覆盖厚度，充分浇水，加强养护。

8.3 房地产工程施工组织设计实例

本施工组织设计某房地产工程的投标文件的技术性文件：

本施工组织设计体现本工程施工的总体构思和部署，若我公司有幸承接该工程，我们将遵照我单位技术管理程序，完全接受招标文件提出的有关本工程施工质量、施工进度、安全生产、文明施工等一切要求，并落实各项施工方案和技术措施，尽快做好施工前期准备和施工现场生产设计物总体规划布置工作，发挥我单位的管理优势，建立完善的项目组织机构，落实严格的责任制，按质量体系文件组织施工生产，实施在建设单位领导和监理管理下的项目总承包管理制度，通过对劳动力、机械设备、材料、技术、方法和信息的优化处置实现工期、质量、安全及社会信誉的预期效果。

编制依据如下。

(1) 根据某设计有限公司设计的本工程的施工图。

(2) 中华人民共和国颁布的现行建筑结构和建筑施工、设备安装施工的各类规程、规范及验收标准。

(3) 某市有关建筑工程管理、市政管理、环境保护等地方性法规及规定。

(4) 某公司有关质量管理、安全管理、文明施工管理制度。

(5) 本工程现场及周围环境的实际情况。

8.3.1 工程概况及工程特点

本工程为三层框架结构，建筑面积为 3726.6 m²，耐火等级为二级，结构安全等级为二级，抗震设防类别为丙类，抗震设防烈度为 6 度，地基基础工程与结构主体工程正常合理使用年限为 50 年，基础垫层 C10 砼，其他为 C20 砼，钢筋 ϕ 为 I 级 f_y=210 N/mm²，ϕ 为 II 级热扎月牙纹钢筋，f_y=310 N/mm²，砌体±0.000 以下，MU10 灰砂砖，M5 水泥砂浆砌筑，±0.000 以上，加气块，M5 混合砂浆砌筑；彩铝中空玻璃窗，门为夹板门；屋面为现浇砼坡屋面，盖英红瓦；外墙为面砖，厨卫、内墙及天棚为水泥砂浆，其他内墙及天棚为混合砂浆粉刷，刮灰两遍；楼地面为一般水泥砂浆面层，一层天厅及楼梯间为花岗岩地面；给水管为 PP-R 管，排水管为 PVC 管；电气工程电线管暗设穿线。

8.3.2　施工准备

1. 现场平面布置

现场平面布置得合理与否，将直接关系到施工进度的快慢和文明施工管理水平的高低，为保证现场施工顺利进行，具体的施工平面布置原则如下。

(1) 在满足施工的条件下，尽量节约施工用地。

(2) 在满足施工需要和文明施工的前提下，尽可能地减少临时设施投资。

(3) 在保证现场内交通运输畅通和满足施工对材料要求的前提下，最大限度地减少场内运输，特别是减少场内的二次运输。

(4) 在平面交通上，尽量避免土建、安装及生产单位相互干扰。

(5) 符合施工现场卫生及安全技术要求和防火规范。

本工程施工场地较宽，但施工体量大，为了满足施工要求，我方拟定在建筑物的四周设置临时围墙，并在围墙内集中布置现场值班室、工具房，以及钢筋场地、木工场地、砂浆搅拌地、砼集中搅拌站、砂堆场、石堆场，建筑物四周作为加气块、钢结构等材料堆场，整个现场平面布置要既能满足施工需要，又要做到文明施工，高起点、严要求，创文明施工样板工地。

为了施工的方便，中间设置一条 C15 砼硬化道路作为施工中的主要运输通道，生产区内设食堂、宿舍和办公室，并设置排水明沟，生活污水经过过滤后有组织地排放，建筑物四周设置排水沟，工程污水经沉淀后有组织地排放到指定地点。

2. 施工用水、用电

1) 临时施工用水

现场临时施工用水由业主指定供水点，接至施工现场，按现场用水情况设 1 个砂浆搅拌站、2 个混凝土搅拌站、2 个砂石堆场，建筑物设 4 个施工用水龙头，临时设施设 5 个用水点。根据施工用水量的实际情况及用水高峰时长，不考虑时变系数，取其合计值，总用水量为 10.5 L/s，因施工用水属工业用水范畴，取管道流速 $Q \geqslant 1.2$ m/s，主管径用 d=40 mm，支管径用 d=25 mm，压力取 1.0 MPa 截止阀，污水采用明沟排水，施工用水见平面布置图。

2) 临时用电

(1) 临时用电总量。

本工程由业主在现场附近设置施工电源，施工现场用电统计为砼搅拌机 45 kW，砂浆搅拌机 15 kW，龙门架 45 kW，电焊机 19×4=76 kW，电锯 16.5 kW，插入式振动棒 15 kW，潜水泵 9.1 kW，现场照明及其他零星设备、工具 40 kW，总计用电合计为 266.5 kW。

(2) 安全用电技术措施。

① 有高温、导电灰尘或灯具离地面高度低于 2.4 m 等场所的照明，电源电压不大于 36 V。

② 在潮湿和易触及带电体场所的照明，电源电压不得大于 24 V。

③ 在特别潮湿的场所，导电良好的地面、金属容器内工作的照明，电源电压不得大

于 12 V。

④ 电气设备的设置应符合下列要求。

A. 配电系统应设置室内总配电屏和室外分配电箱或设置室外总配电箱和分配电箱，实行分级配电。

B. 动力配电箱与照明配电箱宜分别设置，如合置在同一个配电箱内，动力和照明线路应分路设置，照明线路接线宜接在动力开关的上方。

C. 开关箱应由末级分配电箱配电。开关箱内应设一机一闸。每台用电设备应有自己的开关箱，严禁用一个开关电器直接控制两台以上的用电设备。

D. 总配电箱应设在靠近电源的地方，分配电箱应装设在用电设备或负荷相对集中的地区。分配电箱与开关箱的距离不得超过 30 m，开关箱与其控制的固定式用电设备的水平距离不宜超过 3 m。

E. 配电箱、开关箱应装设在干燥、通风及常温场所，不得装设在有严重损伤作用的瓦斯、烟气、蒸气、液体浸溅及热源烘烤的场所。配电箱、开关箱周围应有足够两人同时工作的空间，其周围不得堆放任何有碍操作、维修的物品。

F. 配电箱、开关箱安装要端正、牢固，移动式的箱体应装设在坚固的支架上。固定式配电箱、开关箱的下端与地面的垂直距离应大于 1.3 m 且小于 1.5 m。移动式分配电箱、开关箱的下端与地面的垂直距离为 0.6～1.5 m。配电箱、开关箱采用铁板或优质绝缘材料制作，铁板的厚度应大于 1.5 mm。

G. 配电箱、开关箱中线的进线口和出线口应设在箱体底面，严禁设在箱体的顶面、侧面、后面或箱门处。

⑤ 电气设备的安装。

A. 配电箱内的电器应首先安装在金属或非木质的绝缘电器安装板上，然后整体固定在配电箱体内，金属板与配电箱体用作电气连接。

B. 配电箱、开关箱内的各种电器应按规定的位置固定在安装板上，不得歪斜和松动，并且电器设备之间、设备与板四周的距离应符合有关工艺标准的要求。

C. 配电箱、开关箱内的工作零线应通过接线端子板连接，并应场保护零线接线端子板分设。

D. 配电箱、开关箱内的连接线应采用绝缘导线，导线的型号及截面应严格执行临电图纸的标示截面。各种仪表之间的连接线应使用截面不小于 2.5 mm^2 的绝缘铜芯导线。导线接头不得松动，不得有外露带电部分。

E. 各种箱体的金属构架、金属箱体、金属电器安装板以及箱内电器的正常不带电的金属底座、外壳等必须做保护接零，保护零线应经过接线端子板连接。

F. 本电箱后面的排线需排列整齐，绑扎成束，并用卡钉固定在盘板上，盘后引出及引入的导线应留出适当余量，以便检修。

G. 导线剥削处不应伤线芯过长，导线压头应牢固可靠，多股导线不应盘圈压接，应加装压线端子(有压线孔者除外)。如必须穿孔用顶丝压按时，多股线应涮锡后再压接，不得减少导线股数。

⑥ 电气设备的防护。

A. 在建工程不得在高压、低压线路下方施工，高低压线路下方不得搭设作业棚、建造生活设施，或堆放构件、架具、材料及杂物。

B. 施工时各种架具的外侧边缘与外电架空线路的边线之间必须保持安全操作距离，当外电线路的电压为 1 kV 以下时，其最小安全操作距离为 4 m；当外电架空线路的电压为 1～10 kV 时，其最小安全操作距离为 6 m；当外电架空线路的电压为 25～110 kV 时，其最小安全操作距离为 8 m；上、下脚手架的斜道严禁搭设在有外线路的一侧。旋转臂架式起重机的任何部位或被吊物边缘与 10 kV 以下的架空线路边际最小水平距离不得小于 2 m。

C. 施工现场的机动车道与外电架空线路交叉时，架空线的最低点至路面的最小垂直距离应符合以下要求：外电线路电压为 1 kV 以下时，最小垂直距离为 6 m；外电线路电压为 1～35 kV 以下时，最小垂直距离为 7 m。

D. 达不到最小安全距离时，对于施工现场必须采取保护措施，可以增设屏障、遮栏、围栏或保护网，并要悬挂醒目的警告标志牌。在架设防护设施时，应有电气工程技术人员或专职安全人员负责监护。

E. 对于既不能达到最小安全距离，又无法搭设防护措施的施工现场，施工必须与有关部门协商，采取停电、迁移外电线或改变工程位置等措施，否则不得施工。

⑦ 电气设备的操作与维修人员必须符合以下要求。

A. 施工现场内临时用电的施工和维修必须由经过培训后取得上岗证书的专业电工完成，电工的等级应同工程的难易程度和技术复杂性相适应，初级电工不允许进行中、高级电工的作业。

B. 各类用电人员应做到以下几点。

◆　掌握安全用电基本知识和所用设备的性能。

◆　使用设备前必须按规定穿戴和配备好相应的劳动防护用品，并检查电气装置和保护设施是否完好。严禁设备带"病"运转。

◆　停用的设备必须拉闸断电，锁好开关箱。

◆　负责保护所有设备的负荷线、保护零线和开关箱，发现问题要及时报告并解决。

◆　搬迁或移动用电设备，必须经电工切断电源并做妥善处理后进行。

⑧ 电气设备的使用和维护

A. 施工现场的所有配电箱、开关箱应每月进行一次检查和维修，检查、维修人员必须是专业电工。工作时穿戴好绝缘用品，必须使用电工绝缘工具。

B. 检查、维修配电箱、开关箱时，必须将其前一级相应的电源开关拉闸断电，并悬挂停电标志牌，严禁带电作业。

C. 配电箱内盘面上应标明各回路的名称、用途，同时要做分路标记。

D. 总、分配电箱门应配锁，配电箱和开关箱应指定专人负责。施工现场停止作业 1 h以上时，应将动力开关箱上锁。

E. 各种电气箱内不允许放置任何杂物，应保持清洁。箱内不得接其他临时用电设备。

F. 熔断器的熔体更换时，严禁用不符合规格的熔体代替。

⑨ 施工现场配备线路。

A. 现场所有架空线路的导线必须采用绝缘铜线或绝缘铝线，导线架设在专用电线杆上。

B. 架空线的导线截面不小于下列截面：当架空线用铜芯绝缘线时，其导线截面不小于 10 mm²；当用铝芯绝缘线时，其截面不小于 16 mm²。跨越铁路、公路、河流、电力线路档距内的架空绝缘铝线最小截面不小于 35 mm^2，绝缘铜线截面不小于 16 mm^2。

C. 架空线路的导线接头：在一个档距内每一层架空线的接头数不超过该层导线条数的 50%，且一根导线只允许有一个接头；线路在跨越铁路、公路、河流、电力线路栏距内不得有接头。

⑩ 施工现场的电缆线路。

A. 电缆线路应采用穿管埋地或沿墙、电杆架空敷设，严禁沿地面明设。

B. 电缆在室外直接埋地敷设的深度应不小于 0.6 m，并应在电缆上下均铺设不小于 50 cm 厚的细砂，然后覆盖砖等硬质保护层。

C. 橡皮电缆沿墙或电杆敷设时应用绝缘子固定，严禁使用金属裸线进行绑扎。固定点间的距离应保证橡皮电缆能承受自重所带的荷重。橡皮电缆的最大弧垂距地不得小于2.5 m。

D. 电缆的接头应牢固可靠，绝缘包扎后的接头不能降低原来的绝缘强度。

⑪ 室内导线的敷设照明装置。

A. 室内配线必须采用绝缘铜线或绝缘铝线，采用瓷瓶、瓷夹或塑料敷设，距地高度不得小于 2.5 m。

B. 进户线在室外处要用绝缘子固定，进户线过墙应穿套管，距地应大于 2.5 m，室外要做防水弯头。

C. 室内配线所有的导线截面应按图纸要求施工，但铝线截面最小不得小于 2.5 mm^2，铜线截面不得小于 1.5 mm^2。

D. 灯具的金属外壳必须做保护接零，所有配件均应使用镀锌件。

E. 室外灯具距地面不得小于 3 m，室内灯具不得低于 2.4 m，插座接线时应符合规范要求。

F. 螺口灯头及接线应符合下列要求。

◆ 相线接在与中心角头相连的一端，零线接在与螺纹口相连的一端。

◆ 灯头绝缘外壳不得有损伤和漏电。

G. 各种用电设备、灯具的相线必须有开关控制，不得将半相线直接引入灯具。

H. 暂设内的照明灯具应先选用拉线开关。拉线开关距地面的高度为 2～3 m，与门口的水平距离为 0.1～0.2 m，拉线出口应向上。

(3) 安全用电组织措施。

A. 建立临时用电施工组织设计和安全用电技术措施的编制、审批制度，并建立相应的技术档案。

B. 建立技术交底制度，向专业电工、各类用电人员介绍临时用电施工组织设计和安全用电技术措施的总全意图、技术内容注意事项，并应在技术交底文字资料上履行交底人和被交底人的签字手续，注明交底日期。

C. 建立安全检测制度，从临时用电工程竣工开始，定期对临时用电工程进行检测，主要内容有接地电阻值、电气设备绝缘电阻值、漏电保护器动作参数等，以监视临时用电工程是否安全可靠，并做好检测记录。

D. 建立电气维修制度，加强日常和定期维修工作，及时发现和消除隐患，并建立维修工作记录，记载维修时间、地点、设备、内容、技术措施、处理结果、维修人员、验收人员等。

E. 建立安全检查和评估制度。施工管理部门和企业要按照 JGJ 59—88、《建筑施工安全检查评分标准》定期对现场用电安全情况进行检查评估。

F. 建立安全用电责任制，对临时用电工程各部位的操作、监护、维修分片、分块、分机落实到人，并辅以必要的奖惩措施。

G. 建立安全教育和培训制度。定期对专业电工和各类用电人员进行用电教育和培训，凡上岗人员必须持有劳动部门核发的上岗证书，严禁无证上岗。

(4) 电气火灾预防措施。

A. 施工组织设计时要根据电气设备的用电量正确地选择导线截面，从理论上杜绝线路过负荷使用。要认真保护装置选择，当线路上出现长期过负荷时，能在规定的时间内动作保护线路。

B. 导线架空敷设时其安全间距必须满足规范要求，当配电线路采用熔断器做短路保护时，熔体额定电流一定要小于电缆或穿管绝缘导线允许载流量的 2.5 倍，或明敷绝缘导线允许载流量的 1.5 倍。经常教育用电人员正确执行安全操作规程，避免作业不当造成火灾。

C. 电气操作人员要认真执行规范，正确连接导线，接线柱要压牢、压实。各种开关触头要压牢固。铜铝连接时要有过渡端子，多股导线要用端子或涮锡后再与设备安装，以防加大电阻引起火灾。

D. 配电室的耐火等级要大于三级，室内要配电砂箱和灭火器。严格执行变压器的运行检修制度，按季度每年进行四次停电清扫和检查。

E. 现场中的电动机严禁超载使用，电机周围无易燃物，发现问题及时解决，保证设备正常运转。

F. 施工现场内严禁使用电炉子。室内不准使用功率超过 100 W 的灯泡，严禁使用订头灯。

G. 使用焊机时要执行用火证制度，并有人监护，施焊周围不能存在易燃物体，并备齐防火设备。电焊机械放在通风良好的地方。

H. 施工现场的高大设备和有可能产生静电的电气设备要做好防雷接地和防静电接地措施，以免雷电及静电火花引起火灾。

I. 存放易燃气体、易燃物仓库内的照明装置一定要采用防爆型设备，导线敷设、灯具安装、导线与设备连接均应满足有关规范要求。

J. 配电箱、开关箱内严禁存放杂物及易燃物体，并派专人负责定期清扫。

K. 设有消防设施的施工现场，消防泵的电源要从总箱中引出专用回路供电，而且此回路不得设置启示电保护，当电源发生接地故障时可以设单相接地报警装置。有条件的施工现场，此回路供电应有两个电源供电，供电线路应在末端可切换。

L. 施工现场应建立防火检查制度，强化电气防火领导体制，建立电气防火队伍。

M. 施工现场一旦发生电气火灾时，扑灭电气火灾应该注意以下事项。

◆ 迅速切断电源，以免事态扩大。切断电源时应戴绝缘手套，使用有绝缘柄的工具。当火场离开关较远需剪断电线时，火线和零线应分开错位剪断，以免在钳口处造成短路，并防止电源线掉在地上造成短路，使人员触电。

◆ 当电源线因其他原因未及时切断时，一方面派人在供电端拉闸，另一方面灭火时，人体的各部位与带电体应保持一定的距离，必须穿戴绝缘用品。

◆ 扑灭电气火灾时要用绝缘性能好的灭火剂(如干粉灭火机、二氧化碳灭火器或干燥的沙子),严禁使用导电灭火剂进行扑救。

(5) 临时用电安全技术交底。

施工现场用电人员应加强自我防护意识,特别是电动建筑机械的操作人员必须掌握安全用电的基本知识,以减少触电事故的发生。对于现场中一些固定机械设备的防护和操作人员进行如下事项的交底工作。

A. 开机前认真检查开关箱内的控制开关设备是否齐全有效,漏电保护器是否可靠,发现问题及时向工长汇报,工长派电工解决处理。

B. 开机前仔细检查电气设备的接零保护端子有无松动,严禁赤手触摸一切带电绝缘导线。

C. 严格执行安全用电规范,凡一切属于电气维修、安装的工作,必须由电工来操作,严禁非电工人员进行电工作业。

(6) 电工安全技术交底

A. 电气操作人员严格执行电工安全操作规程,对电气设备工具要进行定期检查和试验,凡不合格的电气设备和工具都要停止使用。

B. 电工人员严禁带电操作,线路上禁止带电荷接线,正确使用电工器具。

C. 电气设备的金属外壳必须做接地或接零保护,在总箱、开关箱内必须安装漏电保护器实行两级漏电保护。

D. 电气设备所用保险丝,禁止用其他金属丝代替,并且需与设备容量相匹配。

E. 施工现场内严禁使用塑料线,所用绝缘导线型号及截面必须符合临电设计。

F. 电工必须持证上岗,操作时必须穿戴好各种绝缘防护用品,不得违章操作。

G. 当发生电气火灾时应立即切断电源,用干砂灭火。严禁使用导电的灭火剂灭火。

H. 凡移动式照明,必须采用安全电压。

I. 施工现场临时用电施工,必须执行施工组织设计和安全操作规程。

(7) 夯土机械安全技术交底

A. 夯土机械的操作手柄必须采取绝缘措施。

B. 操作人员必须穿绝缘胶鞋和戴绝缘手套,两人操作,一人扶夯,一人负责整理电缆。

C. 夯土机械必须装设防溅型漏电保护器,其额定漏电动作电流小于 15 mA,额定漏电动作时间小于 0.1 s。

D. 夯土机械的负荷线应采用橡皮护套铜芯电缆,其电缆长度应小于 50 m。

(8) 焊接机械安全技术交底

A. 电焊机应放置在防雨和通风良好的地方,严禁在有易燃、易爆物品周围施焊。

B. 电焊机一次线长度应小于 5 m,一、二次侧防护罩齐全。

C. 焊机二次线应选用 YHS 型橡皮护套铜芯多股软电缆。

D. 手柄和电缆线的绝缘应良好。

E. 电焊变压器的空载电压应控制在 80 V 以内。

F. 操作人员必须持证上岗。施焊人要有用火证和看护人,必须穿绝缘鞋和戴手套,使用护目镜。

手持电动工具依据安全防护的要求分为Ⅰ、Ⅱ、Ⅲ类。

Ⅰ类手持电动工具的额定电压超过 50 V，属于非安全电压，所以必须做接地或接零保护，同时还必须接漏电保护器以保安全。

Ⅱ类手持电动工具的额定电压超过 50 V，但它采用了双重绝缘或加强绝缘的附加安全措施。双重绝缘是指除了工作绝缘以外，还有一层保护绝缘，当工作绝缘损坏时，操作人员仍与带电体隔离，所以不会触电。Ⅱ类手持电动工具可以不做接地或接零保护。Ⅱ类手持电动工具的铭牌上有一个"回"字。

Ⅲ类手持电动工具是采用安全电压的工具，它需要有一个隔离良好的双绕组变压器供电，变压器副边额定电压不超过 50 V，所以Ⅲ类手持电动工具也不需要做接地或接零保护，但一定要安装漏电保护器。

(9) 手持电动工具安全技术交底。

A. 手持电动工具的开关箱内必须安装隔离开关、短路保护、过负荷保护、漏电保护器。

B. 手持电动工具负荷线，必须选择拉头的多股铜芯橡皮护套软电缆。其性能应符合 GB1169—74《通用橡套软电缆》的要求。其中绝缘／黄双色线在任何情况下只能用作保护线。

C. 施工现场优先选用Ⅱ类手持电动工具，并应装设额定动作电流不大于 15 mA，额定漏电动作时间小于 0.1 s 的漏电保护器。

(10) 特殊潮湿环境场所作业安全技术交底。

A. 开关箱内必须装设隔离开关。

B. 在露天或潮湿环境的场所必须使用Ⅱ类手持电动工具。

C. 特殊潮湿环境场所电气设备开关箱内的漏电保护器应选用防溅型的，其额定漏电动作电流应小于 15 mA，额定漏电动作时间不大于 0.1 s。

D. 在狭窄场所施工，优先使用带隔离变压器的Ⅱ类手持电动工具，必须装设防溅型漏电保护器，把隔离变压器或漏电保护器安装在狭窄场所外边并应设专人看护。

E. 手持电动工具的负荷线要用耐气候型的橡皮护套铜芯软电缆并不得有接头。

F. 手持式电动工具的外壳、手柄、负荷线、插头、开关等必须完好无损，使用前要做空载检查，运转正常方可使用。

3. 机具准备

根据施工需要及施工总进度计划，我们将有组织地提前做好提升机械、搅拌机械、砼捣制机械、场内运输机械、吊装机械、预应力张拉机械、钢筋加工机械等有关机械以及钢管、钢模、扣件等三大工具进场工作，以满足施工生产的需要。

4. 其他准备工作

1) 技术准备

组织技术人员认真熟悉图纸，充分领会设计意图并会同业主、设计院、监理公司做好图纸会审工作，了解施工程序，编制好切实可行的分部分项工程施工方案及施工进度计划网络图，做好主要分部分项工程的技术交底工作，准备好施工需要的标准图集、规范以及常用的空白表格资料。

建立测量控制网，认真做好轴线及标高控制，并经常核实坐标控制点。在施工过程中，认真做好建筑物沉降观测，提供准确数据，为施工服务。

2) 材料准备

根据施工进度计划要求和施工需要，提前向物资部门提供各种材料的需用量计划，及时组织材料进场，并做好各类材料质量检验工作，严把质量关，确保整个工程优质。

3) 试验计量准备

提前做好砼、砂浆级配及砂、石的检验，做好原材料、钢筋焊接试验工作，为各项工序顺利施工做好准备，并在现场设置标准养护池，做好砼、砂浆的试块养护及各类实验计量工作。各种测量仪器及计量仪器应提前送到法定部门检验核验，确保计量准确。

8.3.3 施工部署

1. 施工管理组织机构与劳动力安排

为优质、高效地完成施工任务，我公司将加大管理力度，将本工程列为我公司"重点工程"，我们将成立"都市假日三标段工程项目经理部"，由公司派出施工经验比较丰富的管理人员和技术人员组成该项目部，项目经理部下设财务科、工程技术科、质量安全科、物资供应科、经营计划科、水电安装办公室、计量实验室等"五科两室"职能部门。

项目经理在工程进度、质量、安全、文明施工等方面实施全面管理，严格按照项目法和 ISO 9002 标准进行施工，采用"专人负责、目标管理"的工作原则，有针对性地制定分项分部工程的施工措施，将工程高效、优质地完成。

项目管理组织机构与劳动力投入计划安排详见图 8-5 所示项目管理组织机构图及表 8-4 所示的劳动力配备计划表。

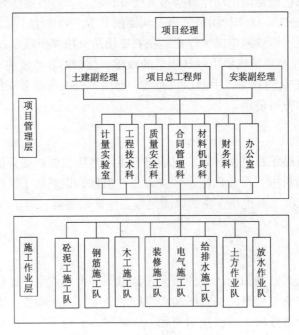

图 8-5 项目管理组织机构图

表 8-4　劳动力配备计划表　　　　　　　　　　　　　　　单位：人

施工阶段	基础	主体	砌体	屋面	装饰	楼地面	水	电
普工	30	35	30	18	30	30		
泥工	40	40	40	10	50	50		
木工	25	28	8	8	13	2		
钢筋工	18	22	4	4	2	4		
砼工	28	28	6	6				
焊工	8	8	8	4	2		2	
架子工	12	16	16	16	18			
油漆工					18			
防水工				8		8	4	
电工		12			6			16
水工		4			15	15		

（各主要工种劳动力安排）

2. 施工计划

1) 施工顺序安排

根据本工程的特点，我公司将在基础土方开挖完工后，立即进行预制构件和基础墙体砌筑，为了保证工期要求，将集中足够的人力，组织好各工序间的流水施工。

2) 现场劳动力、物资调配

(1) 根据本工程的特点，在满足工程顺利进行的同时作业班组互相调配，使劳动力达到最佳的利用率。

(2) 现场物资材料按集中采购、集中使用的原则进行，设统一的砼搅拌场、砂浆搅拌站场，材料统一加工，确保工程质量的稳定。

3. 工程进度计划控制

根据本工程的工作内容，结合我公司施工同类工程的经验，在认真分析的基础上，决定在 180 个日历天内完成本工程的土建、安装、装饰施工任务。为有效地控制工程总进度，特设以下进度控制点。

工程开工　　　　　　　　　　　开工日期 2020-05-01
基础完工　　　　　　　　　　　开工后第 30 d
结构封顶　　　　　　　　　　　开工后第 100 d
装饰及其安装工程完成　　　　　开工后第 176 d
工程竣工验收　　　　　　　　　开工后第 200 d

为确保工期，将采取以下措施。

(1) 对各分部分项工程计划进行认真编排，基础及主体工程施工人员按两班制进行施工。

(2) 制订施工计划，保证分部分项工期。分部工期保证阶段工期、阶段工期保证总体工期，始终将工期控制在预定的目标内。

(3) 按照施工计划，充分合理地利用人、财、物资源，抓紧关键工序施工，并安排土建、

安装、装饰穿插交叉作业。

(4) 做好材料、设备的采购供应工作，满足施工要求，保证工序连续作业。

(5) 最大限度地发挥施工设备及机具的效率，做好机具设备的检修、保养工作。

(6) 上一道工序必须为下一道工序创造工作面和施工条件，做到紧张而有序地施工，努力缩短每个分部工程的施工周期，以确保总工期的实现。

4. 经济技术节约措施

1) 合理地组织施工，正确选择施工方案，提高施工管理水平

在施工之前首先做好施工准备阶段的管理工作，编制分部分项及特殊工序施工方案，编制工程施工预算，落实施工任务和组织材料采购工作，做出施工全面规划和部署，采取先进的施工方法、施工工艺、技术组织措施，选择最优方案。

2) 落实技术组织措施

为了保证技术组织措施计划的落实，并取得预期的效果，在项目经理的领导下，充分发动群众进行讨论，提出切实可行的措施，最后由项目经理召开有关负责人参加的会议讨论，做出决定，成为行之有效的措施。

3) 提高劳动生产率

(1) 提高职工的技术水平和劳动熟练程度。

努力提高项目经理部管理人员和生产工人的管理水平、业务能力和劳动熟练程度，是降低工程成本、提高经济效益的关键。因此，我公司在施工中特别注重加强职工的政治思想工作，开展劳动竞赛，实行合理的工资奖励制度，以调动广大职工群众的积极性，有效地提高职工的技术水平和劳动熟练程度，并注意不断地改善生产劳动组织，以老带新，产生最大劳动效率。

(2) 提高设备的利用率。

充分利用施工机械设备，发挥现有施工机械设备的效能，加快施工进度，缩短工期，降低成本，提高经济效益。

4) 节约材料消耗

在确保工程质量的前提下，采取以下有效措施。

(1) 改善技术操作方法。

(2) 推广节约能源的先进经验。

(3) 推广应用新技术、新工艺、新材料、新设备。

(4) 制定消耗定额和加强材料管理力度。

(5) 保证工程质量，减少返工损失。

认真贯彻"百年大计，质量第一"的宗旨，严格按照 ISO 9002 标准进行全面质量管理，建造业主满意的工程。

5. 质量目标

本工程是我公司在武汉市施工的重点工程，公司本着"追求质量卓越，信守合同承诺，保持过程受控，交付满意工程"的质量方针，牢牢把住材料进场质量关、每道工序施工质量关和成品保护三大关，严密组织，精心施工，创出精品。

工程创优计划：市级优质工程。

单位工程合格率：100%。

分部工程优良率：75%。

8.3.4 主要分部分项工程施工方法

1. 施工测量

本工程为四栋住宅楼，分栋拟定建筑施工平面定位控制网，用直角坐标投测完成。

以建设单位提供的平面和高程控制点为依据，根据设计对本工程平面坐标和高程的要求，准确地将建筑物的轴线与标高反映在施工过程中，严格按工程测量的规范要求，依先主体后局部的原则对整个工程进行整体控制，再进行各区段控制点加密和放样工作。

1) 测量仪器

根据本工程的特点，距离测量采用经纬仪，高程控制采用精密水准仪，轴线控制采用经纬仪，主要的测量器具如表 8-5 所示。

表 8-5 主要的测量器具一览表

仪器名称	型号	数量/个	精度	用途
经纬仪	J2	2	2"	角度测量
精密水准仪	NI005	2	±0.5mm/1km	沉降测量
水准仪	DSZ2	1	±1.5mm/1km	水准测量
钢卷尺		4	经计量局检验合格	垂直、水平距离测量
线 锤		4		垂直度控制

注：仪器均在计量局检验规定周期内，50 m 钢卷尺为计量局检验的专用标准钢卷尺。

2) 控制测量

(1) 基础开挖控制测量。

根据业主移交的测量控制网资料，以及建筑总平面图、轴线和基础平面图来确定施工测量控制网，用全站仪坐标法放样矩形控制网角点，经过平差计算，精度符合要求后再定位其他轴线控制点，在场内适当的位置设置永久性标识，并将轴线方向用红三角标定，设定基础开挖期间的测量定位平面图。

(2) 结构施工控制测量。

当土方工程结尾时，利用 J2 经纬仪将四周的控制点轴线转移至坑内，以控制开挖及坑底处的平面位置。根据高程控制点，利用 DSZ2 水准仪控制挖深和清底，经验槽后开始垫层施工。

垫层施工时，依据就近原则将方格网中的控制轴线用经纬仪投至坑底的施工区域内，基坑的轴线即从附近的控制轴线通过经纬仪和钢尺测出。控制轴线在施工前用木桩钉设标定，当一部分垫层施工完后可直接在垫层上弹墨线。木桩钉设的控制轴线使用期限不得超过 2 d，且每次使用前必须校核木桩有无移动。

垫层施工后，地面上的矩形控制网必须全部引测到基坑内，基础施工完毕后，下一步测量时首先进行外围轴线、标高控制点的复核。确认控制点无误后，利用 NI005A 精密水准仪、全站仪和经纬仪将标高控制点、轴线施放到基础表面上，并设立建筑物高程控制点。外部控制点检验复核，保持系统的精确度。

(3) 高程控制测量。

土方开挖前先根据水准点在施工场区周围建立首级水准控制网，本工程首级水准控制由七个以上的水准控制点组成。水准控制点设定在场区四周稳固的建筑物以上，在场区外侧较远的建筑物上设置两个永久性的水准点，以作为首级控制网的监测点。在基础施工全过程中应定期检测首级控制网，并根据沉降量对控制点的标高进行调整，以确保准确。

基础施工阶段先根据首级水准控制网在基础四周的围墙上建立二级水准控制网，施工时依据就近原则，从施工区域附近的二级水准控制点引测施工控制标高与相邻的二级水准点进行对照闭合。一层结构施工完后，立即将建筑物±0.000 标高引测至一层结构内，施工各层间高程传递由结构干墙或柱处引测，用钢卷尺丈量，每层用水准仪抄平，弹出+500 mm 处水平线。

3) 沉降观测

根据《工程测量规范》及设计要求，在建筑物相应位置布设沉降观测点，观测点标高为 0.3 m。在建筑物周围布设三个水准点作为工程基点，在首层结构施工时在本结构施工图规定的位置埋设沉降观测点，并保证观测点牢固不动，便于放尺，通视良好，观测方便。

沉降点布置好后，按水准测量要求观测。第一次观测至少测两个测回，待符合精度后，再进行误差分配，并填写好沉降观测记录表。以后每施工完一层结构观测一次，主体结构封顶后每月观测一次。建筑物竣工后的观测：第一年不少于三次，第二年不少于两次，以后每年一次直到下沉稳定为止。特别情况需增加观测次数，并及时整理施测数据，编制成果表，作为竣工资料的归档。

2. 基础工程

1) 土方开挖

(1) 为加快工程进度，我公司将组织三班人力同时挖基槽及基坑，开挖纵向推进。

(2) 土方工程开工前对施工现场地上、地下障碍物进行全面调查，并制订排障计划和处理方案；根据施工图纸及轴线桩测放基槽及基坑开挖上下口的白灰线。

(3) 对于现场水沟，将其中的淤泥全部挖走，以确保地基承载力。

(4) 在土方开挖过程中，施工做到随时清理、随时验槽。

(5) 土方开挖做到文明施工，运输道路保持清洁。

(6) 所有基槽及基坑开挖后，经业主、设计院、质监站、勘察单位及监理验收，验收合格后，才能进行垫层施工。

(7) 基槽及基坑严禁泡槽和晾晒，遇异常情况立即通知设计院现场处理。

(8) 要求每层严格进行质量检验，做好检测，并将检测结果报质检有关部门认可后方可进行基础施工。

2) 砼垫层

基槽及基坑验收工作完成后，立即浇砼垫层。

砼垫层采用平板振动器捣密实，注意控制标高，做到表面平整，并提浆压实打毛。

砼扩建层施工紧随基槽施工，验收一块，浇筑一块，尽量减少基槽暴露时间。

砼垫层标高用水准仪严格按设计标高控制，并做好浇水后的养护工作。

砼垫层完成后将轴线、基础梁边线投设到垫层上去，以确保基础梁及承台的正常施工。

室内地坪、散水坡基层处理及土方回填。

先用重锤夯实新近填土区自然地面，压实系数 0.94 承载力标准值要求达 130 MPa，然后用素分层夯实至基层顶标高。每层虚铺厚度为 250 mm，压实系数不少于 0.93，承载力标准值不小于 120 kPa。

若遇地面基层以下不足 500 mm 即为 5 或 6-1、2 层膨胀土，则须清除一定厚度的膨胀土，使到土厚度达 500 mm 以上，所有用以回填的素土不得有膨胀性。

3．主体工程

1）钢筋工程

(1) 钢筋质量要求。

本工程中钢筋混凝土结构所用的国产钢筋必须符合国家有关标准的规定或设计要求。

所供钢材必须是国家定点厂家的产品，钢筋必须批量进货，每批钢材出厂质量证明书或试验书需齐全。钢筋表面或每捆(盘)钢筋应有明确标志，且与出厂检验报告及出厂单必须相符，钢筋进场检验内容包括查验标志、外表观察，并在此基础上，再按规范要求每 60 t 为一批抽样做力学性能试验，合格后方可用于施工。

钢筋在加工过程中，如若发现脆断、焊接性能不良和力学性能显著等不正常现象，应根据现行国家标准进行化学分析检验，确保质量达到设计和规范要求。

(2) 钢筋加工场地及运转方式。

现场设钢筋堆放场，用作原材料的统一堆放，钢筋加工场地和堆放场地见施工总平面布置图，现场设加工及水平焊接设备 1 套进行现场加工，大部分加工半成品直接运至施工现场，尽量减少加工半成品的二次转运。

(3) 钢筋翻样及加工。

根据图纸及规范要求进行钢筋翻样，经技术负责人对钢筋翻样料单审核批准后进行钢筋加工制作。翻样时各构件中间的相互关系需要按照设计和规范要求，确定钢筋相互穿插避让关系，解决首要矛盾，做到在准确理解设计意图的基础上，执行施工规范要求的施工作业。

(4) 钢筋堆放。

钢筋主要采用人工运转方式，按集中采购、集中配制、集中堆放的原则，下好料后，按规格、型号分类堆放整齐，并挂牌注明其使用部位及规格，堆放钢筋垫设 150 mm 高的木方。

(5) 钢筋绑扎。

绑扎钢筋时，严格按照设计及规范要求进行，其搭接长度和锚固长度满足设计及规范要求。绑扎时做到画线定位，梁柱钢筋节点绑扎。

钢筋的级别、直径、根数和间距均要符合设计要求，绑扎或焊接的钢筋骨架，钢筋网不能出现变形、松脱与开焊，结构洞口的预留位置及洞口加强处理必须按设计要求做好，并做好根部定位固定。抗震节点的钢筋按规范正确设置与绑扎，钢筋绑扎严格按施工图、验收规格、操作规程和施工作业指导书进行，并垫好垫块。

柱、梁节点处钢筋密集、交错，在绑扎前放好样，以保证该部位负筋绑扎质量，注意成品保护。

(6) 钢筋接长。

本工程水平钢筋通长尽量避免接头，如局部配料出现接头，优先采用对接焊头，焊接点为钢筋受力最小的部位。

框架柱钢筋采用电渣压力焊接头，上部钢筋采用搭接焊接头。

(7) 接头检验。

钢筋焊接接头均要按规定数量取样，做抗拉和冷弯试验。

(8) 钢筋检查。

钢筋绑扎完工后，重点检查以下几方面。

- 根据设计图纸检查钢筋的型号、直径、根数、间距是否正确，特别检查支座负弯矩筋的数量。
- 检查钢筋接头的位置及接头长度是否符合规定。
- 检查钢筋保护层厚度是否符合要求。
- 检查钢筋绑扎是否牢固，有无松动现象。
- 检查钢筋是否清洁。

(9) 施工配合。

钢筋施工的配合主要是木工及架子工的配合，一方面钢筋绑扎时应为木工支模空间，并提供标准成型的钢筋骨架，以使木工支设模板时，能确保几何尺寸及位置达到设计要求；另一方面模板的支设也应考虑钢筋绑扎的方便。另外，必须重视安装预留预埋的适时穿插，及时按设计要求绑扎附加钢筋，以确保预埋准确，固定牢靠，更要做好看护工作，以免被后续工序破坏。混凝土施工时，应派钢筋工看护钢筋，保证钢筋保护层厚度符合规范要求，插筋位置准确。

(10) 质量保证措施及注意事项。

在整个钢筋工程的施工过程中，从材料进场、存放、断料、焊接至现场绑扎施工，将责任落实到每个人，制定层层严把质量关的质量保证措施。

在钢筋工程控制措施中，项目各关联部门的职责如表 8-6 所示。

表 8-6 相关部门质量职责表

相关部门	质量职责	备注
技术组	编制现场详细施工指导方案，在施工中监督贯彻执行，发现问题及时解决，把好翻样质量关	
材料组	必须有出厂证明和复试报告，材料入场按规范检查外观质量和取样送检，保证规范、数量无误	
施工组	监督施工，合理安排各工种和工序的搭配，各组员对所负责施工段的施工质量负责	
质安组	对全部工程的施工质量进行监督和负责，并负责施工现场的人、物的安全	

钢筋加工、连接及绑扎施工中应注意以下几点。

- 钢筋加工的形状、尺寸必须符合设计要求，钢筋的表面确保洁净、无损伤、无麻孔斑点、无油污，不得使用带有颗粒状或片状老锈的钢筋。
- 钢筋的弯钩按施工图的规定执行，同时满足有关标准与规范的规定。
- 钢筋加工的允许偏差对受力钢筋顺长度方向为+10 mm，对箍筋边长应不大于+5 mm，以免造成困难以及对模板支设不利的影响。
- 钢筋加工后应按规格、品种分开堆放，并在明显部位挂识别标记，以防错拿。
- 钢筋焊接时，必须根据施工条件进行试焊，试验合格后方可正式施焊；受力钢筋的焊接接头在同一构件上应按规范和设计要求相互错开足够的距离。
- 雨天钢筋焊接要根据规范要求和钢筋材质的特点采取科学有效的保护措施，以保证焊接质量达到设计和规范的要求。
- 对重要节点等部位的钢筋绑扎，施工前编制详细的绑扎把关规范，以防出现钢筋规格错项和钢筋数据错漏。
- 按规范和设计要求设置垫块。
- 混凝土浇筑过程中，设专职钢筋看护，对偏移钢筋要及时修正。

2) 模板工程

(1) 模板工程是一项重要的分项工程，它是砼早期未达到强度的寄生物，必须有足够的强度、刚度、支撑面积和稳定性，应有平整度、水平度、形状及几何尺寸的准确性。现浇梁板采用钢模及竹胶板，不含模数处配木模板处理。

(2) 支撑必须在坚实的基础上，支撑连接牢固，严格按 500 mm 线控制标高，按轴线定位拉线检查，用线锤检查垂直度。

(3) 本工程采用三套模板，以便周转使用。

(4) 框架柱、梁、板采用定型模板，对号入座。拆除模板时，要满足一定的设计强度后才能拆除，所有的悬挑构件必须强度达到 100%后才能拆除，拆除的模板应整理好，刷好隔离剂，以便上层重复使用。

(5) 有关注意事项如下。

- 模板支设前，对钢筋规格、数量、种类进行全面检查，办好隐蔽记录手续，对班组进行详细的技术交底。
- 严格按照已弹出的轴线、边线进行支模。
- 整个体系要有足够的稳定性、刚度及强度。
- 接缝严密、不易漏浆。
- 模板支好后，要检查所有预埋件是否已经按要求埋好，预留孔洞位置留设是否正确。
- 拆模时，砼强度必须大于 1.2 Mpa，时间不少于浇筑后 2 d；拆模后，及时对模板进行修整及擦油。

3) 混凝土工程施工方案

(1) 混凝土的试配与选料。

本工程混凝土强度等级主要为 C10、C20，为确保工程质量，应严格控制材料质量，选用级配良好、各项指标符合要求的砂石材料，水泥选用同品种、同标号产品。

　　进场后，立即组织对标材料的选择试验并参考以往的施工级配，按照施工进度可能遇到的气候、外部条件变化的不利影响，优化配合比设计，并做好施工前期的准备工作。

　　本工程混凝土采用现场搅拌，小型翻斗车送料。

　　(2) 混凝土浇筑。

　　按施工区段，分区段浇筑，在每一施工段内，一次性浇筑完毕，不留冷缝。

　　每个构造柱同时浇筑砼，柱砼浇筑同时外搭溜槽下料，从柱门洞下料，洞柱高设 1~2 个振动点。

　　(3) 砼浇捣。

　　板采用平板振捣器，柱、梁采用插入式振捣器，振捣时快插慢拔，以砼表面不再明显下沉、出现浮浆、不再冒气泡为止。

　　(4) 砼施工缝的留设。

　　构造柱不准留施工缝。现浇板及梁按施工规范的规定留设。

　　(5) 砼养护。

　　砼初凝后，及时浇水养护 7 d 以上，遇雨天及高温天气，采取覆盖保护措施。

　　(6) 记录。

　　砼施工期间，做好砼施工记录，写好砼施工日记。按规范要求留置试块，并及时将到期砼试块送往实验室做砼抗压强度检测，及时整理试验报告。

　　(7) 质量保证措施及注意事项。

　　使用混凝土骨料级配、水灰比、外加剂以及其坍落度、和易性等，应按《混凝土配合比设计技术规程》进行计算，并经过试配检验合格后方可确定。

　　混凝土的拌制，必须注意原材料、外加剂的投料顺序，严格控制配料量，正确执行搅拌制度，特别是控制混凝土的搅拌时间，以防因搅拌时间过长而出现离析的现象。

　　严格实行混凝土浇灌制度，经过技术、质量和安全人员检查各项准备工作，如施工技术方案准备、技术与安全交底、机具和劳动力准备、柱底处理、钢筋模板工程交接、水电、照明以及气象情况和相应技术措施准备等，经检查合格后方可签发混凝土浇筑令。

　　注意高标号混凝土和低等级混凝土的施工配合，使两者交接面质量达到设计要求。

　　柱浇捣时，混凝土的浇捣必须严格分层进行，严格控制时间，视规范实施，钢筋密实处，尽可能避免浇灌工作在此停歇或分班分工交接，确保混凝土的浇捣密实。

　　雨天浇捣混凝土时，要由专人负责混凝土的保护工作，技术负责人和质检员负责监督其养护质量。

　　按我国现行的《钢筋混凝土施工及验收规范》中的有关规定进行混凝土试块制作和测试。

　　4) 脚手架工程

　　(1) 外脚手架。

　　根据本工程的特点和经济实用的原则，全部采用钢管双排脚手架。

　　(2) 内脚手架。

　　内墙装修采用简单脚手架

　　(3) 材质要求。

　　所有脚手架材料杆件采用 Φ48×3.5 钢管，其化学成分和机械性能应符合国家标准《普通碳素钢技术条件》(GB700—1988)要求。

(4) 脚手板。

脚手板采用竹夹板，它由宽为 5 cm 的竹片侧叠而成，沿纵向每隔 50～70 cm 用直径 10 mm 的螺栓栓紧。

(5) 搭设要求。

◆　搭设前对所用的钢管和扣件必须进行认真挑选，凡有裂纹、弯曲、变形、滑丝、砂眼、夹灰等材料，严禁使用。

◆　脚手架及安全挡板必须在边绷处纵横相交点用铅丝绑扎牢固。

◆　立杆要搁在混凝土垫块或红砖上，并搭好扫地杆，底部立杆要采用长度不同的钢管，避免接点在同一杆高，要使扣件与钢管扣牢固，接触良好，扣件与钢管的贴合面必须严格整形。

◆　架子与主体结构必须拉结牢固，水平方向每 3.6 m 间距、垂直方向每 3.6 m 设一拉撑点拉牢。

◆　架子外侧及作业层底全部设防护安全竹笆及防护安全网。

◆　沿脚手架纵向两端及转角处，必须用斜杆搭设剪刀撑，自上而下连续设立，斜杆用长钢管，与地面成 45°～60° 夹角。

(6) 制定脚手架拆除方案，并认真地向操作人员进行安全技术交底。拆除时设警戒区，设置在明显处，并设专人警戒，拆除自上而下进行，避免上下同时作业。连墙点必须与脚手架同步拆除，不允许分段、分立面拆除。拆下的扣件和配件及时运至地面，杜绝高空抛掷。

5) 砌体工程

本工程砌体材料采用灰砂砖和砼加气块。

砌筑方法如下。

(1) 所用材料(砖、水泥、砂)必须有出厂合格证，且按要求取样进行试验，试验合格后方可使用。

(2) 按图纸要求定出墙体轴线及边线，立好皮数杆，以后按砌块排列图依次吊装砌筑。每层砌自由式从转角处开始，应吊向上皮、校一皮，皮皮拉线控制砌体标高和墙面平整度，砌筑时做到横平竖直、砂浆饱满，接槎可靠、灌缝严密，并按要求设置拉结筋。

(3) 砌筑时，结合图纸做好有关预留预埋工作。

4. 屋面工程

本工程屋面防水在主体结构完工后，立即组织施工。屋面防水工程的施工，按下列程序进行：结构层表面清理冲洗→找平层施工→屋面保温层→水泥砂浆找平层→改性材料防水层→屋面面层。

找平层：找平层施工前，清扫附着层表面，不允许留灰疤、残渣、杂物，并且浇水润湿处理，洒水要均匀，保证附着层湿润，不能过分浇透而出现积水现象。

找平层所用材料，水泥用矿渣盐水泥，砂用中粗黄沙，含泥量不得超过 3%。给配良好，搅拌均匀。找平层施工时配合水准仪控制标高，按照设计坡度要求拉线做灰饼，顺着排水方向冲筋，间距 1.5 m，排水沟、雨水口处找出泛水。

找平层施工：找平层的砂浆铺浆按由远而近、由高到低的顺序进行，最好在每个分格内一次连续铺成，用 2 m 长的木方条搓平，凝前完成。雨水口处应比屋面低 1～2 cm，保证防水层施工完好无积水现象，屋面阴角处做成平缓半圆弧形，以便油毡施工。

养护：找平层施工完毕，终凝压实后常温下 24 h 即应浇水养护，养护时间不得低于 7 昼夜，待干炽后转入下一道工序。

细部做法：贴卷材前雨水口、通气管、斜沟、天沟及屋面阴角圆弧处、分格缝处，坡形屋面严格按设计要求施工。

5. 门窗工程

1) 木门

(1) 选择的生产厂家应具有建管部门审发的门窗生产加工检验资质证。

(2) 出厂门有出厂合格证，木材的含水量不大于 15%。

(3) 门装入洞口横平竖直，外框与洞口窗隙大于或等于 20 mm。

(4) 门窗框与洞口接触处应刷防腐油及防蚁处理。

(5) 木砖安装，门窗边至少 3 块，窗每边至少 2 块，中砖中距未小于 700 mm。

2) 塑钢窗

(1) 塑窗材料应按国家规定的标准选择。

(2) 塑钢窗装入洞口横平竖直，外框与洞口应弹性连接牢固，不得将门窗外框直接埋入墙体。

(3) 安装密封条时应留有伸缩间隙，一般比装配边长 20～30 mm，在转角处应斜面断开，并用黏结剂贴牢固，以免产生收缩裂缝。

(4) 门窗外框与墙体的缝隙填塞应采用矿棉条或玻璃棉毡分层填塞，缝隙外表留 5～8 m 深槽口，填嵌密封材料。

6. 楼地面工程

施工顺序：杂物清理干净→冲洗→素水泥浆结合一道→按 50 cm 线做灰饼→1∶2 水砂砼层不收光。

所用材料必须符合要求，中粗黄沙要过筛，水泥要有合格证，配合比要试验，严格计量，控制水灰比。

施工前将基层清刷干净，浇水湿润一昼夜，扫干余水后，涂刷水泥浆一道，弹出地面 50 cm 控制线，地面线标出标筋，用 1∶2 水泥砂浆装档，用木杠刮平，然后洒一层干水泥搓平。待砂浆初凝后压两三遍，待砂浆终凝后再铺一层锯末，养护 12 d。

底层地面的基土必须夯实，铺 6 cm 碎石夯于土中，浇筑 C10 混凝土垫层，1∶2 水泥砂浆，终凝后洒水养护。

质量要求如下。

(1) 面层与基层要求黏结牢固，无空鼓、裂缝、脱皮、起砂、麻面等缺陷。

(2) 表面应平直，阴角处应方正，表面密实应光滑，颜色一致，表面与踢脚上口应搓平压光，不得有气泡、龟裂、砂眼和接槎不平等缺陷，有地漏的房间坡度必须正确，避免有倒泛水现象。

成品保护方法如下。

尽量避免在刚施工的地面上作业，以免损坏，严禁重物碰击已施工的地面，后续工序施工时不得污染前道工序面层。

7. 装饰工程

1) 室外装饰工程

(1) 墙面砖工艺流程如下。

基层处理；吊垂直、套方、找规矩；贴灰拼；抹底层砂浆；弹线分格；排砖；镶贴面砖。

饰面砖大面积施工前应先放样并做样板，鉴定合格后方可大面积施工。饰面砖应提前浸水，并晾干备用。

当基层为砼时，应先将砼墙面凿毛或采取如下"毛化处理"办法：先清扫表面尘土、污垢，用 10%火碱将油污刷掉，随之用净水洗净碱液，晾干，然后将 1∶1 水泥细砂浆内掺环保型胶黏剂用扫帚甩到墙上，终凝后浇水养护。

打底时以灰饼为基准点冲筋，然后分两遍抹底灰，底灰终凝后浇水养护。

弹分格线时，待底灰六七成干时按设计要求进行，同时进行面层贴标准点的工作，以控制面层出墙尺寸及墙面垂直、平整。排砖据大样图及墙面尺寸进行，应保证缝隙均匀。非整砖应排在次要部位，如窗间墙或阴角处等，遇突出卡件应用整砖套割吻合。

镶贴饰面砖时，在每一分段或分块内应自下向上镶贴，面砖外皮上口拉水平通线，作为镶贴的标准。

背面刮上 5 mm 厚黏结砂浆，贴上后用夹铲轻轻敲打，使之附线，再用开刀调整竖缝，并用小杠通过标准点调整平面垂直度。

(2) 外墙涂料。

外装饰的主要顺序为：备料→确定水泥砂浆配合比→墙面冲筋→抹底层→抹表面层→收光→外墙涂料→拆外脚手架。

材料要求：外墙涂料和颜色符合设计要求，进场后堆放在指定地点，不得污染、混杂。

外墙涂料施工操作要点如下。

A. 在做涂料前应提前做好施工脚手架，墙上顶留孔洞及预埋要处理完毕，墙面必须清洗干净并收光，脚手眼要堵好，并喷水湿润。

B. 确定砂浆配合比，现场派专人搅拌。

C. 从顶层用大线按吊线垂直，然后分层抹灰饼，横线则以楼层为水平基线找规矩，使其抹灰面层做到横平竖直，按已抹灰为依据冲筋，表面找平搓毛，终凝后浇水养护。

D. 按图纸要求弹线分格，墙面分格缝应上面贯通，左右水平交圈，大小、深浅一致。

质量要求如下。

A. 底层与基层间要黏结牢固，不得空鼓，每层不得有裂缝。

B. 缝的宽度、深度一致，不得错缝，做到线条清晰，平直方正圆滑。

C. 颜色均匀一致，顺直美观。

D. 各种允许偏差项目不得超过规范的规定。

2) 内装饰工程

内装饰的主要施工工序为：安装木门、塑钢门窗→天棚勾缝、抹灰→门窗口护角、门窗口塞缝→水管和管线安装→墙面抹灰→水泥砂浆楼地面→各种地面养护→安装门窗扇→安装玻璃→做内墙涂料→门窗油漆。

(1) 木门框安装前刷防腐油一道，门扇安装时要刷好门下口底漆。

(2) 安装窗框时必须由上至下吊垂线,用平水仪测水平线,做到横平竖直。

(3) 门窗口用石棉水泥塞缝,墙面施工前要做好清理杂物工作,天棚要浇水湿润,用107刮素浆结合一道,增强黏结率,要用木尺刮平,用搓板搓实。砖墙要提前一天浇水湿润,底层要抹牢,以防空鼓。各抹灰层要黏结牢固,表面平整,立面垂直,阴阳角套方正,手感光滑无爆灰现象。

8. 水电安装工程

水电地墙管随结构施工交叉埋设,上下水管经过楼板时预留孔洞,配合土建施工留准、留齐,不得任意剥凿,室内抹灰前上下水管卡安装好。屋面防水层施工前,先安装污水透水管,使屋面防水层施工一次成活。以下以电气部分为例进行说明。

1) 施工阶段

(1) 配电箱。

本工程照明及动力箱工作环境为露天、粉尘,环境温度为-10 ℃~60 ℃,故要求配电箱有良好的封闭性能,箱体表面防腐性良好,有足够的机械强度。门上安装弹簧键,使门关上后,密封垫能绕门接触表面,以达到箱体密封效果,装在外面的金属把手、活页、螺丝或螺丝帽应镀锌。

A. 安装前,应检查配电箱有无出厂合格证,其铭牌应标有制造厂名、型号、规格,附件和备件是否齐全,元器件有无损坏情况。

B. 配电箱内外应清洁、整齐,部件齐全,油漆完好。

C. 箱体严禁用气割开孔,必要时用机械开孔。

D. 装有器件的可开启箱门,箱应用软铜线做接地保护。

E. 配电箱的安装标高设计要求,支架应做防腐处理,箱体与支架固定牢靠。

F. 配电箱上应标明用电回路名称,箱内接地排与中性排不得混接,回接线应正确、牢固,箱体应有明显的接地或接零保护。

G. 线管与箱体应用专用的锁紧螺母固定。

(2) 配管。

A. 施工前应检查管材的质量,外观有无严重锈蚀、折扁、裂缝,管内是否有毛刺和铁屑,管壁厚薄是否均匀,镀锌是否均匀、光滑,有无严重脱落现象。

B. 如在加工过程中破坏了线管的镀锌,在安装完后应重新刷油漆。

C. 明配管不得在发热体内表面敷设,水平或垂直敷设的管路允许偏差值,如在2 m内均为3 mm,全长配管偏差不应超过管子内径的1/2。

D. 在多尘和潮湿场所的管口,管子连接处及不进入盒(箱)的垂直敷设的上口穿线后都应密封处理。

E. 进入盒(箱)的管子应顺直,并用锁紧螺母或护口帽固定,露出锁紧螺母的丝扣为2~4扣。

F. 与设备连接时,应将管子接到设备内,如不能接入时,应加接保护软管引入设备内,并须采用软管接头连接。

G. 在室外或潮湿的场所,管口处应加防水弯头,以便人穿行,对管路长度超过45 m;管路长度超过30 m,有一个弯曲时,管路长度超过20 m;有两个弯曲时,管路长度超过12 m;

有三个弯曲时，均应在中间加装接线盒。

H. 配管的弯曲半径一般不应小于管外径的 6 倍，管径弯曲处不应有折皱、凹穴等缺陷，弯扁程度不大于外径的 10%，配管接头不应设在弯曲处。

I. 镀锌钢管不准用热煨弯以免使锌层脱落，套丝连接的管接头两端应跨接地线，成排管路之间的跨接线圆钢截面应按大的管径规格选择，跨接圆钢应弯曲成与管路形状相近的圆弧形进行跨接。

J. 明装成套配电箱应采取管端焊接接地螺栓后，用导线与箱体连接。接地跨接线焊缝面积不应小于跨接线截面，圆钢焊接时应在圆钢两侧焊接，不准用电焊点焊束节来代替跨接线连接。

K. 配管应符合防爆要求，管子连接螺纹合应不少于 5 扣。

(3) 穿线。

A. 穿在管内的绝缘导线额定电压不应低于 500 V，按标准，黄色、绿色、红色分别为 A、B、C 三相色标，黑色为零线，黄绿相间混合线为接地线。

B. 管内导线总截面面积(包括外扩展)不应超过管截面的 40%，同一交流回路的导线必须穿在同一条管内。

C. 穿管前应将管中积水及杂物清除干净。

D. 在割开导线绝缘层进行连接时，不应损伤线芯，导线的头应在接线盒内连接。不同材料的导线不应直接连接。分支线接头时，干线不应受到支线的横向拉力。

E. 单股铜线与电报导器具端子可直接连接，截面超过 2.5 mm^2 的多股铜线连接时，应采用焊接或压接端子与电器具连接。

(4) 灯具、开关。

本工程采用粉尘防爆型灯具，安装时应注意此方面的特殊要求。

A. 安装前，应了解灯具的型号、重量，确定灯具的安装方法。

B. 灯具安装时，放线、定位应准确，安装时中心偏差不应于 5 mm，开关应设计标高安装，其高度偏差不应大于 5 mm。

C. 灯具的接地保护必须按设计要求施工。

(5) 防雷接地系统。

A. 按设计要求，在屋顶用镀锌圆钢做避雷带，柱钢筋作为引下线接地，系统接地电阻不大于 4 Ω。

B. 接地线所用材料必须符合设计要求，位置正确，固定点距离均匀。

C. 跨越建筑物变形缝时有补偿装置，穿墙有保护。

D. 利用各种金属构件、金属管道做接地线时，应保证其全长完好的电气线路，利用串联的金属构件、管道做接地线时，应在串联部位焊接金属跨接线。

E. 接至电气设备、器具和可拆卸的其他非常用的金属部件接地(接零)的分支线，必须进接与接地二线相连，严禁串联连接。

F. 对接地系统中焊接的要求是：圆钢的搭接长度为圆钢直径的 6 倍。

G. 焊点连接应焊缝平整、饱满，无明显气孔、咬肉等缺陷。焊完以后除去焊渣，做好防腐处理。

2) 调试阶段

电气设备线路及器具安装完成后应进行试验调试，包含以下调试项目。

(1) 测量绝缘电阻。

配电装置和馈电线路的绝缘电阻值不应小于 2 Ω。

(2) 交流耐压试验。

动力配电装置的交流耐压试验电压为 1000 V，当回路缘电阻在 10 MΩ 以上时，可采用 2500 V 兆欧表代替，试验持续时间为 1 min。

(3) 相位检查。

检查配电装置内不同电源的馈线间或馈线两侧的相位是否一致。

安全注意事项如下。

◆ 电气绝缘用具的使用。电气试验员在进行电气试验工作时，应正确穿戴和使用电气绝缘用具，电气绝缘用具应经定期试验鉴定为合格后方可使用。

◆ 试验结束后，试验人员做好试验现场的清理工作。

3) 资料整理

根据现场的实际施工情况，结合各种变更通知单，画出竣工图。整理各种材料合格证、试验报告和施工过程中形成的隐蔽验收记录和质量评定表等，作为竣工资料。

4) 安全技术措施

(1) 参加施工的全体人员，必须树立"安全第一，预防为主"的思想，按照《建筑安装工人安全技术操作规程》及有关行业企业的规定执行，不违章作业。杜绝重大事故，消除一般事故。

(2) 严格执行班前安全交底制度，认真执行书面安全交底的规定，建立安全生产责任制，对工人进行安全教育。

(3) 进入施工现场，必须认真执行现场的各种安全规定，戴好安全帽和其他劳动保护用品。施工过程中，切实保护好自己和附近工友的安全。

(4) 施工现场临时用电必须严格执行建设部《施工现场临时用电安全技术标准》，非电工人员不准拆接电源，用电设备要按安全用电要求使用。

(5) 氧气瓶、乙炔瓶夏天应注意遮盖，防曝晒，施工现场应配备相应的灭火器材。

5) 成品保护措施

(1) 各种电工器材、设备要合理堆放在指定地点，保管好，以免倒塌破损，设备和器材要指定专人看管。

(2) 现场各种成品集中堆放，整齐有序。

(3) 设备产品安装就位后，要加强管理，采取有力措施防止损坏或被盗现象发生。

(4) 对各种易损器材，安装前应妥善保护好，安装过程中应轻拿轻放，以免损坏。

8.3.5 工程保证措施

1. 确保工程质量的保证措施

为了保证单位工程优良，需采用以下质量保证措施。

(1) 健全质量保证体系：建立由法人代表承担工程质量管理责任，工程项目以项目经理为质量管理第一责任人，以公司质量技术科负责工程质量监督、管理、控制、达标的质量管理网络。

(2) 开工前组织与工程有关的技术人员进行图纸自审会审，确定质量管理点，进行口头和书面技术交底，使操作人员明确质量控制目标、方法和要领。

(3) 供应部门对原半成品的采购，应对材料的产地、性能进行审核，根据使用部位和质量要求择优采购。材料应有出厂合格证，要求复验的材料一律送到建筑检验部门进行物理、化学性能复验。做好砼试配，达到最优配合比，严禁不合格的材料流入工程中。

(4) 根据现有的规范、规程、标准、图纸要求组织施工，实行自检、互检、专检的"三检"制度，贯彻执行质量否决权制度。

(5) 业主提供产品的控制与验收。

业主提供的原半成品，应符合规范和材质标准，对品种、规范、数量依据订货合同或计划要求，根据规范和材质标准进行验收，并办理收货手续，索要出厂证明和合格证，对于业主提供的不合格或损坏材料、半成品应拒收。

(6) 加强质量因素、质量阶段的控制，重点控制施工过程，做到：工序交接有检查，质量控制有对策，施工项目有方案，技术措施有交底，图纸会审有记录，配制材料有试验，计量器具有复核，设计变更有手续，质量处理有复查，成品保护有措施，行驶质量有否决，资料文件有档案。

(7) 质量通病预控：对"渗、漏、堵、壳裂、砂锈"等多发病、常见病，根据通病的不同特征，分析产生的原因，制定不同的预防控制措施。

工程质量全部达到优良，争创样板，如经质监部门核定达不到优良工程的，若由于我公司的原因，则按合同约定处罚。

2. 确保安全生产的保证措施

安全管理目标是：无大人身伤亡事故和机械事故，安全达标。

因此需要采用以下安全保证措施。

(1) 健全安全保障体系：建立公司以法人代表为安全管理责任人，工程项目以项目经理为安全管理第一负责人，以公司安全科负责安全管理监督、管理、控制、达标的群防群治的管理网络。

(2) 坚持"安全第一，预防为主"的方针，遵守国家有关安全法规，做好职工安全培训，定期召开安全会，分析总结安全施工情况，研究重大安全防范措施。

(3) 项目经理部必须设置专职安全员，认真执行公司的安全生产制度、安全生产十五不准规则，制定本项目的安全技术及防范措施。

(4) 坚持用电线路定期检查，施工用电配置安全电源箱，做好接零、接地保护装置，做到一机一箱一闸一锁，禁止线路和电器裸露。

(5) 坚持特殊工种(机、电、设备、架子工、电焊工)必须持证上岗，方可操作。

(6) 吊兰、首层出入口、人行通道应设安全防护棚，吊兰设活动保护门及安全定位限位装置，施工人员进入现场必须戴好安全帽，高空作业要系好安全带，严禁高空抛物。

(7) 施工孔洞及框架外围必须设置安全警示标志。

(8) 加强防火安全管理，焊工作业应清理周围易燃物品，加强厨房等有火种的地方的管理，并做好施工场地周围的环境管理工作。

按国家及地方安全生产条例，施工安全达标，若因我公司原因出现安全事故，愿按国家安全部门有关规定接受处罚。

3. 确保工期的保证措施

科学组织施工，确保 200 d 工程竣工。

工期保证措施如下。

(1) 按照总体工期安排，提出每周施工计划落实到岗，责任到人，将经济收入与施工任务完成情况挂钩，奖罚分明，以确保每个工序按时完工。

(2) 根据我公司历年来的施工经验，周密安排，精心组织，根据人员素质、施工工艺、工程搭接、材料供应进行细致精心的安排。

工期承诺：我公司工期为 200 d，若达不到承诺，愿接受甲方的处罚及相关责任，或每超过一天按投标承诺执行。

4. 文明施工与环境保护保证措施

在工程质量达到优良工程的同时，也能够美化城市市容、提高公司知名度、树立公司形象的方针。因此，我们公司战略要求及武汉市综合考评文明样板标准，建设文明清洁、标准规范的精品施工现场。

(1) 为了保证职工身心健康、提高职工文化素养，本工程施工现场定为无烟工地。

(2) 施工现场统一制作各种标识、公益广告、宣传标语画幅，施工"六牌一图"即单位名称牌、工程概况牌、门卫制度牌、安全措施牌、安全记录牌、安全宣传牌、现场平面图。利用建筑物制作钢架宣传画廊。

(3) 施工现场建立以项目经理为组长的施工现场文明施工管理领导班子，领导成员明确分工，各尽其责，并配置专职管理人员，监督检查现场文明管理。

(4) 编制现场文明施工管理制度，简明扼要，把检查责任到人，把场容管理制度化。

(5) 全体员工树立遵章守纪的思想，采用挂牌上岗制度，安全帽、工作服统一规范。安全值班人员佩戴不同颜色的标识，工地负责人戴黄底红字臂章，班组安全员戴红底黄字袖章。施工管理人员和各类操作人员佩戴不同颜色的安全帽，以示区别。

A. 施工管理人员戴黄色安全帽。

B. 生产班组人员戴白色安全帽。

C. 机械操作人员戴蓝色安全帽。

D. 机械吊车指挥戴红色安全帽。

E. 经理以上管理人员及外来检查人员戴红色安全帽。

(6) 现场四周用砖砌临时围墙，用涂料进行装饰，并绘制有关宣传标语。

(7) 施工现场的所有设计(临设、设备、材料堆放等)的施工平面图，固定设施一次标注，活动设施包括周转材料、半成品等则按投影尺寸制成卡片，随不同施工阶段标注。现场布置与平面布置图相符，使之能按图索取。

(8) 场内道路、材料设备堆场、集水井、坑边等均用砼硬化，保证道路平坦、整洁、排水通畅，不乱堆乱放，无散落物。场地平整无积水。

(9) 搞好"门前三包"，环境整洁、绿化保护。

A. 冲洗砂石或搅拌砂浆、砼时，废水、泥浆不得溢出场外，污染路面堵塞管道。

B. 加强职工教育工作，严禁各类违法行为或对周围居民区造成不良影响。

(10) 在施工现场办公室悬挂建设工程执照、施工许可证、卫生许可证、占道许可证，以便政府主管部门及领导检查。办公室保持整洁，无乱挂、乱堆、乱涂、乱画等现象，桌椅橱柜摆放有序，公文资料存放整齐，办公设施完好无损。

(11) 现场材料、设备、半成品等分类摆放，设置标识牌，场地区域整洁无废弃物，机械车辆停放整齐。

(12) 职工工作、生活文明卫生管理。

A. 施工现场生活卫生，纳入工地总体规划，有专(兼)职卫生管理人员和保洁人员，制定卫生管理制度，设置必需的卫生设施。

B. 食堂管理符合《食品卫生法》，有隔绝蝇鼠的防范措施，保护环境清洁卫生。

C. 现场厕所及建筑物内每四层修建一所临时厕所，须保持清洁，无蛆少臭、通风良好，并有专人负责清洁打扫，不随地小大便，厕所及时用水冲洗。

D. 现场设茶水桶，茶水桶有明显标识并加盖，派专人添供茶水及管理好饮水设施。

E. 施工现场设置垃圾箱，每天有专人打扫，保持现场整洁。

本工程为小区建设，因此我们实施以下计划。

(1) 施工污水进入市政管网前，经过滤池过滤，达到有关排放标准后，排入指定地点。

(2) 施工作业段设直通的垂直垃圾道，将落地灰、碎砖等下脚料及时回收使用，建筑垃圾能利用的集中粉碎待用，不能利用的集中堆放，日做日清，在门口设立冲洗站，防止出场车辆夹带泥沙而污染市政道路。

5. 特殊季节施工技术措施

本工程雨季施工在整个过程中的比例较大，为了不影响施工生产进度和工程质量，针对武汉地区的雨季气候特点，制定合理的雨季施工技术措施。

(1) 对现场工人宿舍、食堂、库房、办公室定部位做全面检查和维修，做好防雨渗漏工作。

(2) 做好现场排水系统，将地面及场内雨水有组织地及时排入指定排污口。道路两侧及建筑四周设排水沟，保证水流通畅，雨后不陷、不滑、不存水。

(3) 所有机械棚搭设严密，防止漏雨，机电设备采取防雨、防淹措施，安全接地安全装置。电闸箱防止雨淋、不漏电，接电保护装置灵敏有效，各种电线防浸水漏电。

(4) 准备水泵及时排除积水，以保证现场干净、整洁。

(5) 设置避雷设施。龙门架安排避雷装置：建筑物利用结构钢筋做避雷装置，认真检查做好接地装置。

(6) 在暴风雨期间，着重做好脚手架连接不牢、滑移等安全检查工作。

(7) 在雨季施工过程中，在工程质量上注意以下事项。

A. 雨季施工收工前，应覆盖砌体，以防雨水冲刷。

B. 砼浇筑遇雨时，立即搭设防雨棚，用防水材料覆盖已经浇好的砼。遇大雨停止外装修、砌体工程施工，并在雨后及时修补已完成的半成品。

C. 屋面防水层尽量抢在雨季之前施工，以保证雨季室内的其他工程正常进行。

D. 对粗细骨料含水量及时测量，掌握其变化幅度，及时调整配合比。

E. 加强对原材料的覆盖防潮措施，尤其对钢材加强保管，以免锈蚀等影响质量。

6. 施工计量管理及成本控制措施

施工计量管理目标如下。

(1) 砼、砂浆搅拌前，必须按配合比加料，各种水泥、砂、石、外加剂，必须严格计量。

(2) 测量员测设定位、投点、抄平严格按要求进行，每季对所用测量器具，特别是经纬仪、水准仪、测设钢尺进行检查校正。

(3) 进场水泥通过总数和过磅计量，袋装水泥按一次进场水泥的 2%抽包检测，所有物料消耗按限额领料单发放，并做好记录。

降低成本的措施如下。

(1) 实行定额管理，各工种定期确定工作量，实行按劳分配、多劳多得的原则，调动一切积极因素，达到保质量、提高经济效益之目的。

(2) 按施工进度和施工平面布置图进行堆料，减少二次搬运，做到工完料清，不另付清理用工。

(3) 广泛使用定型模板、竹胶板，提高模板的周转率，降低成本，推广使用脱模剂，减少拆模耗时。

(4) 提高科学管理水平，优化施工方案，提高生产效率，节约人、财、物的消耗。执行成本开支范围、费用开支标准和有关财务制度，对各项成本费用的支出进行限制和监督。采取预防成本失控的技术组织措施，制止可能发生的浪费。

7. 成品保护措施

成品保护的组织管理如下。

(1) 在准备工作阶段，由技术负责人领导，配合土建安装、装修等工程技术人员对施工进行统一协商，合理安排工序，加强各工种的配合，正确划分工作段，避免因工序不当或工人配合不当造成成品损坏。研究确定成品保护的组织管理方式，以及具体的保护方案。建立成品保护责任制，责任到人。派专人负责各专业所属工程成品保护工作的监督和管理。

(2) 加强职工的质量和成品保护教育，树立工人的配合及保护意识。建立各工种成品保护临时交接制，做到成品保护每个环节都有人负责。

(3) 除在施工现场设标语外，还要设置成品处标志，以引起所有来往人员的注意。

(4) 对成品保护不力的班组和个人，以及因粗心、漠视其故意破坏他人成品的班组和个人，视情况和损失，予以不同程度的处罚。

成品保护技术措施如下。

(1) 主体施工。

① 钢筋工程：在存放吊运过程中，对成型的钢筋加以保护，以防变形，严禁踩踏绑好的板筋。

② 模板工程：模板工程逐层逐块调整检修，不从高空往下投掷，不得撞击组装好的模板。

(2) 装修工程。

① 油漆：油漆刷后要及时悬挂醒目提醒标志，该部位封闭处理，油漆干后才准通行。

② 室内装修：对即将完成或已经完成的装修，及时封闭保护，由专人负责，施工班组交接时，对成品情况进行登记，如有损坏及时查清责任。

(3) 门窗工程。

门窗按时逐个进行验收，防止砂浆、涂料施工污染、损伤。

(4) 屋面工程。

屋面防水层施工完毕后，找平层施工时，架子车调运砂浆集中到某一点，再实行人工转运砂浆，轻移轻放，防止破坏防水层。禁止架子车直接在防水层上行走。

思考与练习

结合本章的实际案例，简述单位工程施工组织设计的内容及编写方法。

参 考 文 献

[1] 王树京. 一级建造师执业资格考试装饰装修工程[M]. 天津：天津大学出版社，2004.

[2] 蔡雪峰. 建筑施工组织[M]. 武汉：武汉理工大学出版社，2002.

[3] 陈乃佑. 建筑施工组织[M]. 北京：机械工业出版社，2003.

[4] 张长友. 建筑装饰施工与管理[M]. 北京：中国建筑工业出版社，2000.

[5] 余群舟，宋协清. 建筑工程施工组织与管理[M]. 北京：北京大学出版社，2020.

[6] 孙晶晶，王红梅，韩琪. 建筑工程施工组织与管理实训[M]. 北京：西南交通大学出版社，2016.

[7] 于金海. 建筑工程施工组织与管理[M]. 北京：机械工业出版社，2017.

[8] 张若美，唐小萍. 建筑装饰施工组织与管理[M]. 北京：高等教育出版社，2002.

[9] 中华人民共和国建设部政策法规司. 建设法律法规[M]. 北京：中国建筑工业出版社，2002.